21 世纪高等院校计算机专业规划教材

C 语言程序设计

（第三版）

夏宽理　赵子正　编著

中国铁道出版社有限公司
CHINA RAILWAY PUBLISHING HOUSE CO., LTD.

内 容 简 介

本书以读者学习程序设计方法为主导，以算法为依据介绍程序的设计过程，系统地讲解了 C 语言程序设计的基本概念和算法，主要内容包括程序设计基础、基本数据类型及其运算、结构化程序设计、数组、函数、指针和引用、结构和链表、数据文件处理技术及算法设计技术基础等。本书概念叙述准确、解题分析详细。通过本书的学习，不仅可使学生了解程序设计语言，还能引领学生逐步达到独立编写应用程序的目的。

本书适合作为高等院校各类专业计算机程序设计课程的教材，也可作为参加"计算机软件专业技术资格和水平考试"人员学习程序设计的教材，还可作为各类进修班、培训班讲授程序设计的参考书。

图书在版编目（CIP）数据

C 语言程序设计/夏宽理，赵子正编著. —3 版. —北京：
中国铁道出版社，2013.7（2024.1重印）
21 世纪高等院校计算机专业规划教材
ISBN 978-7-113-16851-3

Ⅰ. ①C… Ⅱ.①夏…②赵… Ⅲ.①C 语言-程序
设计-高等学校-教材 Ⅳ.①TP312

中国版本图书馆 CIP 数据核字（2013）第 142663 号

书　　名：C 语言程序设计
作　　者：夏宽理　赵子正

策　　划：孟 欣	编辑部电话：（010）51873202	
责任编辑：孟 欣		
编辑助理：赵 迎		
封面设计：付 巍		
封面制作：白 雪		
责任印制：樊启鹏		

出版发行：中国铁道出版社有限公司（100054，北京市西城区右安门西街8号）
网　　址：http://www.tdpress.com/51eds/
印　　刷：北京铭成印刷有限公司
版　　次：2006年6月第1版　2009年4月第2版　2013年7月第3版　2024年1月第7次印刷
开　　本：787 mm×1 092 mm　1/16　印张：16　字数：374 千
书　　号：ISBN 978-7-113-16851-3
定　　价：40.00 元

第三版前言

本书是《C 语言程序设计》（夏宽理、赵子正编著，中国铁道出版社出版）的第三版，在继续保持原版教材概念叙述准确、解题分析详细等特点的基础上，力求对程序设计的基本概念的叙述更容易阅读和理解；对书中的实例经过重新精心考虑，并做了必要的调整，使之更有启发性，更能反映程序设计教学的要求。考虑到 C 语言程序设计的上机环境一般都采用 C++语言程序设计环境，增加了一些 C++语言比 C 语言更便于表达的内容，另外，每章最后附有小结，总结本章应掌握的内容。

学习程序设计最基本的目标是学会编写程序，这是一件非常辛苦的事情，读者要有耐心和非常强的实践精神。学好程序设计的主要难点是要学习和熟练掌握一门程序设计语言，能用程序设计语言描述解题过程。由于程序设计是一门实践性非常强的课程，因此在学习程序设计基本技能的同时，要多进行上机实践，不断积累编写程序和调试程序的经验。

编写程序是将解决问题的算法用某种程序语言描述后告诉计算机。因为 C 语言具有功能丰富、表达能力强、使用灵活方便、可移植性好等优点，所以本书采用 C 语言作为计算机程序设计的描述语言。

本书特别注重讲解如何正确编写程序。通过实例，详细介绍从算法设计到程序编写的全过程。本书在介绍程序实例时，先给出解题思路，然后才给出程序。这充分体现读者学习程序设计的目标——学习程序设计方法。

本书共分 9 章，各章内容安排如下：

第 1 章程序设计基础，介绍计算机和程序设计基础知识，C 语言的历史和特点，C 程序基础知识，C 语言的词汇、数据类型、常量和变量等。

第 2 章基本数据类型及其运算，介绍基本数据类型、数据输入/输出的基本方法，数据运算和表达式等。

第 3 章结构化程序设计，介绍基本语句、结构化控制结构和一些简单的程序设计实例。从本章起，读者已开始学习编写结构化程序的方法和技巧。读者要特别注重实例的解题思路和程序说明，这是编写程序的思考过程。了解、熟悉，直至能设计解题思路是独立编写程序的关键。

第 4 章数组，介绍在计算机内存中组织和处理元素类型相同的成组数据的技术，内容包括数组的基本概念、定义数组和使用数组的方法、字符串的存储方法，常用字符串处理库函数，字符串的基本处理技术。掌握这些内容，读者可具有在计算机内存中组织和处理成批数据，以及处理字符串所必需的知识和能力。

第 5 章函数，介绍函数的基本概念，函数的编写方法和使用方法，递归函数的基本知识，局部变量、外部变量、变量的作用域、存储类别等概念，并简单介绍了编译预处理命令。函数设计能力主要体现在能从复杂的计算中抽象出基本操作函数，能正确为函数设置形参和能用基本操作构建复杂操作等，本章列举了大量的实例说明函数的编写方法。至此，读者已具备将具有独立功能的程序段编写成函数的能力，为编写更复杂的程序打下基础。

第 6 章指针和引用，介绍指针的概念、指针变量的使用方法、指向数组元素的指针、指向二维数组一整行的指针、指针形参、数组形参、指针数组和多级指针、函数指针、返回指针的函数。对

C语言中与指针有关的内容做了全面详细的讨论。指针的最大缺点是使用不当会引起意想不到的程序错误，其优点是用指针能编写精巧高效的程序。一个高水平的C语言程序设计员应具有熟练使用指针的能力。

第7章结构和链表，介绍结构类型和结构变量、结构数组、结构指针、结构形参、结构指针形参、返回结构函数等内容。本章还特别介绍了链表的基本处理技术与应用，链表是读者进一步学习数据结构的基础，对于要进一步学习数据结构的读者是必须掌握的内容。本章还介绍了联合、位域、枚举和类型定义方面的一些基本知识。结构用于描述复杂个体，数组用于描述同类成组数据，所以应用程序通常是处理结构数组。学会使用结构数组，可具有编写处理复杂数据结构的能力。

第8章介绍数据文件处理技术，内容包括文件指针变量、文件的使用方法和常用文件操作库函数的用法，以及基于文件的应用程序结构和程序实例。这方面的知识是编写数据文件处理程序所必需的。

第9章算法设计技术基础，介绍常用算法设计技术，如迭代法、递推法、回溯法、贪婪法和动态规划法，帮助读者了解计算机程序设计经常采用的算法设计技术。读者学习本章之后，对最经常使用的算法设计方法会有一定的了解。

本书主要是为读者学习程序设计而编写的，与其他介绍C语言程序设计的教材相比，主要有如下两个特色：

① 全书有大量的程序设计实例，并在程序设计实例中强调程序的开发过程；难点部分通过分析问题，先用逐步求精方法寻找问题的求解算法，然后给出问题的程序。这正是一般小程序或程序模块设计的完整过程。

② 介绍了算法设计的方法，这是因为程序设计与设计算法是紧密相连的。其目的是让读者对程序设计的有关内容有更全面的了解，使读者学习本书以后，不仅了解了程序语言，还能用程序语言编写程序，通过进一步上机实践，逐步达到独立编写应用程序的目的。

本书适合作为高等院校各类专业计算机程序设计课程的教材，也可作为"计算机软件专业技术资格和水平考试"及计算机培训班的教材和参考书。

本书由夏宽理、赵子正编著。在本书编写过程中，王春森、杭必政、金惠芳、陈海建、薛万奉等老师对本书的内容、实例的选择等做了很大的贡献；王春森老师还对本书再版的书稿做了仔细的审阅，提出了许多修改和改进建议；本书再版前得到多位使用本书的老师和读者的建议，在此深表谢意。

由于编者水平和经验有限，书中难免还有不足之处，恳请使用本书的老师和读者继续提出宝贵意见和建议，以供再版时参考。

编　者

2013 年 6 月

第二版前言

几乎全社会都在学习计算机，但学习计算机应用软件的使用方法与学习程序设计有重要区别。

学习计算机应用软件使用方法的目的是学会已有计算机工具软件的使用方法，用工具软件协助完成人们的工作。例如，作家学习某种字处理软件的使用方法，以便用计算机作为写作工具；工人学习计算机控制系统的操作方法，以便能正确使用计算机控制生产过程。上述情况是人们利用预先开发的应用软件完成他们的工作。

学习程序设计是学会编写计算机程序的方法，当遇到暂时还不能解决的问题时，自己动手编写一个能解决现有问题的程序是学习程序设计最基本的目的。学习程序设计就是学习独立开发计算机软件本领的第一步。

对于没有学过计算机的人来说，计算机几乎是什么都会做的智能机器，对于学过计算机的人来说，计算机是什么都不知道怎么做的机器。要让计算机去完成一项新的任务，就必须为它编写一个能让计算机正确完成该项任务的程序。计算机运行的过程就是计算机执行程序的过程。

要学习用计算机开发应用系统的本领，需要学习计算机领域各方面的知识。在所有必须学习的课程中，首先要学习程序设计，并在以后进一步学习其他课程中继续提高程序设计能力，直到具有很强的程序设计能力，能非常熟练地编写程序。

学习程序设计是一件非常辛苦的事情，读者要有非常强的耐心和实践精神。学好程序设计的主要困难是要学习和熟练掌握一门与人们习惯使用的自然语言非常不一致的程序设计语言。要学会熟练运用程序设计语言描述计算机求解问题的算法，要学习程序设计的许多常规算法，要不断学习计算机的新知识。由于程序设计是一门实践性非常强的课程，因此在学习程序设计基本技能的同时，要上机实践，不断积累编写程序和调试程序的经验。

实践证明，学习程序设计最大的困难是人们很难适应计算机算法的思维习惯，人们很难适应计算机算法必须描述得绝对精细和精确。但对计算机来说，这又是非常必要的。

学习程序设计是掌握开发软件系统技术的第一步。开发一个程序，特别是一个软件系统，是非常复杂的工作，要经历许多阶段。对于一个功能相对简单的计算任务来说，编写一个相对简单的程序是程序设计和程序编码阶段的任务。培养开发程序系统的能力，要从设计和编写简单的程序开始。

编写程序是将解决问题的算法用某种程序语言描述后告诉计算机，为此，人们为编制计算机程序研制了许许多多的计算机程序语言。本书采用 C 语言作为计算机程序设计的描述语言，这是因为 C 语言具有功能丰富、表达能力强、使用灵活方便、可移植性好等优点。另外，C 语言在许多方面反映计算机的计算过程，这对于希望深入了解计算机的读者来说，对他们以后的学习是很有帮助的。特别是后来它引入了面向对象机制，由此发展而来的 C++语言现在更是得到了广泛应用。由于 C 语言的许多概念和描述方法被现行的更好的程序语言所采纳，所以学好了 C 语言就能方便地学习并使用 C++语言和 Java 语言。

开发 C 语言的最初目的是研制一种编写系统软件的程序设计语言，为此引入了许多为提高程序执行效率和编制大型程序系统为目的的概念和机制。虽然 C 语言的描述具有多样性和灵活性，会给初学程序设计的读者正确理解某些概念带来一些困难，但这些概念对读者更进一步理解计算机程序设计的内容会有很大帮助。本书力求概念叙述准确、内容介绍循序渐进，设法让读者准确了解和完整掌握程序语言的概念和编写程序的方法。通过实践，达到熟练使用程序语言编写程序的目的。

要熟练地进行程序设计，除掌握一种程序设计语言外，还需要掌握算法、数据结构以及程序设计技巧和方法等多方面的知识。本书特别注重如何正确编写程序，详细地介绍从算法设计到程序编写的全过程。本书在介绍许多程序实例时先给出求解算法的设计过程，然后才给出程序。这充分体现本书介绍程序设计方法的目标——让读者真正学到程序设计方法，学会如何编写程序，而不只是一些程序设计语言的知识。本书介绍的有关常用算法的设计方法进一步迎合了这个目标。读者学习本书后，不仅能正确了解 C 语言、掌握初步的程序设计方法和技巧，而且对最经常使用的算法设计方法也有一定的了解。

本书第一版共有 10 章，考虑到初学者最重要的是学习程序设计的基本技术，学习 C++语言是读者以后进一步要学习的内容，不可能在一本初学者的书中有比较详细的叙述，故这次再版时删除了 "C++语言简介" 这一章，并对第 9 章算法设计技术基础的内容做了精简。现在本书共有 9 章，各章内容安排如下：

第 1 章介绍程序设计基本概念和 C 语言的基础知识。

第 2 章介绍基本数据类型及其运算、表达式的书写规则、数据输入/输出的基本方法。

第 3 章介绍编写结构化程序的方法，内容包括基本语句和结构化控制结构。从本章起，读者已开始学习编写结构化程序的方法和技巧。

第 4 章介绍数组和字符串，学习处理成组数据的技术，内容包括数组的基本概念、定义数组和使用数组的方法、字符串的处理技术。掌握这些内容，读者将具有组织和处理成批数据所必需的知识和能力。

第 5 章介绍函数，内容包括函数的编写方法和使用方法，递归函数的基本知识，局部变量、外部变量、变量的作用域、存储类别等概念，并简单介绍了编译预处理命令。为帮助读者掌握编写函数的技术，本章还列举了大量的实例。至此，读者已具备将具有独立功能的程序段编写成函数的能力，为编写更复杂的程序打下一定的基础。

第 6 章介绍指针和引用的概念和使用方法，指针变量和数组的关系、多级指针和指针变量应用实例等。在某些特定场合，函数定义引用形参比指针形参更方便。从实用意义出发，建议读者掌握引用的概念和使用方法，能在函数中正确引用形参。

第 7 章介绍结构、结构数组、结构指针、结构形参、结构指针形参、返回结构函数等内容。本章还特别介绍了链表的基本处理技术与应用，同时介绍了联合、位域、枚举和类型定义方面的一些基本知识。掌握这些内容，读者将具有编写处理复杂数据结构程序的能力。

第 8 章介绍数据文件处理技术，内容包括文件的基本概念、文件的使用方法和常用文件操作库函数的用法以及基于文件的应用程序结构和程序实例。这方面的知识是编写数据文件处理程序所必需的。

第 9 章介绍常用算法设计技术，内容包括迭代法、递推法、回溯法、贪婪法和动态规划法。这些内容可帮助读者了解计算机程序经常采用的算法设计技术。

本书主要是为学生学习程序设计而编写的，与其他介绍 C 语言程序设计的教材相比，主要有两个特色：一是全书有大量的程序设计实例，并在程序设计实例中强调程序的开发过程，即通过分析问题，先用逐步求精方法寻找问题的求解算法，然后给出问题的程序解。这正是一般小程序或程序模块设计的完整过程。二是详尽介绍了算法设计的方法，这是因为程序设计与设计算法是紧密相连的。其目的是让读者对程序设计的有关内容有更全面的了解，使读者学习本书以后，不仅了解了程序语言，还能用程序语言编写程序，通过进一步上机实践，逐步达到独立编写应用程序的目的。

本书适合作为高等院校各类专业计算机程序设计的教材，也可作为"计算机软件专业技术资格和水平考试"及计算机培训班的教材和参考书。

在本书编写过程中，王春森、杭必政、金惠芳、陈海建、薛万奉等老师对本书的内容、实例的选择等作了很大的贡献。王春森老师还对本书再版的书稿作了仔细的审阅，提出了许多修改和改进建议，在此深表谢意。

由于编者水平和经验有限，书中难免有不足之处，恳请使用本书的老师和读者提出宝贵意见和建议，以供再版时参考，使本书日臻完善。

编　者

2009 年 1 月

几乎全社会都在学习计算机，但学习计算机应用软件的使用方法与学习程序设计有重要区别。

学习某种应用软件使用方法目的是学会已有计算机工具软件的使用方法，用工具软件协助完成人们的工作。例如作家学习某种字处理软件的使用方法，以便用计算机作为写作工具；工人学习计算机控制系统的操作方法，以便能正确使用计算机控制生产过程等。上述情况是人们在利用预先开发的应用软件完成他们的工作。

学习程序设计是学会编写计算机程序的方法，当遇到暂时还不能得到能解决问题的软件时，自己动手编写一个能解决现有问题的程序是学习程序设计最基本的目的。学习程序设计就是学习独立开发计算机软件本领的第一步。

对于没有学过计算机的人来说，计算机几乎是什么都会做的智能机器，当读者学了计算机后，就会发现，计算机是什么都不知道怎么做的机器，要让计算机去完成一项新的任务，就必须为它编写一个能让计算机正确完成该项任务的程序。计算机运行的过程就是计算机执行程序的过程。

要学习用计算机开发应用系统的本领，需要学习计算机领域方方面面的知识。在所有必须学习的课程中，首先要学习程序设计，并在以后进一步学习其他课程中继续提高程序设计能力，直至达到具有很强的程序设计动手能力，能非常熟练地编写程序。

学习程序设计是一件非常辛苦的事情，要读者有非常强的耐心和实践精神。学好程序设计的主要困难是要学习和熟练掌握一门与人们习惯使用的自然语言非常不一致的程序设计语言。要学会能熟练运用程序设计语言描述计算机求解问题的算法，要学习程序设计的许多常规算法、要求不断学习计算机的新知识。由于程序设计是一门实践性非常强的课程，还要求在学习程序设计基本技能的同时，还要上机实践，不断积累编写程序和调试程序的经验。

实践证明，学习程序设计最困难的可能还是人们很难适应计算机算法的思维习惯，人们几乎无法承受计算机算法必须描述得几乎绝对的精细和精确。但对计算机来说，这又是非常必要的。

学习程序设计是达到掌握开发软件系统技术这个大目标的第一步。开发一个程序，特别是一个软件系统，是一件非常复杂的工作，要经历许多阶段。对于一个功能相对简单的计算任务来说，编写一个相对简单的程序，则是程序设计和程序编码阶段的任务。培养开发程序系统的能力，要从设计和编写简单的程序开始。

编写程序，就是将解决问题的算法用某种程序语言描述后告诉计算机，为此人们为编制计算机程序研制了许许多多的计算机程序语言。本书采用 C 语言作为计算机程序设计的描述语言，这是因为 C 语言是一种具有功能丰富、表达能力强、使用灵活方便、可移植性好等优点的程序设计语言。另外，C 语言在许多方面反映计算机的计算过程，这对于希望深入了解计算机的读者来说，对于他们以后的学习是很有帮助的。特别是后来它引入的面向对象机制，从它发展而来的 C++语言更是现在广泛应用的程序语言。它的许多概念和描述方法被现行的更好的程序语言所采纳，学好了 C 语言就能方便地学习并使用 C++语言和 Java 语言。由于 C++语言是一个更好的 C 语言，一些对编写程序更方便的设施也在介绍 C 语言时一并介绍，建议读者尽量采用 C++语言更简便的设施编写程序。

开发 C 语言的最初目的是研制一种编写系统软件的程序设计语言,为此引入了许多为提高程序执行效率和编制大型程序系统为目的的概念和机制。虽然 C 语言的描述多样性和灵活性,会给初学程序设计的读者对某些方面的正确理解带来一些困难,但这些概念对于读者更进一步理解计算机程序设计的内容会有很大的帮助。本书力求概念叙述准确、内容介绍循序渐进,设法让读者准确了解和完整掌握程序语言的概念和编程方法,通过实践,达到能熟练使用程序语言编写程序的目的。

要能熟练地进行程序设计,除需要掌握一种程序设计语言外,还需要掌握算法、数据结构以及程序设计技巧和方法等多方面的知识。本书特别注重介绍如何正确编写程序,详细地介绍从算法开发到程序编写的全过程。本书在介绍许多实例程序时先给出求解算法的设计过程,最后才给出程序。这能充分体现本书介绍程序设计方法的目标,让读者真正学到程序设计方法、学会如何编写程序,而不只是一些程序设计语言的知识。本书介绍的有关常用算法的设计方法更是进一步迎合了这个目标。让读者学习本书后,不仅能正确了解 C 语言、掌握初步的程序设计方法和技巧,并对最经常使用的算法设计方法也有一定的了解。

本书共有 10 章,各章内容安排如下:

第 1 章介绍程序设计基本概念和 C 语言的基础知识。

第 2 章介绍基本数据类型、各运算符的意义和表达式的书写规则,同时介绍了数据输入输出的基本方法。

第 3 章介绍编写结构化程序的方法。内容包括基本语句和结构化控制结构。从本章起,读者已开始学习编写结构化程序的方法和技巧。

第 4 章介绍数组和字符串,学习处理成组数据的处理技术,内容包括数组的基本概念,定义数组和使用数组的方法,字符串的处理技术。掌握这些内容,读者已具有组织和处理成批数据所必需的知识和能力。

第 5 章介绍函数,内容包括函数的编写方法和函数使用方法,递归函数的基本知识,局部变量、外部变量、变量的作用域、存储类别等概念。还简单介绍了编译预处理命令。学习函数的编写方法,关键是掌握函数形参的设置方法。本章通过实例详细说明基本数据类型、指针类型和数组类型形参的设定方法和使用方法。为了帮助读者掌握编写函数的技术,本章还列举了大量的实例。至此,读者已具有将具有独立功能的程序段编写成函数的能力,为编写更复杂的程序打下一定的基础。

第 6 章介绍指针和引用的概念和使用方法,指针变量和数组的关系、多级指针和指针变量应用实例等。引用是 C++语言的设施,由于在某些特定场合,函数定义引用形参比指针形参更方便。从实用意义出发,建议读者能掌握引用的概念和使用方法,能在函数中正确使用引用形参。

第 7 章介绍结构、结构数组、结构指针、结构形参、结构指针形参、返回结构函数等内容。本章还特别重点介绍了链表的基本处理技术与应用;同时还介绍联合、位域、枚举和类型定义方面的一些基本知识。掌握这些内容,读者已具有编写处理复杂数据结构程序的能力。

第 8 章介绍数据文件处理技术,内容包括文件的基本概念、文件的使用方法和常用文件操作库函数的用法,以及基于文件的应用程序结构和程序实例。这方面知识是编写数据文件处理程序所必需的。

第 9 章介绍常用算法设计方法,内容包括迭代法、穷举法、递推法、回溯法、贪婪法、分治法和动态规划法。这些内容帮助读者了解计算机程序经常采用的算法设计方法。

第 10 章介绍 C++面向对象程序语言的基本概念和机制、类和抽象数据类型、运算符重载、继承和 C++输入输出流等基本知识。为进一步学习和使用 C++语言提供必要的帮助。特别是用 C++语言的开发环境作为学习程序设计的实习环境的读者，在学习 C 程序设计时，同时了解 C++语言是一种非常好的学习程序设计的方法。

本书主要是为学生学习程序设计而编写的，与其他介绍 C 语言程序设计的教材相比，主要有两个特色，一个特色是有大量的程序设计实例，在实例程序设计中，强调程序的开发过程，即通过分析问题，先用逐步求精方法寻找问题的求解算法，最后给出问题的程序解。笔者认为，这正是一般小程序或程序模块设计的完整过程。另一个特色是进一步介绍了算法设计的方法，这是因为程序设计是与设计算法紧密相连的，其目的是让读者对程序设计的有关内容有更全面的了解，并使读者学习了本书以后，不仅了解程序语言，并确实能用程序语言编写程序。通过进一步上机实践，逐步达到能独立编写应用程序。

本书也非常适宜于用做自学程序设计的教材，也可作为计算机软件专业技术和水平考试及计算机培训班的教材和参考书。

在本书编写过程中，除夏宽理、赵子正老师直接参与编写外，王春森、杭必政、金惠芳、陈海建、薛万奉等老师对本书的内容、实例的选择等作了很大的贡献，本书在编写过程中还得到多名老师关心和支持，他们给本书的内容提出了许多宝贵的意见，在此深表谢意。

有许多老师从事过和正从事着程序设计教学和编写程序设计教材，他们为程序设计教学积累了非常宝贵的教学经验。本教材中难免有不足之处，我们诚恳期待使用本书的老师和读者的批评指正和建议，以供再版时参考，使本书日臻完善。

编　者

2006 年 1 月

目　录

第 1 章 程序设计基础

计算机程序设计是一门技术性课程，特别需要实践精神。学会程序设计是掌握设计和开发软件技术的第一步。

学习目标

- 了解计算机的基础知识；
- 了解程序、程序设计、程序设计语言；
- 了解算法和数据结构的基础知识；
- 了解结构化程序设计和结构化控制结构；
- 了解 C 程序设计语言的特点，初步认识 C 程序设计语言，C 程序的上机过程。

1.1　计算机和程序设计基础知识

在介绍程序设计技术之前，如果能了解计算机的一些基础知识，对学习程序设计是很有帮助的。这里，以提问和解答的形式介绍与计算机程序设计密切相关的概念。如果用户对计算机基础知识已有一定的了解，可以跳过这一节。

问题 1：什么是计算机？

这里所说的计算机是电子数字计算机，它与人们日常使用的机器有什么不同？

计算机是能对用离散符号表示的数据或信息编程，并能自动进行处理的电子设备。它主要由中央处理器（CPU）、主存储器（MM）、输入/输出（I/O）设备三大部分组成（见图 1-1）。CPU 主要由控制器和运算器两部分组成，它对数据进行运算并对运算过程进行控制。控制器的主要功能是自动从主存储器读取指令，予以解释、执行，并控制与输入/输出设备的联系等。运算器的功能是按照指令的指示完成相应的算术运算或逻辑运算，并与存储器或 I/O 设备交换数据。主存储器简称主存或内存，它是可随机存取的存储器，也称随机存储器（RAM），用来存储计算机运行时随时需要的程序和数据。计算机的输入设备能将待输入的各种形式的信息转换成适合计算机处理的信息，并送入计算机。例如，磁盘机、键盘、鼠标等。计算机的输出设备

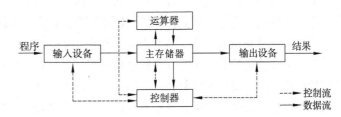

图 1-1　以存储器为中心的计算机结构框图

能接收计算机处理过的信息，并能将信息转变成其他机器能识别的形式或人能理解的形式存储、打印或显示。例如，磁盘机、显示器、打印机等。

问题2：计算机是如何工作的？

CPU 是计算机的控制中心和计算机执行程序时的工作平台。内存是计算机存储程序和数据的存储场所，被分隔成许多个单元或字节。为区别内存不同单元的存储位置，各内存单元按顺序对应一个二进制编号，内存单元的编号称为内存单元的地址。

CPU 又包含几个关键部件，分别是指令译码部件、算术逻辑部件和若干寄存器。其中，指令译码部件分析当前要执行的指令，并将其转换成能让算术逻辑部件理解的电子信号；算术逻辑部件完成算术或逻辑运算；寄存器如同手工计算时所用的便笺，用来暂存计算时所需要的操作数和计算过程中所产生的临时结果。

能让计算机直接执行的程序是由计算机的机器指令组成的。一台计算机的全部机器指令构成该计算机的机器语言。机器指令是由记录二进制信息的二进位组成的代码，其中一部分代码指定指令的操作功能，另一部分代码指出指令的操作对象和其他特征信息。在 CPU 中还有一个称为指令计数器的寄存器，由它指出程序中下一条将要执行的指令在内存中的地址。计算机执行一条指令大致包括以下 5 个阶段：

① 取指令阶段：根据指令计数器取出程序中要执行的指令，并使指令计数器改为下一条指令的地址。译码部件将取得的指令中的操作码转换成各指令执行部件能理解的电子信号。

② 取操作数阶段：根据指令给定的操作数地址取出操作数。

③ 执行阶段：执行部件完成译码部件传送来的命令，完成指令所规定的计算功能。如果是算术逻辑运算指令，则由算术逻辑部件完成计算。

④ 结果处理阶段：存储计算结果，并建立结果特征信息。

⑤ 推进阶段：回到第一阶段继续工作。

一个新的程序开始执行时，首先要将程序从外存储器调入内存，并将程序开始执行的第 1 条指令的地址放入指令计数器中。

在取指令阶段，中央处理器根据指令计数器中的地址从该内存储器的地址中取出正要执行的指令，指令取出后指令计数器的内容立即被修改为下一条指令的地址。

在取操作数阶段，计算机根据指令给定的寻址方式和地址寄存器的内容等有关信息，计算出操作数地址，并从该内存地址中取出操作数。

在执行阶段，CPU 按指令规定的操作功能对操作数进行加工。结果处理阶段是根据目的操作数地址保存计算结果，并设置结果状态。推进阶段实现连续执行程序中的指令。

上述是指令的大致执行过程，有些指令的执行过程不一定要经历 5 个阶段。每个阶段要完成的工作，不同指令也不全相同。如控制转移指令，该指令将转移地址存入指令计数器，使计算机从新的程序位置开始取指令。如此周而复始，直到停机。

由以上解释的计算机执行程序的过程可知，当计算机要执行某道程序时，只有先把当前正要执行的程序段和正要操作的数据从辅助存储器调入内存后，该程序段才能被计算机执行。如当前要执行的程序段或操作数据暂时还不在内存时，就得先把它们调入内存后才能继续执行。对于大型程序或处理大量数据的程序来说，程序或数据可以分段调入内存，即把正要执行的那部分程序或数据先调入内存，而把暂不执行的那部分程序或暂不使用的数据暂时保留在外存，当需要它们时，再将其调入内存。

问题 3：什么是程序？

要使计算机能完成人们指定的工作，就必须把要完成工作的具体步骤编写成计算机能执行的一条条指令。计算机执行这个指令序列后，就能完成指定的功能，这样的指令序列就是程序。所以，程序就是计算机执行后，能完成特定功能的指令序列。

计算机程序主要包含两方面内容：数据结构和算法。数据结构描述数据对象及数据对象之间的关系；算法描述数据对象的处理过程。

计算机程序有以下性质：

① 目的性：程序有明确的目的，程序运行时能完成赋予它的功能。

② 分步性：程序由计算机可执行的一系列基本步骤组成。

③ 有序性：程序的执行步骤是有序的，不可随意改变程序步骤的执行顺序。

④ 有限性：程序所包含的指令序列是有限的。

⑤ 操作性：有意义的程序总是对某些对象进行操作，完成程序预定的功能。

问题 4：什么是程序设计？

程序设计就是根据问题的需求，设计数据结构和算法，编制程序和编写文档，以及调试程序，使计算机程序能正确完成需求所设置的任务。

通过上机找出程序中的错误，并改正程序的过程，就是程序调试。现代程序语言开发环境都提供使用非常方便、功能强大的程序调试器，供程序调试人员使用。

程序首先应能正确完成任务，是可靠的。同时，程序在使用过程中，因使用环境改变或需要修改程序功能等原因，可能会经常修改。因此，除了为程序编写详尽正确的文档外，编写容易阅读的结构化程序也是对一个好程序的要求。总体来说，好程序有可靠性、易读性、可维护性等良好特性。为达到这些目标，应采用正确的程序设计方法，以便从程序设计方法上保证设计出具有上述良好特性的程序。

问题 5：什么是程序设计语言？

程序设计语言是人与计算机进行信息通信的工具，是一种用来书写计算机程序的语言。计算机发展到今天，程序设计语言有几千种，大致可分为 3 类：机器语言、汇编语言和高级语言。

（1）机器语言

计算机的指令系统称为机器语言，所有的计算机都只能直接执行用机器语言编写的程序。机器语言与计算机的硬件密切相关，机器语言中的计算机指令用二进制形式的代码表示，由若干位 1 和 0 组成。通常，一条计算机指令只能指示计算机完成一个最基本的操作。例如，将某个地址中的内容读入某个寄存器，某寄存器的内容加上另一寄存器的内容，将某寄存器的内容存入某地址等。

（2）汇编语言

由于计算机的机器语言很难被人理解和阅读，因此人们用类似英语单词缩写的符号指令代替机器语言的二进制代码指令。汇编语言就是用有助于记忆的符号表示计算机机器指令的程序设计语言。例如，取数指令"LD GR0，X"表示从对应变量 X 的内存中取数到寄存器 GR0。加指令"ADD GR0，GR1"将寄存器 GR1 中的内容与寄存器 GR0 中的内容相加，并把结果存于寄存器 GR0 中。存数指令"ST GR0，X"将寄存器 GR0 中的内容存入与变量 X 对应的内存中。

用汇编语言编写的程序要在计算机上执行，应先将用汇编语言编写的程序（称为源程序）转换成机器语言程序，完成这个转换功能的程序称为"汇编器"或"汇编程序"。

（3）高级语言

高级语言主要由语句构成，有一定书写规则，程序员用语句表达要计算机完成的操作。与汇编语言相比，高级语言有统一的语法，独立于具体机器，便于人们编码、阅读和理解。

用高级语言编写的源程序要在计算机上执行，也要先将源程序转换成机器语言程序。把用高级语言编写的源程序转换成机器语言程序的翻译程序称为"编译器"或"编译程序"。

高级语言是一种既能方便地描述客观对象，又能借助于编译器为计算机所接受、理解和执行的人工语言。例如，用于科学计算的 FORTRAN 语言，早期非常普及的 BASIC 语言，第一个用严格的文法描述的 ALGOL 60 语言，便于编写结构化程序的 Pascal 语言以及本书讲述的 C 语言都是高级语言。

问题 6：什么是面向过程语言？

高级语言又可分为面向过程语言和面向问题语言两类。面向过程语言虽然可以独立于计算机编写程序，但用这类语言编写程序时，程序要非常详细地告诉计算机如何做，程序需要详细描述解题的过程和细节。C 语言就是一种面向过程的语言。例如，在某个职工数据文件中查找工号为 22650 的职工，面向过程语言需要详细描述查找过程。以下算法是适应面向过程语言的一个查找过程的描述。

① 打开职工文件。

② 当文件未结束时重复执行以下工作：

a. 读取文件的当前记录。

b. 如果当前记录中的工号是 22650，则结束步骤②。

③ 关闭职工文件。

④ 如果找到，则返回找到的职工信息，否则返回找不到的标志信息。

其中，步骤②是一个循环控制结构，控制记录一个一个地读取和比较。

问题 7：什么是面向问题语言？

面向问题语言通常是指在特定应用领域中使用的高级语言。人们使用面向问题语言时，不要详细给出问题的求解算法和求解过程，只须指出问题做什么、数据输入和输出形式，就能得到所需的计算结果。实际上，计算机是根据预先的规定，执行先前准备好的程序，回答问题的结果。面向问题语言又称非过程化语言或陈述性语言，如报表语言、SQL（Structured Query Language）等。SQL 是数据库查询语言，在数据库管理系统的支持下，用 SQL 提出的查询或操纵要求，就能由数据库管理系统完成。使用面向问题语言解题时，只要告诉计算机做什么，不必告诉计算机如何做，能方便用户使用和提高程序的开发速度。但实现面向问题语言的系统从最一般的意义下实现问题如何做，通常实现的效率较低。另外，面向问题语言要求问题已有确定的求解方法，目前其应用范围还比较狭窄。

如果用面向问题语言 SQL 描述问题 6 中所述的查找要求，只需要用一条能表达以下含义的简单命令：从职工数据文件选取信息，条件是工号等于 22650。

数据文件打开、用循环控制结构描述记录逐个地读取和比较，以及数据文件使用结束的关闭等细节都不再详述。

问题 8：什么是面向对象语言？

为克服面向过程语言过分强调求解过程的细节、程序不易复用等缺点，推出了面向对象程序设计方法和面向对象程序设计语言。面向对象语言引入了对象、消息、类、继承、封装、抽象、多态性等概念和机制。用面向对象语言进行程序设计时，以问题域中的对象为基础，将具有类似性质的对象抽象成类，并利用继承机制，仅对差异进行程序设计。对于大型程序，面向对象语言能提高程序的开发效率、提高程序的可靠性及可维护性等。

问题 9：什么是算法？

算法就是问题的求解方法。一个算法由一系列求解步骤组成。算法的描述由经明确说明的一组简单指令和规则组成，计算机按规则执行其中的指令，能在有限的步骤内解决一个问题或者完成一个函数的计算。问题 6 中给出的就是一个在职工文件中查找某个职工的算法。

正确的算法要求组成算法的规则和步骤的意义应是唯一确定的，没有二义性。由这些规则指定的操作是有序的，必须按算法指定的操作顺序执行，能在执行有限步骤后给出问题的结果。

求解同一个问题可能会有多种算法可供选择，选择算法的标准首先是算法的正确性和可靠性、算法简单性和易理解性。其他标准还有算法执行速度快、所需要的存储空间少等。

描述算法可用流程图，又称框图。流程图是算法的图形描述，由于流程图往往比程序更直观清晰、容易阅读和理解，所以它不仅可以作为编写程序的依据，而且也是交流算法思想的重要工具。例如，图 1-2 描述了输入 10 个整数求和计算的算法。

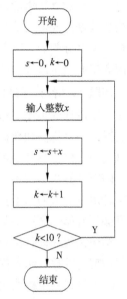

图 1-2　输入 10 个整数求和计算的算法

在逐步求精的结构化程序设计方法中，目前多数采用结构化的伪代码来描述算法。本书采用与 C 语言控制结构一致的伪代码描述算法。例如，图 1-2 所示的算法用伪代码可描述如下：

```
s=0;k=0;
do
{ 输入 x;
  s=s+x;
  k=k+1;
} while(k<10);
```

通常，算法的开发过程是由粗到细分多个阶段设计完成的。先给出粗略的计算步骤，然后对其中的粗略步骤做详细分析，添加上一些实现细节，变成较为详细的描述。可能其中还包含有实现细节不明确的部分，则还须对其做进一步的细化，直到算法所包含的计算步骤全部都清晰明了，能用某种程序语言完整描述为止，这种方法称为逐步求精开发方法。

问题 10：什么是数据结构？

计算机程序的处理对象是描述客观事物的数据，由于客观事物的多样性，会有不同形式的数据，如整数、实数、字符，以及所有计算机能够接收、存储和处理的各种各样的符号集合。

在计算机程序中，采用数据类型来标识不同的数据形式。变量的数据类型说明变量可能取的值的集合，以及可能对变量进行的操作的集合。例如，对于记录苹果个数的变量，它只能取大于或等于零的整数，对它能进行加减操作，不能进行乘除操作。所以，数据类型不仅定义了一个形式相同的数据集，也定义了对这组数据可进行的一个操作集。

数据结构是指数据对象及其相互关系，程序的数据结构描述了程序中数据间的组织形式和结构关系。

数据结构与算法有密切的关系，只有明确了问题的算法，才能较好地设计数据结构；要选择好的算法，又常常依赖于合理的数据结构。数据结构是构造算法的基础。

对计算机而言，程序是一组指令序列。程序告诉计算机如何对指定的数据进行操作，最终得到希望的结果。从问题求解来看，求解问题的程序是对一个抽象的求解算法的详细描述，这种描述是建立在数据特定的表示形式和结构基础上的。不了解对数据进行如何操作，也就无法决定如何构造数据。同样，确定算法结构和算法步骤也依赖于数据结构。也就是说，程序的构成和数据结构是不可分割的。程序在描述算法的同时，也必须完整地描述数据结构。对于一些复杂的问题，常因数据的表示形式和结构的差异，问题的求解算法也会完全不同。

问题 11：什么是结构化程序设计？

程序设计的主要工作包括设计数据结构和算法，编写程序以及测试程序。对于问题相对简单的情况，一旦算法和数据结构确定后，就可选用合适的程序设计语言编写程序，接着在计算机上测试程序，修正程序中可能存在的错误。

随着计算机的应用日益广泛，计算机软件的规模和复杂性不断增加，对软件的测试和维护也越来越困难。人们为了克服软件危机，提出结构化程序设计的方法和软件工程的概念，要求软件开发必须遵循一套严格的工程准则，以得到可靠、结构合理、容易维护的软件产品。

结构化程序设计主要包括程序结构的自顶向下模块化设计方法、算法的逐步求精设计方法以及用结构化的控制结构描述算法和编写程序。

（1）自顶向下模块化设计方法

程序结构自顶向下模块化设计方法就是把一个大程序按功能划分成一些较小的部分，每个较小的部分完成独立的功能，用一个程序模块（或函数）来实现。

分解模块的原则是简单性、独立性和完整性。按模块化设计方法开发程序，能使程序具有较高的可靠性和灵活性，同时便于程序的测试和维护。

用模块化方法划分程序模块时，应尽量让模块具有如下所述的良好性质：

① 让模块具有单一入口和单一出口。

② 模块不宜过大，应让模块具有单一的功能。

③ 模块的执行不能对环境产生副作用。

④ 让模块与环境的联系仅限于明确定义的输入参数和输出参数，模块的内部结构与调用它的程序无关。

⑤ 尽量用模块的名字调用模块。

（2）逐步求精设计方法

在程序设计过程中，常用的方法有抽象、枚举和归纳。

抽象包括算法抽象和数据抽象。算法抽象是指算法的寻求（或开发）采用逐步求精、逐层分解的方法。数据抽象是指在算法抽象的过程中逐步完善数据结构和引入新的数据，以及确定关于数据的操作。

算法的设计采用逐步求精设计方法，即先设计出一个抽象算法，这是一个在抽象数据上实施一系列抽象操作的算法，由控制结构和抽象的计算步骤组成。抽象操作只指明"做什么"，对这些抽象操作的细化就是想方设法回答它"如何做"。采用逐步求精的方法，由粗到细，将抽象步骤（大任务）进一步分解成若干个子任务。分而治之，对仍不具体的子任务再进行分解。如此反复地一步一步细化，算法越来越具体，抽象成分越来越少，直到可以编程为止。

枚举是指设计算法时，先找出所有可能的情况。程序设计经验告诉人们，如果设计的算法没有把某个特殊情况考虑在内，一旦这种情况发生时，程序必定会发生意想不到的错误。枚举就是把所有可能的情况，以及每种情况的处理方法都包含在所设计的算法中。

归纳就是将所有可能情况和各种可能的处理方法进行总结，找出其中相似或相同的部分，将其中相似或相同的部分统一设计成基本操作，以便按需要被程序重复使用。这样做可以减少程序代码，便于程序的调试以及基本操作代码的复用。

（3）结构化的控制结构

在早期的程序设计活动中，因没有统一的现成方法，因人习惯而异，编写的程序结构混乱，很难阅读和修改。经计算机科学工作者多年的努力，归结出顺序、选择和循环 3 种结构化的控制结构，并在理论上证明了解决可计算问题的程序都可用这 3 种控制结构来描述。

① 顺序结构。把复杂工作分解成多项简单的工作，并逐一完成这些简单工作，最终完成复杂工作。顺序结构就是用于控制若干简单计算的顺序执行。

顺序结构有一个操作步骤序列。顺序结构执行时，从操作步骤序列的第一个操作步骤开始，顺序执行序列中的每个操作，直到序列的最后一个操作执行后结束。图 1-3 所示为只有操作步骤 A 和操作步骤 B 组成的一个顺序结构，该结构控制操作步骤 A 和操作步骤 B 的顺序执行。

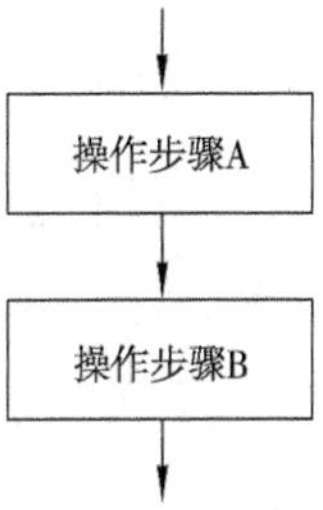

图 1-3 所示的顺序结构也可用以下形式的伪代码表示：

```
{   操作步骤 A；
    操作步骤 B；
}
```

图 1-3　顺序结构示意图

例如，为交换变量 x 和 y 的值，可分解为顺序执行的 3 个操作，写成顺序结构如下：

```
{   temp=x;          /*将 x 的值暂存于 temp*/
    x=y;             /*将 x 置成 y 的值*/
    y=temp;          /*将 y 置成暂存于 temp 的值*/
}
```

② 选择结构。根据不同情况，自动选择执行不同的操作步骤是自动计算的需要，选择结构能实现这样的控制。选择结构由一个判断条件和两个供选择的操作步骤 A 和 B 组成，该控制结构实现图 1-4 所示的选择控制。选择结构执行时，先计算条件的值，如果条件的值为真，即条件成立，则执行操作步骤 A；如果条件的值为假，即条件不成立，则执行操作步骤 B。

注意：无论条件为何值，条件选择结构都只能执行操作步骤 A 和操作步骤 B 中的某一个。条件选择结构用伪代码描述可写成以下形式：

```
if(条件)    操作步骤 A；
else        操作步骤 B；
```

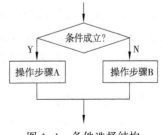

图 1-4　条件选择结构

条件选择结构中的操作步骤称为分支操作，分支操作又可以是任何控制结构，特别当分支操作是条件选择结构时，就呈现嵌套的条件选择结构。

③ 循环结构。与其他自动机一样，计算机也是非常适合做重复工作的机器。循环结构为描述重复操作提供控制手段。最常见的循环结构有 while 型循环结构和 do...while 型循环结构。

while 型循环结构由一个条件和一个要重复执行的操作步骤组成，该控制结构实现图 1–5 所示的循环控制。while 型循环结构的执行过程是：每次循环前，先求条件的值，当条件成立（真）时，就执行内含的操作步骤，并接着再次求条件的值，以确定操作步骤是否再次被执行。当条件的值为假时，结束循环操作。

while 型循环结构用伪代码描述可写成以下形式：

```
while(条件)    操作步骤;
```

do...while 型循环结构也是由一个条件和一个要重复执行的操作步骤组成，该结构实现图 1–6 所示的循环控制。do...while 型循环结构的执行过程是：每次循环前，首先执行内含的操作步骤，接着再求条件的值，当条件成立（真）时，再重复执行这个操作步骤。如此反复，直到条件的值为假，结束循环操作。

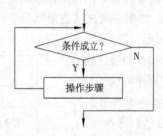
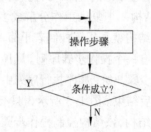

图 1–5　while 型循环结构　　　　图 1–6　do...while 型循环结构

do...while 型循环结构用伪代码描述可写成以下形式：

```
do
    操作步骤;
while(条件);
```

以上所说的操作步骤可以是一个简单的操作步骤，也可以是某种控制结构。计算理论已经证明，程序可以由一些简单的操作和上述 3 种控制结构反复应用来描述。如果程序员严格按这样的规则编写程序，那么他的程序的结构性和可读性是良好的。建议读者也努力编写结构良好的程序。

1.2　C 语言的历史和特点

C 语言是为了编写系统程序的需要而发展起来的。它是一种被广泛应用的计算机高级程序设计语言，用它可以编写各种复杂的应用程序，还可以编写包括操作系统在内的系统程序。因操作系统等系统程序依赖于计算机硬件，早先这类系统程序主要用汇编语言编写，因而程序的可读性和可移植性都很差，严重妨碍了系统程序的生产效率。为此，人们努力寻求一种程序语言，使它既具有高级语言的特性，能够编写可读性高、便于移植的程序；又具有某些必要的汇编语言特性，能描述对硬件的操作，如能对内存地址操作、能对寄存器操作等。C 语言就是在人们寻找集高级语言和汇编语言优点于一身的程序语言过程中产生的。

C 语言是在 B 语言的基础上发展起来的。1963 年，英国剑桥大学在 ALGOL 60 程序设计语言基础上推出了 CPL（Combined Programming Language）。因其规模大、实现难等原因，1967 年，Matin

Richards 对 CPL 做了简化,推出了 BCPL(B 代表 BASIC)。1970 年,美国贝尔实验室的 Ken Thompson 又在 BCPL 的基础上进一步简化, 设计出既简单又接近硬件的 B 语言。因 B 语言只有单一的字类型, 过于简单等原因而未能流行。D.M.Ritchie 从 1971 年开始在 B 语言基础上设计了 C 语言, 并于 1972 年开始投入使用。

　　C 语言被人们接受后, 迅速被移植到大、中型计算机上, 成为世界上应用最广泛的计算机程序设计语言之一。

　　1983 年, 美国国家标准化学会（ANSI）对 C 语言的各种版本做了扩充和完善, 制定了 C 语言的标准, 称为 ANSI C。本书将根据 ANSI C 介绍 C 语言的主要内容。

　　C 语言具有以下特点:

　　（1）语言表达能力强

　　C 语言包含丰富的运算符, 有的运算符反映了当前计算机的性能, 包含可直接由硬件实现的算术逻辑运算, 有效到足以取代汇编语言编写各种系统程序和应用程序。众多的运算符使 C 语言的运算类型极其丰富, 可以表达数值运算、字运算、位运算和地址运算等。

　　（2）具有数据类型构造能力和结构化的程序控制结构

　　C 语言能在字符、整数、浮点数等基本类型基础上按结构化的层次构造方法, 构造数组、结构和联合等各种结构化的数据类型。特别是 C 语言的指针类型应用灵活多样, 能方便地构造链表、树、图等复杂的数据结构。另一方面, 它的结构化程序控制结构符合结构化程序设计的要求, 可编写结构非常良好的程序。

　　（3）语言简洁、紧凑、使用方便灵活

　　用 C 语言编写的程序通常比用其他高级语言编写的程序更简练。C 语言的许多成分都通过显式函数调用完成。C 语言没有 I/O 设备, 也没有并行操作、同步或协同程序等复杂控制。另外, C 语言程序在运行时所需要的支持少, 占用的存储空间也少。

　　（4）能使编译程序产生执行效率较高的代码

　　一种高级语言能否用来描述系统程序, 除语言表达能力之外, 还有能否便于产生高质量的代码这个重要因素。许多高级语言编译后产生的代码相对汇编语言而言, 其代码的执行效率要低得多。但 C 语言则不然, 实验表明, 用 C 语言描述, 其代码执行效率只低于汇编语言描述的 10%～20%, 而用 C 语言编程比用汇编语言编程快得多, 且程序的可读性高, 特别是 C 语言程序比较容易移植。所以, C 语言成了人们描述系统程序和应用程序比较理想的工具。

　　（5）用 C 语言可编写移植性较好的程序

　　程序的可移植性是指能在一个环境上运行的程序, 可以不需要改动或稍加改动后在另一个完全不同的环境上也能运行的性能。汇编语言是依赖于机器硬件的, 用汇编语言编写的程序是不可移植的。而有些高级语言, 因为它们的编译程序不可移植, 影响了用它们编写的程序的可移植性。目前, 在许多机器上都有 C 编译系统, 且大部分是由经 C 语言编译移植得到的。由于 C 语言的编译程序便于移植, 因此提高了 C 程序的可移植性。

　　C 语言有诸多优点, 但也有一些不足之处。例如, 用 C 语言编写程序, 自由度太大, 如对变量的类型约束不够严格, 整型、字符型及逻辑型数据的通用, 指针和数组的通用等。过多的通用性限制了编译程序对 C 程序做充分的语义检查, 常常会因无视某些使用上的差异导致失误, 但程序能照常编译, 未能及时发现程序中的错误, 给程序的调试和排错造成一些困难。另外, C 语言数据类型转换比较随便, 影响了程序的安全性。

1.3　几个简单的 C 程序

这里通过几个简单的 C 程序，让读者对 C 语言有一个初步的印象。其中提及的概念、名称在以后的章节中都将有详细的介绍。

【例 1.1】只输出一行信息的 C 程序。

```
/*1*/   #include<stdio.h>
/*2*/   void main()      /*主函数*/
/*3*/   {
/*4*/     printf("This book is <Programming with C languages>.\n");
/*5*/   }
```

该程序只输出一行信息：

`This book is <Programming with C languages>.`

以这样一个非常简单的 C 程序为例，C 程序有以下几个特点：

① 一个 C 程序有一个名为 main 的函数，称其为主函数。C 程序可以由多个函数组成，但一定要有一个主函数，组成程序的多个函数可存放在一个或多个源程序文件中。

② 主函数 main() 之前的关键字 void 表示该主函数的执行不返回计算结果。

③ 紧接函数名的后面有一对圆括号 "( )"，圆括号内可包含函数的参数。

④ 函数体用花括号 "{ }" 括起来。花括号可以用来括起任何一组 C 程序的执行代码，从而构成复合语句或子程序。例 1.1 的函数体只有一个 printf() 函数调用语句。printf() 函数是 C 系统的函数库中的一个格式输出函数，其中用双引号 """ 括住的字符串用来指明 printf() 函数调用的输出格式。例 1.1 中的输出格式表示以字符串原样输出，而字符 '\n' 是换行的意思，即输出以下字符序列：

`This book is <Programming with C languages>.`

之后换行。

⑤ 简单 C 语句之后有一个分号 ";"，它是某些语句的结束符。

⑥ 程序中的 "/*…*/" 表示其中的文字是注释。程序中的注释是给阅读程序的人看的，对程序编译和运行都没有作用。用来说明该程序的文件名称、程序的功能、使用方法、最后更改日期等；注释出现在程序代码行中或某行语句之后，通常用来说明一段程序代码或一个语句的功能、意义等。由于目前 C 语言程序设计的实践环境通常是 C++语言的开发环境，读者在写 C 程序时，在同样效果的情况下，可以尽量用更简便的 C++设置。例如，比较简短的在一行内的注释，就应该用 C++新增的注释表示法，用双符号 "//" 开头，直至一行结束的字符列。例如，以下代码就是注释：

`//我是用 C++语言表示的注释`

⑦ 上述程序中的第一行 "#include<stdio.h>" 是编译预处理命令行，它通知编译系统，将包含输入和输出标准库函数信息的 stdio.h 文件作为当前源程序文件的一部分，与当前源程序一起参与编译。

【例 1.2】读入两个整数，输出它们的和。

```
/*1*/   #include<stdio.h>
/*2*/   void main()
/*3*/   {  /*变量定义部分*/
/*4*/     int x,y,sum;              /*定义整型变量 x,y,sum*/
```

```
/*5*/        /*以下为语句序列*/
/*6*/        printf("Input x and y\n");/*输出"Input x and y",提示输入数据*/
/*7*/        scanf("%d%d",&x,&y);      /*输入 x 和 y 的值*/
/*8*/        sum=x+y;                  /*完成 x+y 的计算,求 sum=x+y*/
/*9*/        printf("x+y=%d\n",sum);   /*输出结果*/
/*10*/   }
```

【程序说明】例 1.2 程序的功能是输入两个整数,求出它们的和并输出。为表示变化的数据对象,程序引入变量。程序中的第 4 行就是用来定义变量,它定义了 3 个整型变量,分别命名为 x、y 和 sum。第 6 行实现输出文字"Input x and y",用来提示程序已开始执行,请输入 x 和 y 的值。第 7 行的 scanf() 是 C 函数库中的输入函数。其中,"%d"是十进制整数输入格式,用来指定输入数据的数据类型和格式。这里表示输入的数据以十进制整数进行转换,将它转换成整型变量的机内码表示。"&x"和"&y"中的"&"的含义是取地址。在本例中是指将顺序输入的两个十进制整数分别存放在用 x 和 y 命名的变量所对应的内存单元中。直观地理解就是输入值给变量 x 和 y。第 8 行是完成"x+y"的计算,并将计算结果赋给变量 sum。第 9 行的 printf() 函数调用将输出"x+y="字样和变量 sum 的值,并换行。其中,"%d"是指将 sum 的值按十进制整数形式输出。该程序运行结果如下(假定输入 2 个整数 12 和 15):

```
Input x and y
12  15
x+y=27
```

上述 3 行中的第 1 行、第 3 行是程序输出的,第 2 行是用户输入的,12 与 15 之间用空格或回车符分隔。

【例 1.3】利用公式 C=(5/9)(F-32) 输出华氏温度与摄氏温度对照表,设已知华氏温度取 0,20,…,200。

```
#include<stdio.h>
void main()
{ double f,c;              /*变量定义*/
  int lower,upper,step;
  lower=0;upper=200;step=20;f=lower;
  printf("\t 华氏温度\t 摄氏温度\n");
  while(f<=upper)          /*循环计算*/
  { c=5.0/9.0*(f-32.0);
    printf("\t%7.0f\t%7.1f\n",f,c);
    f=f+step;
  }
}
```

【程序说明】为描述循环计算,程序用循环控制结构来描述。上述程序对指定范围内的一些华氏温度计算出对应的摄氏温度并列表输出。程序首先为有关变量设置初值,然后用循环语句实现循环计算。在循环体内,对每个华氏温度计算出对应的摄氏温度后输出,然后增加华氏温度值。循环直到华氏温度超出要求后结束。循环控制用循环语句实现,上述程序用的是 while 循环语句。C 程序的循环控制也可用 for 语句或 do...while 语句实现。

程序中,输出函数调用的格式"%f"与例 1.2 中的格式"%d"相似,"%f"用于输入/输出浮点型数据，其中，"%7.0f"表示输出 1 个浮点数占 7 个字符位置，没有小数点和小数位字符；"%7.1f"表示输出 1 个浮点数占 7 个字符位置，有小数点和 1 个小数位字符。

【例 1.4】 输入两个实数，输出它们中较小的数。

```c
#include<stdio.h>
/*以下定义函数 min()*/
float min(float a,float b)
{  float temp;            /*函数使用的变量的定义*/
   if(a<b) temp=a;        /*这是 if 条件选择结构*/
   else temp=b;
   return temp;           /*返回 temp 的值,让控制返回到调用 min()函数处*/
}
void main()
{  float x,y,c;           /*变量定义*/
   printf("Input x and y. \n");
   scanf("%f%f",&x,&y);
   c=min(x,y);            /*调用函数 min()*/
   printf("MIN(%.2f,%.2f)=%.2f\n",x,y,c);
}
```

【程序说明】 主函数 main()在为变量 x 和 y 输入值后调用 min()函数，调用时将 x 和 y 的值分别赋值给 min()函数中的形式参数 a 和形式参数 b。将调用 min()函数的返回值赋给变量 c，最后将 c 输出。

把一些功能相对独立的程序段编写成函数，是控制程序复杂性的有效方法之一。函数的定义和调用方法将在第 5 章详细介绍，这里以 min()函数为例，简单介绍函数的编写方法，以便读者能尽早将一些相对独立的程序段编写成函数。

定义 min()函数的第 1 行代码称为函数头，最前面的类型符 float 是函数的返回值类型，标识符 min 是函数的名称，随后的圆括号中的代码列出函数形式参数的类型和名称。一个函数可以没有形式参数，但函数名之后必须有一对圆括号。在这里，min()函数有两个 float 类型的形式参数，分别命名 a 和 b。

在定义 min()函数的代码中，用花括号括住的代码称为函数体。函数体一般包括以下两部分代码：

① 说明和定义部分：说明数据结构（类型）和定义函数专用的局部变量等。

② 执行部分：由 C 语句和控制结构代码组成，是实现函数功能的 C 代码。

在函数 min()的函数体中，先是定义它的局部变量 temp，执行语句是将形式参数 a、b 中较小的值赋给变量 temp，然后用返回语句（return 语句，参见 3.1 节）将 temp 的值返回。

不管 main()函数在程序中的位置如何，C 程序始终从 main()函数开始执行。C 程序的书写格式是自由的，即在一行中可写多条语句，一条语句也可分写在多行。为了便于人们（包括自己）阅读程序，建议用一种良好的风格书写程序。本书中的程序书写采用的是一种比较流行的书写风格。

C 程序的每个简单语句、说明及变量定义之后都必须以分号结尾，分号是它们必要的组成部分。书中给出的 C 语言句法成分的一般形式中，若在一般形式的最后有分号，则该分号是它的必要组成部分。

1.4　C 语言的词汇、数据类型、常量和变量

如同自然语言一样，程序语言也有基本符号，再由基本符号按一定的构词规则构成基本词汇，最后按语言的语法由基本词汇构成的语句序列组成源程序。C 语言的基本符号和基本词汇如下：

1．基本符号

C 语言的基本符号有以下 4 类：

① 数字 10 个（0～9）。

② 英文字母大、小写各 26 个（A～Z，a～z）。

③ 下画线字符"_"。下画线字符起一个英文字母的作用，以构成标识符等语法成分。

④ 其他用于构成特殊符号的字符集。

2．基本词汇

上述基本符号按构词规则能组成以下 4 类基本词汇：

① 字面形式常量：如 100、15.0、'A'、"ABC"。

② 特殊符号：主要是运算符。

③ 关键字。

④ 标识符：用于命名程序对象。

关键字是一些英文单词，利用单词的意义表示 C 程序结构的限定符，程序员不能用这些单词作为标识符命名程序对象。以下就是 C 语言的大部分关键字：

auto	break	case	char	constcontinue	default	do
double	else	enum	extern	float	for	goto	if
int	long	register	return	short signed	static	struct
switch	typedef	union	unsigned void	volatile	while

下面几个单词用在 C 程序的预处理命令行中，它们虽不是 C 语言的关键字，但建议不要在程序中随便使用，要遵守大多数程序员编写 C 程序的习惯。

define　undef　include　ifdef　ifndef　endifline elif

标识符是用来命名变量、常量、类型、函数、语句等程序对象的。在 C 程序中，一个合理的标识符由英文字母或下画线开头，后接零个或任意多个字母、下画线、数字符组成的字符列。由于支持 C 程序运行的系统程序通常是用下画线开头的标识符，所以建议程序不要使用以下画线开头的标识符。

标识符作为程序对象的名称，为了便于联想和记忆，建议读者给程序对象命名时，使用能反映该对象意义的标识符。

为了正确用标识符命名程序对象，还应注意不同的 C 系统对标识符的有效字符个数有不同的规定。对于限制标识符 16 个有效字符的系统来说，两个超过 16 个字符的不同标识符，当前 16 个字符完全相同时，系统就认为它们是同一个标识符，而不区分它们。

3．数据类型

C 语言对程序中使用的变量要指定其数据类型。C 语言的数据类型有以下几大类：

（1）基本数据类型

基本数据类型有 3 种：整型（short，int，long）、浮点型（float，double，long double）和字符型（char）。

（2）指针类型

指针类型直接赋予对象在内存中的地址的意义。

（3）结构化数据类型的构造设施

结构化数据类型的构造设施有数组、结构、联合和枚举。

使用结构化的数据类型构造设施，从基本数据类型和指针类型出发，能构造出各种结构化的数据类型。构造设施还能被反复应用，习惯上以最终使用的构造设施称呼得到的数据类型。

4．常量

在程序运行过程中，值不能改变的数据对象称为常量。常量按其值的表示形式区分它的类型，主要有以下多种类型：

整型常量：15、0、−7。

浮点型常量：5.0、−12.36。

字符型常量：'a'，'b'。

指针常量：NULL。

字符串常量："ABC"。

给常量命名能使常量使用保持前后一致。在 C 语言中，用宏定义给常量命名，其一般形式是：

```
#define 标识符  字符列
```

例如：

```
#define PI  3.14159
#define MAXN  100
```

#define 是 C 语言的预处理命令，详细用法详见 5.9 节。

注意：#define 命令行最后不要用分号结束。标识符之后不要另插入等号。由于常量是不允许改变值的数据对象，所以程序中不可以对常量标识符赋值。

5．变量

变量是在程序运行过程中可以设置和改变值的数据对象。变量在存在期间，在内存中占据一定数量的存储单元，用于存放变量的值。

程序用变量与现实世界中的数据对象对应，与变量相关的概念有变量名、变量数据类型、变量在内存中的地址、变量的值、变量在程序正文中的有效范围、变量在程序执行期间的存在时间等。

程序通过变量定义引入变量，变量定义的一般形式如下：

```
类型  标识符表；
```

其中，标识符表由用逗号分隔的一个或多个标识符组成，每个标识符用做一个变量的名称。例如：

```
int i,j,sum;        /*定义3个int型变量*/
char str[100];      /*定义一个字符数组*/
float z;            /*定义一个float型变量*/
```

变量定义时，还可以为变量指定初值。为变量指定初值称为变量初始化。例如：

```
int index=100,bigInt=10000;
```

定义变量 index，并设置它的初值为 100；定义变量 bigInt，并设置它的初值为 10 000。

1.5　程序开发环境基础知识

为了便于用某种高级语言开发程序，语言的语法规则、源程序的编辑器、语言的编译器、标准函数库，以及支持目标程序执行的支持环境被组装成一个软件系统。通常称这个软件系统为语言的程序开发环境。开发环境对程序从开发到运行的每个阶段都给予强有力的支持。C 程序从开发到运行大致要经历 4 个阶段。

第 1 阶段是编辑。程序员用系统环境提供的编辑器编辑源程序，产生一个源程序文件，并将源程序文件保存在磁盘中。对于 C 程序，含执行代码的源程序文件习惯用.c 作为文件的扩展名，或用 C++环境开发 C 程序，程序文件的扩展名也可用.cpp。对于只提供定义和说明信息的源程序文件，习惯用.h 作为扩展名。

第 2 阶段是编译。编译器开始工作时，先调用预处理程序，预处理程序按源程序中包含的预处理命令，对源程序文件做文字转换，产生一个新的内部源程序。对经预处理程序产生的新的源程序进行编译。若编译过程中发现程序有错误，则输出错误的详细信息；对正确的源程序产生机器语言程序，称为源程序的目的代码。

第 3 阶段是连接。C 程序通常会引用库函数和其他源程序文件中定义的函数，连接程序将源程序的目的代码和程序使用的库函数的目的代码连接起来，产生计算机可直接执行的程序文件。

第 4 阶段是运行。运行前，计算机操作系统先将可执行程序文件装入内存，然后程序在操作系统控制下运行。

以上 4 个阶段，如果在编译阶段产生语法错误，或连接时发现有变量或函数没有定义，或运行后产生不正确的结果，就要寻找源程序中的错误，重新回到编辑阶段，修正程序中的错误。

C 程序都要输入/输出数据，特别规定标准输入和标准输出如下：

stdin 标识标准的输入数据流，指来自键盘的输入数据流。stdout 标识标准的输出数据流，指输出到显示器的数据流。好的程序在运行过程中应能检查自身的错误，当发现错误时，程序会输出相应的错误信息。错误信息流用 stderr 来标识，stderr 对应的设备也是显示器。以上 3 个标准的数据流也可被指定为其他数据文件。

小　　结

本章介绍程序设计的基础知识，学习和应该要掌握的内容如下：

① 计算机的工作原理、程序设计语言、结构化程序设计。

② C 程序的注释写法、C++简短注释的写法、预处理命令#include <stdio.h>的作用。

③ C 语言的特点、C 语言程序的组成、函数 main()的作用。C 语言的数据类型、常量和变量的概念、变量的定义方法。

④ C 程序的开发过程，通过上机实践，了解一个程序的开发环境。

习　题

1. 试指出计算机与计算器的区别。
2. 为什么程序要调入内存后才能执行？
3. 上机运行本章例题，熟悉使用计算机系统运行 C 程序的步骤。
4. 模仿例 1.3，编写已知摄氏温度求华氏温度的程序。
5. 模仿例 1.4，编写程序，输入两个实数，输出它们中较大的数。
6. 试指出在程序中出现的常量用宏定义命名的好处。
7. 什么叫常量？
8. 什么叫变量？与变量相关的有哪些概念？
9. 试指出常量和变量的区别。
10. 试指出高级程序设计语言中，数据类型的主要含义。
11. C 语言有哪些基本数据类型？
12. C 语言有哪些结构化的数据类型构造设施？

第2章 | 基本数据类型及其运算

计算机最基本的能力是计算。完成一次运算至少包含两方面的内容：要运算的数据和运算的方法。

在高级语言中，形式不同的数据用不同的数据类型来区分，将所有可能的数据分成基本的和结构化的两类。一种高级程序设计语言首先要确定有哪些基本类型的数据，提供哪些结构化的构造方法来构造复杂形式的数据，然后为每种形式的数据分别提供一组运算方法。

学习目标

- 掌握基本数据类型，整数、浮点数、字符、字符串的书写方法；
- 掌握算术运算、关系运算、逻辑运算、赋值运算等运算的意义；
- 掌握表达式的书写方法；
- 了解单个字符输入输出方法，掌握整数、浮点数、字符、字符串的格式输入和格式输出方法。

2.1 基本数据类型

在 C 语言中，基本数据类型有 3 种，分别是整数、浮点数和字符。事实上，有无穷多的不同整数、浮点数和字符，但计算机只能用有限的二进制位表示不同的数据，所以计算机只能表示有限的整数、有限的浮点数和有限的字符。

2.1.1 整型数据

整数是不带小数点和指数符号的数据。由于表达更大范围内的整数需要更多的二进制位，计算机只能表示整数的一个子集。C 语言将整型数据按数值范围大小分成以下 3 种：

① 基本型：用 int 标记。

② 短整型：用 short int 标记，简写为 short。

③ 长整型：用 long int 标记，简写为 long。

以上 3 种类型均表示带符号的整数。也就是说，在用二进制位表示一个整数时，它的最高位是整数的符号位（最高位为 1 表示一个负整数，为 0 表示一个正整数），其余二进制位才是数值位。

在实际应用中，当某个整型变量绝对不会出现负数的时候，可以声明是无符号整型。也就是说，无符号整型数据是非负整数，表示整数的全部二进制位都是数值位，没有符号位。这样，无符号整型变量的正数范围比带符号的整型数据的正数范围要大一倍。3 种无符号整型数据的类型标记符如下：

① 无符号基本型：用 unsigned int 标记。

② 无符号短整型：用 unsigned short 标记。

③ 无符号长整型：用 unsigned long 标记。

例如：
```
int i,j;                  /*定义两个带符号的整型变量i和j*/
unsigned short k;         /*定义一个无符号的短整型变量k*/
long m,n;                 /*定义两个带符号的长整型变量m和n*/
```

在不同的编译系统中，不同整型数据占用的实际字节数会有一些差异。1字节等于8个二进制位（bit），字节的单位符号是B，即1 B=8位，即8 bit。C语言只要求long型占用的字节数不小于int型的字节数，short型占用的字节数不多于int型的字节数。例如，在某个C语言系统中，short型和int型数据都用2 B（16 bit）表示，long型数据用4 B（32 bit）表示；在C++中，short型数据用2 B（16 bit）表示，而int型和long型数据都用4 B（32 bit）表示。

用16 bit表示1个整数，带符号整数的数值范围在-32 768~32 767（-2^{15}~$2^{15}-1$）之间；无符号整数的数值范围在0~65 535（0~$2^{16}-1$）之间。若用32个 bit表示1个整数，带符号整数的数值范围是-2 147 483 648~2 147 483 647（-2^{31}~$2^{31}-1$）之间；无符号整数的数值范围在0~4 294 967 295（0~$2^{32}-1$）之间。图2-1所示带符号的整型数据与无符号整型数据的区别。

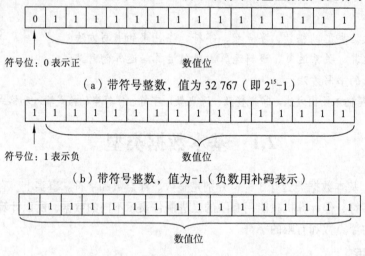

（a）带符号整数，值为32 767（即$2^{15}-1$）

（b）带符号整数，值为-1（负数用补码表示）

（c）无符号整数，值为65 535（即$2^{16}-1$）

图2-1　带符号整数与无符号整数的区别

在计算机中，负整数用补码表示，如图2-1（b）所示。简单地说，若x是一个正整数，则-x的补码表示为x的反码加上1。用补码表示负整数是为了简化整数的运算，整数运算在计算机上的实现方法已超出本书的范围，有兴趣的读者可参见《计算机原理》等书籍。

在程序中，一个整型常量有十进制整数、八进制整数和十六进制整数3种写法：

① 十进制整数：如0、123、-45。

② 八进制整数：在整数的开头加一个数字符0构成一个八进制整数。八进制整数是由0~7这8个数字符组成的数字符序列。例如，0123是一个八进制整数，等于十进制整数$1 \times 8^2 + 2 \times 8^1 + 3 \times 8^0 = 83$。

③ 十六进制整数：在整数的开头加0x（或0X）构成一个十六进制整数。十六进制整数由16个数字符组成：0~9和A、B、C、D、E、F。其中，6个字母也可以小写，分别对应数值10~15。例如，0x123 是一个十六进制整数，等于十进制整数 $1 \times 16^2 + 2 \times 16^1 + 3 \times 16^0 = 291$。十六进制整数0xabc，等于十进制整数$10 \times 16^2 + 11 \times 16^1 + 12 \times 16^0 = 2 748$。

程序中的整常数（整数）之后还可标上类型字符，以区分不同类型的整数。

在整数之后加一个字母 L（或 l）表示长整型整数。例如，0L、132L。

在整数之后加一个字母 U（或 u）表示无符号整数。例如，1U、122U。

在整数之后加上字母 U（或 u）和 L（或 l），则表示无符号长整型整数。例如，22UL、35LU。

2.1.2　浮点型数据

浮点型数据是带有小数点或指数符号的数值数据。浮点型数据按其数值范围大小和精度不同分成以下 3 种：

① 单精度型：用 float 标记。

② 双精度型：用 double 标记。

③ 长双精度型：用 long double 标记。

例如：

```
float x,y;              /*定义两个单精度型变量x和y*/
double result;          /*定义一个双精度型变量result*/
long double z;          /*定义一个长双精度型变量z*/
```

float 型数据在内存中占用 4 B（32 bit），7 位有效数字，数值的绝对值范围在 $10^{-38} \sim 10^{38}$ 之间。

double 型数据占用 8 B（64 bit），15 位有效数字，数值的绝对值范围在 $10^{-308} \sim 10^{308}$ 之间。

long double 型数据一般比 double 型数据占更多的字节，在 C 语言中，long double 占 16 B。

程序中，书写浮点数的一般格式是：

正负号　整数部分．小数部分　指数部分

上述格式在书写时，应注意以下几点：

① 整数部分和小数部分可以任选，但不可以同时都没有。

② 小数点和指数部分不可以同时都没有。

③ 指数部分是以一个字母 e 或 E 开头，后跟一个整数。

例如，下列写法是 C 语言合法的浮点数：

```
7.    .457    1E5    1.5e-6
```

而下列写法不是 C 语言合法的浮点数：

```
E4    .E5    4.0E
```

在程序中，一个浮点常数也可标上类型字符，以区分不同类型的浮点数。

- 如果在浮点数之后加一个字母 F 或 f，表示是单精度浮点数（即 float 型）。

- 如果在浮点数之后加一个字母 L 或 l，表示是长双精度浮点数（即 long double 型）。

- 如果在浮点数之后不加任何字母，表示是双精度浮点数（即 double 型）。

例如，1.5、1.5f、1.5L 分别表示 double 型、float 型、long double 型浮点数。

在程序中使用浮点数时，还需要注意以下两点：

① 程序实际接受的浮点数与书写的浮点数会有一定的误差。例如，float x=1.234 567 89f；因 x 只能存储 7 位有效数字，浮点数 1.234 567 89 所对应的二进制形式中，超出存储位数的那些位不会被存储。变量 x 中存储的浮点数可能不足 1.234 567 89。而代码"double y=111111.123456789"在变量 y 中存储的浮点数可能会略大于 111 111.123 456。

② 浮点数运算有一定的计算误差。两个数学上完全等价的计算公式，也会因计算顺序不同，可能得到两个不相同的结果。例如，要判别两个实型变量 x 和 y 是否相等，不能简单地用 x==y 来比较，而应看 x 与 y 是否非常接近。若 x 与 y 非常接近，则认为 x 和 y 相等，否则认为 x 与 y 不相等。

例如，可以在程序中用 fabs(x–y)<1e–6 表示 x 与 y 之间的绝对误差小于 0.000 001（这里假设 10^{-6} 是所希望的误差范围），就可以认为 x 与 y 相等。用 fabs(x–y)<=fabs(x*1e–6) 表示 x 与 y 之间的相对误差，它们的最高位有 6 位相同。前者表示一般情况下的两个浮点数非常接近；后者表示两个非常接近 0 或两个离 0 非常远的浮点数最前面的数字有若干位相同。

2.1.3　字符型数据

字符型数据表示 1 个字符，占用 1 B（8 bit）。字符型数据的内部表示是字符的 ASCII 码，而非字符本身。在 C 语言中，字符类型用 char 标识。字符的 ASCII 码也可看做是–128～127 或 0～255 的一个整数。在 C 语言中，用 char 来标记字符型数据的类型。例如：

```
char c1,c2;          /*定义两个字符型变量*/
```

在 C 程序中，由字符构成的常量数据有以下 3 种：

1. 普通字符常量

用单引号括住 1 个字符表示 1 个普通字符常量，它在内存中占 1 B。例如，'a'、'B'、'$'。

【例 2.1】字符型数据与整型数据通用的示例程序。

```c
#include<stdio.h>
int main()
{ char c1,c2;          /*定义两个字符型变量c1和c2*/
  c1=97;               /*'a'的 ASCII 码值为 97*/
  c2=c1+1;             /*字符型数据与整型数据混合运算*/
  printf("c1=%c,c1's ASCII code=%d\n",c1,c1);
  printf("c2=%c,c2's ASCII code=%d\n",c2,c2);
  return 0;
}
```

程序输出：

```
c1=a,c1's ASCII code=97
c2=b,c2's ASCII code=98
```

2. 转义字符常量

转义字符常量用'\字符'或'字符列'来标记。例如，换行符用'\n'标记，水平制表符用'\t'标记，回车符用'\r'标记。常用的转义字符及其含义如表 2–1 所示。

表 2–1　转义字符及其含义

转 义 字 符	含　　义	转 义 字 符	含　　义
\a	响铃	\\	反斜杠符\
\b	退格（【Backspace】键）	\'	单引号符'
\n	换行符，光标位置移到下一行首	\"	双引号符"
\r	回车符，光标位置移到当前行首	\0	字符串结束符
\t	水平制表符（【Tab】键）	\ddd	ddd 为 1～3 个八进制数字。如'\12'也能表示换行符'\n'
\v	竖向跳格符	\xhh	hh 为 1～2 个十六进制数字。如\x41 也能表示大写字母'A'
\f	走纸换页		

3．字符串常量

用双引号括住的一串字符称为字符串常量（简称字符串）。例如，"I am a student."、"China"、"a"、"$1234.00"都是字符串常量。组成字符串常量的字符可以由普通字符和转义字符两种形式的字符组成。例如，字符串"ABC\n"由 4 个字符组成，分别是'A'、'B'、'C'和换行符'\n'。

由于字符型数据以 ASCII 码的二进制形式存储，它与整数的存储形式相类似。因此，在 C 程序中，字符型数据和整型数据可以通用，可以混合运算。例如，字符'A'在内存中用 65 表示，可以把它看做字符'A'，也可以把它看做整数 65。1 个字符型数据可以用字符格式"%c"输出，显示该字符；也可以用整型格式"%d"输出，显示该字符的 ASCII 码值。当字符型数据当做一个整数来处理时，对于只用 8 bit（1 B）表示的字符来说，其第 8 位是否为符号位由具体系统规定。在有些系统中 1 个字符的 8 位代码表示-128～127 的整数，在另一些系统中表示 0～255 的整数。例如，下面的 C 代码：

```
char c='\376';
printf("%d",c);
```

将字符型数据的最高位视为符号位的系统将输出-2。不将字符型数据的最高位视为符号位的系统将输出 254。

为了强调将字符变量中的代码看做一个无符号的整数，可以在 char 之前写上 unsigned。例如，以下代码：

```
unsigned char c='\376';
printf("%d",c);
```

将输出 254。

一个字符型变量只可以接收一个字符型常量，但不能接收一个字符串。例如：

```
char c1='a';      /*正确的赋值*/
char c2="a";      /*错误的赋值*/
```

实际上，1 个字符型常量在内存中只占 1 B，而 1 个字符串在内存中占用的实际字节数要比这个字符串中的字符个数多 1 B，即在字符串尾部还要添加 1 个字符串结束符'\0'，'\0'是一个转义字符，表示字符串的结束。字符串的有效字符个数（称为字符串的长度）不包括字符串结束符。

在使用转义字符时，需要注意以下几点：

① 表 2-1 中的最后两行说明可直接用 ASCII 码表示字符，即字符的 ASCII 码可以用八进制形式表示，也可以用十六进制形式表示。例如，'\12'也能表示换行符'\n'，'\x41'也能表示大写字母'A'。

② 制表符'\t'的作用是，使当前位置横向移到下一个输出区的开始列位置。系统一般预设每个输出区占 8 个字符位置，各输出区的开始位置依次为 1、9、17、…，如果当前位置在 1～8 列的某个位置，使用制表符'\t'，将当前位置移到第 9 列。

③ 换行符'\n'表示以后的输出从下一行的首列开始，回车符'\r'表示以后的输出还在当前行，从当前行的首列开始。

④ 在打印机上输出与在显示器上输出的组织方法稍有不同：

在打印机上输出，当一行字符填满或遇到换行符时才输出，即整行一次性输出。当输出空格符或制表符时，做跳格处理，即不会用空格符"擦除"经过的字符；而对于显示器，则是逐个字符输出，空格符及制表符经过的位置都用空格符输出，使原来在这些位置上的字符都被覆盖掉。

以上区别仅在输出字符序列中有回车符时才会发生差异。

表 2-2 列出了基本数据类型的存储方式和取值范围。

表 2-2 基本数据类型的存储方式和取值范围

数 据 类 型	类 型 符	占用字节数/B	数 值 范 围
整型	int	2	$-32\,768 \sim 32\,767$
无符号整型	unsigned [int]	2	$0 \sim 65\,535$
短整型	short [int]	2	$-32\,768 \sim 32\,767$
无符号短整型	unsigned short [int]	2	$0 \sim 65\,535$
长整型	long [int]	4	$-2\,147\,483\,648 \sim 2\,147\,483\,647$
无符号长整型	unsigned long [int]	4	$0 \sim 4\,294\,967\,295$
单精度	float	4	$-3.4 \times 10^{-38} \sim 3.4 \times 10^{38}$
双精度	double	8	$-1.7 \times 10^{-308} \sim 1.7 \times 10^{308}$
长双精度	long double	16	$-1.2 \times 10^{-4\,932} \sim 1.2 \times 10^{4\,932}$
字符型	char	1	$-128 \sim 127$
无符号字符型	unsigned char	1	$0 \sim 255$

2.2 输入和输出基础

在 C 程序中，数据的输入和输出分别通过调用格式输入函数 scanf()和格式输出函数 printf()来实现。而在 C++程序中，主要是通过调用输入/输出的流对象 cin 和 cout 来实现。在输入操作中，输入字节流从输入设备流向内存；在输出操作中，输出字节流从内存流向输出设备。

2.2.1 单个字符输出和输入

要输出单个字符可调用单个字符输出函数 putchar()，要输入单个字符可调用单个字符输入函数 getchar()。要使用这两个函数，需要用以下代码把头文件 stdio.h 包含到程序中。

```
#include<stdio.h>
```

1. 单个字符输出函数 putchar()

putchar()函数的作用是将一个字符输出到标准输出设备（通常指显示器）上。调用 putchar()函数的一般形式为：

```
putchar(ch);
```

其中，ch 可以是字符型常量或变量，也可以是整型常量或变量。

【例 2.2】使用 putchar 函数的示例。

```
#include<stdio.h>
int main()
{ char ch='h';
  int i='i';
  putchar(67);            /*输出字母C,对应的ASCII码值为67（十进制）*/
  putchar(ch);            /*输出字母h*/
  putchar(i);             /*输出字母i*/
  putchar('n');           /*输出字母n*/
```

```
    putchar('\141');            /*输出字母 a,对应的 ASCII 码值为 141（八进制）*/
    putchar('\n');              /*换行*/
    return 0;
}
```

输出结果为：

China

2．单个字符输入函数 getchar()

getchar()函数的作用是，从标准输入设备上（通常指键盘）读入一个字符。调用 getchar()函数的一般形式为：

```
getchar();
```

调用 getchar()函数不需要提供实参，调用该函数的返回值就是从输入设备得到字符的 ASCII 码。

【例 2.3】使用 getchar()函数的示例。

```
#include<stdio.h>
int main()
{ char c;
    c=getchar();                /*输入一个字符*/
    putchar(c);                 /*输出读入的字符*/
    putchar('\n');              /*换行*/
    return 0;
}
```

程序运行时，如果从键盘输入字符 z 并按【Enter】键，则屏幕上显示：

z

【程序说明】当 getchar()函数接收了一个字符后，可以将得到的字符赋给一个字符型变量或一个整型变量，也可以不赋给任何变量。例如，以下代码将输入的字符直接输出：

```
putchar(getchar());
```

2.2.2　格式输出和输入

程序要按指定的格式组织输出，可调用格式输出函数 printf()，要按指定的格式组织输入，可调用格式输入函数 scanf()。在 Visual C++环境下运行 C 程序，也要求包含 stdio.h 头文件。

1．格式输出函数 printf()

调用 printf()函数的一般形式为：

```
printf(输出格式控制字符串,输出项表);
```

其中，输出格式控制字符串是字符串表达式，通常是用双引号括起来的字符串。输出格式控制字符串包含 3 类内容：

① 普通字符：要求按原样输出。

② 转义字符：要求按转义字符的意义输出。例如，'\n'表示换行，'\b'表示退格。

③ 输出格式转换说明：由若干个输出格式组成，每个输出格式是用"%"开头后加输出修饰符和输出格式符构成，其中输出修饰符可缺省。表 2–3 和表 2–4 分别列出了常用的输出格式符和常用的输出格式修饰符。

输出项表是由若干个用逗号分隔的输出项组成。每个输出项可以是一个常量、变量或表达式等。每个输出格式对应一个输出项，格式输出函数按指定的输出格式对输出项的值进行转换，并组织排版输出。

表 2-3　常用的输出格式符

格　式　符	含　　义	格　式　符	含　　义
d 或 i	以十进制形式输出整数	e 或 E	以指数形式输出单、双精度浮点数
O	以八进制形式输出整数	c	输出一个字符
x 或 X	以十六进制形式输出整数	s	输出字符串
U	以无符号十进制形式输出整数	%	输出字符%
F	以小数形式输出单、双精度浮点数		

表 2-4　常用的输出格式修饰符

修　饰　符	含　　义
-	左对齐标志，默认时为右对齐
+	正数输出带正号
#	输出八进制数时，前面加数字 0；输出十六进制数时，前面加 0x；对浮点数输出，总要输出小数点
数字	指定数据输出的宽度，当宽度为*时，表示宽度由下一个输出项的整数值指明
.数字	指定小数点之后显示的位数（默认时输出 6 位小数）；对于 s 格式，指定输出的字符数
H	输出的是短整型数
l 或 L	输出的是长整型数或 long double 浮点数

【例 2.4】指出下列代码的输出结果。

① `printf("%d,%+6d,%-6d,%ld\n",1234,1234,1234,1234567L);`

② `printf("%#o,%4o,%6lo\n",045,045,-1);`

③ `printf("%#x,%4x,%6lX\n",045,045,-1);`

④ `printf("%d,%4u,%lu\n",4294967295u,4294967295u,-1);`

⑤ `printf("%c,%-3c,%2c\n",045,'a','a');/*八进制 045 对应的字符是%*/`

⑥ `printf("%f,%8.3f,%-7.2f,%.7f\n",123.4567f,123.4567f,123.4567f,123.456789);`

以上 6 行代码的输出内容依次是：

```
1234, +1234,1234  ,1234567
045, 45,37777777777
0x25, 25,FFFFFFFF
-1, 4294967295,4294967295
%,a  , a
123.456703, 123.457,123.46 ,123.4567890
```

限于篇幅，只解释第 1 行输出代码如下：

格式字符串中的第 1 个 d 格式输出整数 1234，接着输出普通字符逗号。第 2 个 d 格式以 6 个字符的域宽输出 1234，要求输出符号，输出一个空白符和+1234。接着又输出逗号字符。第 3 个 d 格式以 6 个字符的域宽输出 1234，输出时左对齐，输出 1234 后接两个空白字符，接着再输出一个逗号字符。第 4 个 d 格式输出长整数 1234567。最终输出以上第 1 行的内容。

2. 格式输入函数 scanf()

调用格式输入函数 scanf() 的一般形式为：

scanf(输入格式控制字符串,数据存储地址项表);

其中，输入格式控制字符串是字符串表达式，通常是用双引号括住的字符串。输入格式控制字符串主要包含两类内容：

① 普通字符：要求用户必须按原样输入。

② 输入格式转换说明：由若干个输入格式组成，每个输入格式是用"%"开头后加输入修饰符和输入格式符构成，其中输入修饰符可缺。表 2-5 和表 2-6 分别列出了常用的输入格式符和常用的输入格式修饰符。

数据存储地址项表是由若干个用逗号分隔的地址项组成。每个地址项是一个变量的地址（在变量名前加地址运算符&）或指针（指针将在第 6 章介绍）。

表 2-5 常用的输入格式符

格 式 符	含 义	格 式 符	含 义
d 或 i	以十进制形式输入整数	f 或 e	输入浮点数（小数或指数形式）
O	以八进制形式输入整数	c	输入字符数据
x 或 X	以十六进制形式输入整数	S	输入字符串数据
U	以十进制形式输入无符号整数		

表 2-6 常用的输入格式修饰符

修饰符	含 义	修饰符	含 义
*	赋值抑制符，即输入当前数据，但不传送给变量	H	输入 short 整数
数字	指定输入数据的数字符个数	l 或 L	输入 long 整数或 long double 浮点数

【例 2.5】对应下列输入代码，要让变量 i 和 j 值分别为 12 和 234，试指出合理的输入。

① `scanf("%d,%d",&i,&j);`   /*不能写成 scanf("%d,%d",i,j)*/

② `scanf("%d%d",&i,&j);`

③ `scanf("%2d%3d",&i,&j);`   /*指定数据输入的数字符个数,分别是 2 个和 3 个*/

④ `scanf("%d%*d%d",&i,&j);`

对于①，"%d,%d"中间的逗号是普通字符，必须按原样输入。例如，输入 12,234。

对于②，两个输入格式之间没有其他字符，输入时，数据以一个或多个空格符分隔，也可以用【Tab】键、【Enter】键分隔。例如，输入 12　234。

对于③，格式指定数据输入的数字符个数，分别是 2 个和 3 个，输入数据可以用空白符分隔，也可以由前 2 个数字符为变量 i 输入，后 3 个数字符为变量 j 输入。例如，输入 12234 也能满足要求，将 12 赋值给变量 i，将 234 赋值给变量 j。

对于④，格式中的第 2 个输入格式有赋值抑制符，所以要输入 3 个整数，其中，第 2 个整数用于输入不赋值的要求。只要 3 个整数由空白符分隔即可。例如，输入 12　0　234。

3. C++的输出流 cout 和输入流 cin 简介

考虑到 C 程序的上机环境大多数用的是 C++程序的开发环境，对于一些简单的输出输入可使用 C++的 cout 和 cin 流对象实现。使用 cout 或 cin 的程序必须在程序的开头使用以下预处理命令把头文件 iostream.h 包含到程序中：

```
#include<iostream.h>
```

头文件 iostream.h 包括了输出输入流操作所需的所有信息和函数。一般情况下， cout 对应标准输出流设备（通常指显示器），cin 对应标准输入流设备（通常指键盘）。

（1）输出流 cout

使用输出流 cout 输出数据的一般格式为：

cout<<表达式 1<<表达式 2<<…<<表达式 n;

功能：从屏幕当前光标位置处开始，将各表达式的值依次输出。

说明：

① <<称为流插入运算符，表示将表达式的数据依次插入到内存缓冲区，当遇到缓冲区满、输出换行符 endl（或'\n'）、或清除缓冲区的流格式控制符 flush 时，才将缓冲区中的数据输出到显示屏幕上，并清空缓冲区。

② 一个流插入运算符后只能插入一个输出项，如果有多个输出项，需要有多个流插入运算符。例如，以下两项代码中，第 1 行代码是错误的，而第 2 行的代码是正确的。

```
cout<<x,y,z;            //错误,3 个输出项只有 1 个流插入运算符
cout<<x<<y<<z;          //正确,3 个输出项应有 3 个流插入运算符
```

（2）输入流 cin

使用输入流 cin 输入数据的一般格式为：

cin>>变量 1>>变量 2>>…>>变量 n;

功能：程序暂停执行，等待用户从键盘上输入数据。用户输入了所有数据后再以【Enter】键表示输入结束。此时，程序将用户输入的数据依次送入各变量，并继续运行后继语句。

说明：

① >>称为流提取运算符，表示将输入缓冲区中的数据提取出来，并赋值给变量。

② 输入数值数据时，前导的空白类字符被自动忽略，符合类型要求的数据被接受，遇到不符合类型要求的字符后，将结束一个数值数据的输入。通常，连续输入多个数值数据时，数据之间以空白符或【Enter】键作为数值数据的分隔符。

③ 输入字符数据时，前导的空白类字符被忽略，以后输入的非空白类字符被输入和存储。字符变量只接受一个字符，字符数组变量接受一串非空白类字符。

④ 与调用输入函数 scanf()不同的是，变量名前不再要有取地址运算符&。

例如：

```
int x;char c1,c2;
cin>>c1>>x>>c2;
cout<<"c1="<<c1<<",c2="<<c2<<",x="<<x<<endl;
```

如果输入：a123b

则输出：c1=a,c2=b,x=123

又例如：

```
int x,y;
cin>>x>>y;
cout<<"x="<<x<<",y="<<y;
```

如果输入：123 456

则输出：x=123,y=456

如果输入：123,456

则输出：x=123,y=0

由于逗号不是数值数据之间的分隔符，引起变量 y 输入的错误。另外，注意输入的数据必须与对应的变量类型相符，否则也可能导致输入不正确。例如，给整型变量输入一个浮点数，则遇到小数点时就结束输入整数。例如：

```
int x;float y;char z;
cin>>x>>y>>z;
cout <<"x="<<x<<",y="<<y<<",z="<<z<<endl;
```

如果输入：123.4 567.89 a

则输出为：x=123,y=0.4,z=5

系统首先从输入流中提取 123 赋值给 x，因为 x 是整型变量，不能接受小数点。然后，继续往后提取 0.4 赋值给变量 y；跳过空白分隔符再提取 5 赋值给变量 z，因为 z 是字符型变量，只能取 1 个字符。如果一次输入流调用没有把缓冲区中的字符用完，则剩余的字符将供以后输入流调用继续使用。

cout 和 cin 也可实现有格式的输出输入。例如，输出浮点数时指定有效位数、设置数据宽度、设置数据左对齐或右对齐的方式等。C++提供了两类流格式控制符：无参格式控制符和有参格式控制符。其中无参格式控制符在头文件 iostream.h 中定义，有参格式控制符在头文件 iomanip.h 中定义。也就是说，如果要使用有参格式控制符，必须使用预处理命令把头文件 iostream.h 和 iomanip.h 包含到程序中。表 2-7 列出了常用的流格式控制符。

表 2-7　流格式控制符

流格式控制符	含　义	参　数
Dec	数据用十进制表示	无
Oct	数据用八进制表示	无
Hex	数据用十六进制表示	无
Endl	插入换行符（同'\n'）	无
Flush	清缓冲区	无
setfill(c)	用 c 作为填充字符	有
setprecision(n)	设置浮点数有效数字为 n 位。在固定小数位数（fixed）和指数形式输出（scientific）时，n 表示小数位数	有
setw(n)	设置数据宽度	有
setiosflags(ios::fixed)	设置浮点数以固定小数位数形式输出	有
setiosflags(ios::scientific)	设置浮点数以指数形式输出	有
setiosflags(ios::left)	设置数据左对齐显示	有
setiosflags(ios::right)	设置数据右对齐显示	有
setiosflags(ios::lowercase)	十六进制的字母用小写	有
setiosflags(ios::uppercase)	十六进制的字母用大写	有

【例 2.6】用流格式控制符实现输出的程序实例。

```
#include<iostream.h>
#include<iomanip.h>
```

```cpp
int main()
{ int a=54321;
  double b=123.123456789;
  cout<<setiosflags(ios::right)<<setw(10)<<a<<endl; //右对齐,宽度为10位
  cout<<setw(10)<<b<<endl;                          //默认为6位有效数字
  cout<<setfill('$')<<setw(10)<<a<<endl;            //用'$'代替前导空格
  cout<<hex<<a<<","<<setiosflags(ios::uppercase)<<a<<endl;
  /*加setiosflags(ios::uppercase),让十六进制中的字母使用大写*/
  cout<<setprecision(8)<<b<<","               //有效数字为8位
    <<setiosflags(ios::scientific)<<b<<endl;  //指数形式,小数位数为8位
  return 0;
}
```

输出结果如下：

```
    54321
   123.123
$$$$$54321
d432,D431
123.12346,1.23123457E+002
```

2.3　数 据 运 算

数据运算由操作数和运算符组成，C语言提供了非常丰富的运算符来描述各种数据的运算，每个运算符有优先级和结合性两方面。

运算符的优先级是指当表达式中有多个运算符时，应按运算符的优先级由高到低计算。如同"先乘除后加减"规则。例如，表达式 x-y×z，因 y 的左侧减号优先级低于 y 右侧乘号，该表达式的计算顺序就是 x-(y×z)。

运算符的结合性是指操作数对运算符的结合方向，从左到右，或从右到左。例如，对于单目运算符，位于单目运算符之后的运算分量从右向左与前面的运算符结合。所以，单目运算符的结合性都是从右到左的。运算符的结合性也能确定在相同优先级运算符连续出现的情况下的计算顺序。例如，算术运算符的结合性是从左到右的，则连续的加减或连续的乘除是从左向右计算的；赋值运算符的结合性是从右到左的，则连续的赋值运算是从右向左逐个赋值的。

一般来说，单目运算符、三目运算符赋值运算符的结合性是从右到左的，而其他双目运算符的结合性基本上都是从左到右的。附录 A 列出了 C 语言中所有的运算符以及它们的优先级和结合性。

2.3.1　赋值运算

在 C 语言中，符号"="不是"相等"运算符（相等运算符是"=="，相等运算见关系运算），而是一个赋值运算符。赋值运算分为两类：一是简单赋值运算；二是复合赋值运算。

1. 简单赋值运算

简单赋值运算的一般形式如下：

变量=表达式；

表达式是计算值的算式，参见 2.4 节。赋值运算的执行过程是：

① 计算赋值运算符右端的表达式。

② 当赋值运算符两侧的类型不一致时，将表达式值的类型自动转换成变量的类型。

③ 将表达式的值赋给变量，即存储到由变量所占的存储单元中。

简单地说，赋值表达式是先计算表达式的值，然后将该值赋给变量。

例如，"x=x+1;"表示把变量 x 的值加 1 后再赋给 x。

赋值运算符的结合性是自右向左，当连续有多个赋值运算时，是从右向左逐个赋值。例如：

```
int x;
double y;
y=x=3.5;            /*x 的值为 3,y 的值为 3.0*/
```

2. 复合赋值运算

在程序中，经常遇到在变量现有值的基础上进行某种修正的运算。例如：

```
x=x+5.0;
```

这类运算的特点是：变量既是参与运算的操作数，又是接受赋值的对象。为避免对同一个变量的地址重复计算，C 语言引入复合赋值运算。共有 10 种复合赋值运算符（后 5 种是位运算的复合赋值运算符）：+=、-=、*=、/=、%=、<<=、>>=、&=、^=、|=。例如：

```
x+=5.0;                /*等价于 x=x+5.0*/
x*=u+v;                /*等价于 x=x*(u+v),括号不能省略*/
a+=a-=b+2;             /*等价于 a=a+(a=a-(b+2))*/
```

记 θ 为某个双目运算符，复合赋值运算 x θ =e 的等效表达式为 x=x θ (e)。

当 e 是一个复杂表达式时，等效表达式的括号是必需的。

赋值运算符和所有复合赋值运算符的优先级全部相同，并且都是自右向左结合，它们的优先级高于逗号运算符，低于其他所有运算符。

2.3.2　算术运算

算术运算有一般算术运算以及自增和自减运算。

1. 一般算术运算

算术运算符按操作数的个数是一个还是两个，分单目运算符和双目运算符两类：

单目运算符：+（取正）、-（取负）。

双目运算符：+（加）、-（减）、*（乘）、/（除）、%（求余）。

说明：加、减、乘、除和求余运算都是双目运算符，结合性都是从左向右的。取正（+）、取负（-）是单目运算符，结合性是从右向左的，其优先级高于+、-、*、/、%等双目运算符。

"/"为除法运算符，当除数和被除数均为整数时，结果也是整数。例如，7/4 的结果为 1。

"%"为求余运算符，求余运算符要求参与运算的两个操作数均为整型数据，求余运算所得结果的符号与被除数的符号相同。设 a 和 b 是两个整型数据，并且 b 不等于 0，则有 a%b 的值与表达式 a-(a/b)*b 的值相等。例如，5%3 的结果为 2；-5%3 的结果为-2；5%-3 的结果为 2。

2. 自增和自减运算（或称增 1 和减 1 运算）

自增运算符"++"和自减运算符"--"是 C 语言中两个很有特色的运算符，也是程序中很常用的运算符。

"++"和"--"两个运算符都是单目运算符，且运算对象只能是整型变量或指针变量（指针将在第6章介绍，这里暂不考虑指针的自增自减运算）。其作用是使变量的值增1或减1。这两个运算符有以下4种不同的表示方式：

① ++i：前缀形式，表示在引用变量i之前，先使i加1，以加1后的i值为运算结果。

② -i：前缀形式，表示在引用变量i之前，先使i减1，以减1后的i值为运算结果。

③ i++：后缀形式，表示在引用变量i之后，才使i加1，即以加1前的i值为运算结果。

④ i--：后缀形式，表示在引用变量i之后，才使i减1，即以减1前的i值为运算结果。

例如：

```
i=4;
j=++i;          /*i 结果为 5,j 的结果为 5*/
i=4;
j=i++;          /*i 结果为 5,j 的结果为 4*/
i=4;
j=--i;          /*i 结果为 3,j 的结果为 3*/
i=4;
j=i--;          /*i 结果为 3,j 的结果为 4*/
```

由上述例子说明，对变量采用自增（或自减），用前缀形式或用后缀形式，对变量本身来说，效果是相同的，但表达式的值不同。前缀形式是变量运算之后的新值，后缀形式是变量运算之前的值。

自增和自减运算符能使程序更为简洁和高效，但在使用时需注意以下几点：

① 使用"++"和"--"运算时，其运算对象只能是变量，不能是常量或表达式。例如，4++或 (i+j)++都是不合法的。

② "++"和"--"运算符带有一定的副作用。建议读者不要在一个表达式中对同一个变量多次使用这样的运算符，产生的结果可能与想象的不一致。

例如：

```
i=4;
j=(i++)+(i++);
```

在VC++中，j的结果为8而不是9。又如：

```
i=4;
j=(++i)+(++i);
```

在VC++中，j的结果为12而不是11。

以上答案与预想的结果不一致的原因是：系统在处理i++时，先使用i的原值进行加法计算，然后再让i自增两次；系统在处理++i时，先对i执行两次自增，然后再用i的新值进行加法计算。故前面一个表达式的值为8，后面一个表达式的值为12。

2.3.3 关系运算和逻辑运算

1. 关系运算

有6个关系运算符，分别是：<（小于）、<=（小于等于）、>（大于）、>=（大于等于）、==（等于）、!=（不等于）。

关系运算符对左右两侧的值进行比较。如果比较运算的结果成立（即条件满足）则为"真"，不满足则为"假"。规定：比较后，条件满足（真）结果为1，条件不满足（假）结果为0。

在使用关系运算符时需要注意的是：

① 上述 6 个关系运算符的优先级不完全相同。<、<=、>、>=的优先级高于==、!=。例如，表达式 x>y==c<d，等价于(x>y)==(c<d)。该表达式的意义是 x>y 与 c<d，或同时成立，或同时不成立。

② 关系运算符的优先级低于算术运算符的优先级。例如，x>u+v 等价于 x>(u+v)。

③ 关系运算符的结合方向是自左向右的。例如，i=1，j=2，k=3，则表达式 k>j>i 的值为 0。该表达式的计算过程是：先计算 k>j，条件满足，值为 1；再计算 1>i，条件不满足，结果为 0。

2．逻辑运算

有 3 个逻辑运算符，分别是：&&（逻辑与）、||（逻辑或）、!（逻辑非）。

其中，运算符 && 和 || 是双目运算符，要求有两个操作数；运算符!是单目运算符，只要求一个操作数。逻辑运算的结果与关系运算的结果也是"真"或"假"，同样用 1 表示结果为"真"；用 0 表示结果为"假"。

在 C 语言中，判定一个逻辑运算分量是"真"或"假"时，实际上是这样来判定的：如果其值等于 0 则为"假"，其值不等于 0 则为"真"。读者注意逻辑判定与逻辑运算结果的差异。

逻辑运算中，逻辑非"!"的优先级最高，其次是逻辑与"&&"，逻辑或"||"的优先级最低。另外，逻辑与"&&"和逻辑或"||"的优先级低于关系运算符的优先级；逻辑非"!"的优先级高于算术运算符的优先级。

表 2-8 是逻辑运算真值表。当操作数 a 和 b 分别取不同组合值情况下，各种逻辑运算后的结果。

表 2-8　逻辑运算真值表

a	b	!a	!b	a&&b	a||b
非 0	非 0	0	0	1	1
非 0	0	0	1	0	1
0	非 0	1	0	0	1
0	0	1	1	0	0

例如：

```
a>b&&x>y                /*等价于 (a>b)&&(x>y)*/
a!=b||x!=y              /*等价于 (a!=b)||(x!=y)*/
x==0||x<y&&z>y          /*等价于 (x==0)||((x<y)&&(z>y))*/
!a&&b||x>y&&z<y         /*等价于 ((!a)&&b)||((x>y)&&(z<y))*/
```

逻辑表达式能用于表达复杂的逻辑运算。例如，写出判定某一年是否为闰年的逻辑表达式。闰年的条件是：每 4 年 1 个闰年，但每 100 年少 1 个闰年，每 400 年又增加 1 个闰年。如果年份用整型变量 year 表示，则 year 年是闰年的条件是：

(year 能被 4 整除,但不能被 100 整除)或(year 能被 400 整除)

用逻辑表达式可描述如下：

```
(year%4==0&&year%100!=0)||year%400==0
```

在 C 语言的逻辑表达式中，对一个数值不等于 0 的判断，可用其值本身代之。以上判断 year 为闰年的逻辑表达式可简写为：

```
(year%4==0&&year%100)||year%400==0
```

需要特别指出的是，"逻辑与"和"逻辑或"运算符有以下性质：

① 对表达式 a&&b，当 a 为 0 时，结果为 0，不再计算 b；仅当 a 为非 0 时，才需要计算 b。

② 对表达式 a||b，当 a 为 1 时，结果为 1，不必再计算 b，仅当 a 为 0 时，才需要计算 b。

C 语言利用这些性质，在进行连续的逻辑运算时，不分"逻辑与"和"逻辑或"的优先级进行计算，而是顺序进行"逻辑与"和"逻辑或"的计算，一旦逻辑子表达式或逻辑表达式能确定结果，就不再继续计算。

例如，设有 a=b=c=1，计算++a || ++b && ++c。从左到右顺序计算逻辑或表达式，先计算子表达式++a，变量 a 的值变为 2，++a 非 0，整个逻辑或表达式的值已经为 1，不再计算右边的子表达式++b && ++c。因而，变量 b 和 c 的值不变，仍为 1。

在具体编写程序时，也应利用以上性质。用"逻辑与"表达两个条件必须同时成立时，如果当条件 1 不成立，条件 2 的值不可计算时，则逻辑表达式应写成：

条件 1&&条件 2

避免在条件 1 不成立的情况下计算条件 2。例如，表达 y/x>2 和 x!=0 同时成立，应写成 x!=0&&y/x>2。当 x 为 0 时，不会计算 y/x。而写成 y/x>2&&x!=0，是不正确的，因为当 x 为 0 时，不能计算 y/x。对于逻辑或也有类似情况。

2.3.4　条件运算

条件运算是 C 语言中唯一的一个三目运算，条件运算的运算符（?:）需要 3 个操作数。

条件运算的一般形式如下：

表达式 1?表达式 2:表达式 3

条件运算的执行过程是：

① 计算表达式 1。

② 如果表达式 1 的值为非 0（真），则计算表达式 2，并以表达式 2 的值为条件运算的结果（不再计算表达式 3）。

③ 如果表达式 1 的值为 0（假），则计算表达式 3，并以表达式 3 的值为条件运算的结果（不再计算表达式 2）。例如：

x>y?x:y

如果 x>y 条件为真，则条件运算取 x 值，否则取 y 值。

条件运算符（?:）的优先级高于赋值运算符，低于逻辑运算符，也低于关系运算符和算术运算符。例如：

max=x>y?x:y+1

等价于

max=((x>y)?x:(y+1))

条件运算符的结合性为自右向左。例如：

x>y?x:u>v?u:v

等价于

x>y?x:(u>v?u:v)

另外，条件运算的 3 个运算分量的数据类型可以各不相同。例如：

i>j?2:3.5

C 语言规定，当条件运算中的表达式 2 与表达式 3 的类型不一致时，类型低的向类型高的转换。因此，对于条件表达式 i>j?2:3.5，当 i>j 时，值为 2.0；否则，值为 3.5。

2.3.5 其他运算

除前面介绍的运算外，还有许多运算，本节只介绍逗号运算、sizeof 运算、位运算和移位运算。其中位运算和移位运算实现对二进制位串信息的运算，主要应用于与计算机内部表示直接有关的运算，初学者可以跳过这些内容。

1. 逗号运算

逗号运算符 "，" 用于将若干个表达式连接起来，构成一个逗号表达式。

逗号运算的一般形式如下：

表达式 1，表达式 2，…，表达式 n

逗号运算的执行过程是：

① 从左到右依次计算各个表达式。

② 最后一个表达式的值作为整个逗号表达式运算的结果。

例如，表达式

```
x=(i=3,i*2)
```

使 i 等于 3，x 等于 6。

其实，逗号运算只是把多个表达式串联起来，其目的只是想让这些表达式在逻辑上构成一个单一的表达式，以便将它用于 for 循环的控制结构中，实现给多个变量设置初值，或实现对多个变量的值逐一修改等（参见 3.4.3 节）。

逗号运算符的优先级最低，其结合性是自左向右。

2. sizeof 运算

sizeof 运算符用来返回其后的对象或某种类型的对象在内存中所占据的字节数。

sizeof 运算的一般形式如下：

sizeof(类型名) 或 sizeof 表达式

例如：

```
int a[]={1,3,5,7,9};
float b;
printf("%d\n",sizeof b);              /*输出变量b占据的内存字节数,结果为4*/
printf("%d\n",sizeof a/sizeof(int));  /*计算数组a的元素个数,结果为5*/
```

其中，sizeof a 是数组 a 所占据的字节数，sizeof(int) 是一个 int 类型的数据对象所需的字节数。由于数组 a 的元素是 int 类型的，表达式 sizeof a/sizeof(int) 的值等于数组 a 的元素个数。

3. 位运算

位运算的操作数只能是整型或字符型数据，位运算把运算对象看做是由二进制位组成的位串信息，按位完成指定的运算，得到位串信息结果。

位运算符有 4 个，按优先级从高到低依次为：~（位反）、&（位与）、^（位异或）、|（位或）。

其中，位反运算符 "~" 是单目运算符，结合方向自右向左，且优先级高于算术运算符，其余 3 个运算符均为双目运算符，结合方向都是自左向右，且优先级低于关系运算符。

（1）位与运算 &

位与运算的规则如下：

```
0&0=0,0&1=0,1&0=0,1&1=1
```

即参加位与运算的两个操作数，如果对应的位均为 1 时，则该位才为 1，否则为 0。

例如：53 & 22 的结果为 20。

$$0\ 000\ 000\ 000\ 110\ 101 \quad （十进制\ 53，八进制为\ 65）$$
$$\&\ 0\ 000\ 000\ 000\ 010\ 110 \quad （十进制\ 22，八进制为\ 26）$$
$$\overline{0\ 000\ 000\ 000\ 010\ 100} \quad （十进制\ 20，八进制为\ 24）$$

位与运算主要有两种典型用法：

① 取一个位串的某几位。例如，截取 x 的最低 7 位的方法是，x & 0177（注意，0177 是八进制的写法，对应的二进制为 001 111 111）。

② 保留变量的某几位，其余位置 0。例如，保留变量 x 最低 6 位，代码 x=x&077 可实现这个要求。

（2）位或运算 |

位或运算的规则如下：

0|0=0,0|1=1,1|0=1,1|1=1

即参加位或运算的两个操作数，如果对应的位均为 0 时，则该位才为 0，否则为 1。

例如：53 | 22 的结果为 55。

$$0\ 000\ 000\ 000\ 110\ 101 \quad （十进制\ 53，八进制为\ 65）$$
$$|\ 0\ 000\ 000\ 000\ 010\ 110 \quad （十进制\ 22，八进制为\ 26）$$
$$\overline{0\ 000\ 000\ 000\ 110\ 111} \quad （十进制\ 55，八进制为\ 67）$$

位或运算的典型用法是将一个位串的某几位置成 1。例如，将变量 x 的最低 4 位设置为 1，其余位不变，代码 x=017 | x 可实现这个要求。

（3）位异或运算 ^

位异或运算的规则如下：

0^0=0,0^1=1,1^0=1,1^1=0

即参加位异或运算的两个操作数，如果对应的位相同时，则该位才为 0，不相同时为 1。

例如：53 ^ 22 的结果为 35。

$$0\ 000\ 000\ 000\ 110\ 101 \quad （十进制\ 53，八进制为\ 65）$$
$$\wedge\ 0\ 000\ 000\ 000\ 010\ 110 \quad （十进制\ 22，八进制为\ 26）$$
$$\overline{0\ 000\ 000\ 000\ 100\ 011} \quad （十进制\ 35，八进制为\ 43）$$

位异或运算的典型用法是将一个位串某几位取反。例如，将变量 x 的最低 4 位取反，其余位不变，即在最低 4 位中，原来是 1 的位变为 0，原来是 0 的位变为 1。代码 x=017 ^ x 就可实现这个要求。

（4）位反运算 ~

位反运算的规则如下：

~0=1,~1=0

位反运算是单目运算，它将参加位反运算的操作数的各位取反，即 0 变 1，1 变 0。

例如：~53 的结果为-54。

$$\sim 0\ 000\ 000\ 000\ 110\ 101 \quad （十进制\ 53，八进制为\ 65）$$
$$\overline{1\ 111\ 111\ 111\ 001\ 010} \quad （十进制-54，八进制为\ 177712）$$

说明：结果值的最高位是一个符号位（0 代表正，1 代表负），负数在计算机内部是用补码表示的。也就是说，一个负数首先应将原码取反变成反码，然后再加 1 才能变成补码形式。同样，将上述补码的结果 1 111 111 111 001 010 变为原码，应先将补码减 1 变为反码 1 111 111 111 001 001，再将每位取反（除符号位外）变为原码 1 000 000 000 110 110。这时，可以看出它对应的八进制数是-66，十进制数就是 $6 \times 8 + 6 = 54$。由于它是负数，结果为-54。

位运算的组合可以用来描述各种特殊的位串运算。例如，位运算表达式((k-1)^k)&k 能取非 0 的整型变量 k 的最右边为 1 的这一位的值。运算 k-1 得到的值是 k 最右边的这一位是 0，而原先最右边为 1 的右边全是 1；接着与 k 的原来值的位异或运算得到的值是 k 原先最右边的 1 和这一位右边的全部 1，而最右边 1 的左边各位全部是 0。最后，与 k 的原来值的位与运算，得到的值是原先最右边的 1 的左右两边各位都是 0，而只保留原先最右边的那一位 1。

4. 移位运算

移位运算用来将整型数据或字符型数据作为二进制位的位串，整体向左或向右移动。

移位运算符有两个，左移运算符<<和右移运算符>>。

移位运算有两个操作数，左操作数为移位的数据对象，右操作数的值为移位位数。移位运算符的优先级低于算术运算符，高于关系运算符，它们的结合方向是自左向右。

（1）左移运算<<

左移运算的规则是，将运算符左侧操作数的每一位二进制位向左移动，右边空出的位用 0 填充，左端移出位的信息就被丢弃。每左移 1 位相当于乘 2。例如 4<<2，结果为 16。

（2）右移运算>>

右移运算的规则是，将运算符左侧操作数的每一位二进制位向右移动，右端移出的位的信息被丢弃。与左移相反，每右移 1 位相当于除以 2。例如 12>>2，结果为 3。

在右移时，需要注意符号位问题。对无符号数据，右移时，左端空出的位用 0 填充。对于带符号的数据，如果移位前符号位为 0（正数），则左端也是用 0 填充；如果移位前符号位为 1（负数），则左端用 0 或用 1 填充，取决于所使用的系统。对于负数右移，用 0 填充的称为"逻辑右移"，用 1 填充的称为"算术右移"。

移位运算与位运算结合能实现许多与位串运算有关的复杂计算。设变量的位自右至左顺序编号，自 0 位～31 位，有关指定位的表达式是不超过 32 的正整数。以下各代码分别有它们右边注释所示的意义：

```
~(~0<<n)                  /*实现最低 n(0<=n<=32)位为 1,其余位为 0 的位串信息*/
(x>>(1+p-n))&~(~0<<n)     /*截取变量 x 自 p(<32)位开始的右边 n(<p)位的信息*/
s&=~(1<<j)                /*将变量 s 的第 j(<32)位置成 0,其余位不变*/
new&=~(1<<(31-k));new|=((old>>row)&1)<<(31-k)
/*截取 old 变量第 row 位,并将该位信息放到变量 new 的第 31-k 位*/
```

2.4 表 达 式

表达式是计算值的算式，是由操作数和运算符组成的合法算式。操作数可以是常量、变量、函数调用和带括号的表达式。表达式按运算符的优先级和结合性的要求进行运算，最终得到的结果称为表达式的值。

2.4.1　表达式分类

C 语言提供了丰富的运算符，因此组成的表达式种类也很多。以表达式中优先级最低的运算符类来称呼，常见的表达式有以下 6 种：

算术表达式：如 x + 1.0/y − z%5。

关系表达式：如 x > y + z。

逻辑表达式：如 x > y && x < z。

赋值表达式：如 x=(y=z+5)。

条件表达式：如 x > y ? x : y。

逗号表达式：如 x=1,y ++,z +=2。

以下几点提醒请读者注意：

① 在表达式中如果连续出现两个运算符，为避免二义性，中间最好加空格符。例如，表达式 x+++y 到底是(x++)+y 还是 x+(++y)呢？编译系统是按尽量取大的原则来分割连续多个运算符。因此，表达式 x+++y 被认为是(x++)+y。如果要表达 x 加上增 1 后的 y，应写成 x+(++y)，或写成 x+ ++y。即中间加一个空格分隔两个连续的运算符。

② 在表达式中，加圆括号可以强制改变运算符的优先级。例如，表达式(x+y)*z，使加法优先于乘法。

③ 优先级用来说明表达式的计算顺序。即优先级高的先运算，优先级低的后运算，优先级相同时由结合性决定计算顺序。

④ 结合性也是用来说明表达式的计算顺序的。在优先级相同的情况下，表达式的计算顺序由结合性来确定。结合性分成两类：大多数运算符的结合性是自左向右的，只有单目运算符、三目运算符和赋值运算符的结合性是自右向左的。

2.4.2　表达式的类型转换

当表达式中出现不同类型数据混合运算时，往往需要先进行类型转换后才能运算。由于各种数据类型在表示范围和精度上是不同的，所以数据被类型转换后，可能会丢失数据的精度。例如，将 double 类型数据转换成 int 类型，则会截去数据的小数部分。反之，将 int 类型的数据转换成 double 类型，则精度不会损失，然而数据的表示形式改变了。类型转换分为隐式类型转换和强制类型转换两种。

1. 隐式类型转换

在表达式中，一般要求参与运算的两个操作数的类型一致。如果两个操作数的类型不一致时，系统会自动将低类型操作数转换成另一个高类型操作数的类型（赋值运算的类型转换以赋值号左边的变量类型为准），然后再进行运算。这种隐式类型转换的规则如图 2-2 所示。

```
int→unsigned int→long→unsigned long→float→double→long double
↑
short、char
```

图 2-2　隐式类型转换规则

对隐式类型转换规则进一步说明：

① 运算时，int 类型最低，long double 类型最高。

② short 型和 char 型的运算分量必须先转换为 int 型才能运算。

③ 两个相同类型的数据（除 short 型和 char 型）可以直接运算，不需要类型转换。

当两个不同类型的数据运算时，由系统自动转换。例如，一个 int 型数据与一个 double 型数据运算，先要将 int 型数据转换为 double 型，才能与另一个 double 型数据运算，运算结果也是 double 型。两个 char 型数据运算，都必须先转换为 int 型才能参加运算，运算结果是 int 型。

2. 强制类型转换

强制类型转换是指将一种表达式的数据类型强制性地转换为另一种数据类型。强制类型转换的一般格式如下：

(类型名)表达式   或   类型名(表达式)

前者是 C 语言使用的格式，后者是 C++语言新增加的格式。强制类型转换的意义是对表达式的值强制地转换成类型名所指明的类型。例如：

```
float x;unsigned short y;
x=(int)5.8+3.3;              /*强制类型转换,(int)5.8也可以写成int(5.8)*/
y=-1;                        /*赋值隐式类型转换,int转换成unsigned short*/
printf("x=%f,y=%d\n",x,y);
```

输出结果为：

```
x=8.300000,y=65535
```

表达式 "x=(int)5.8+3.3;" 中，把 5.8 被强制转换为 5，加上 3.3 后得到 8.3 赋给变量 x；表达式 "y=-1" 中，-1 在系统内部是用补码表示的，即它的二进制每位都是 1。由于 y 是无符号短整型变量，其二进制的每一位都表示数据，结果就是 $2^{16}-1$，即 65 535。

注意：当要转换类型的表达式不是一个常量或一个变量时，必须加圆括号。例如，表达式(int)(x+y)与(int)x+y 含义不一样，前者表示将 x 加上 y 后再将类型转换成整型；而后者则先将变量 x 转换成整型后再加上 y。

下面是表达式求值的两个示例程序。

【例 2.7】表达式求值例子 1。

```
#include  <stdio.h>
int main()
{  int i=1,j=2,k=3;
   i+=j+=k;  /*i=6,j=5,k=3*/
   printf("i=%d\tj=%d\tk=%d\n",i,j,k);
   printf("(i<j?i++:j++)=%d\n",i<j?i++:j++);
   printf("i=%d\tj=%d\n",i,j);
   printf("(k+=i>j?i++:j++)=%d\n",k+=i>j?i++:j++);
   printf("i=%d\tj=%d\tk=%d\n",i,j,k);
   i=3;j=k=4;
   printf("(k>=j>=i)=%d",k>=j>=i);
   printf("\t(k>=j&&j>=i)=%d\n",k>=j&&j>=i);
   i=j=2;
   k=i++-1;
   printf("i=%d\tj=%d\tk=%d\n",i,j,k);/*i=3,j=2,k=1*/
   k+=-i++++++j;
   printf("i=%d\tj=%d\tk=%d\n",i,j,k);
   return 0;
}
```

程序运行结果如下：

```
i=6      j=5      k=3
```

```
(i<j?i++:j++)=5
i=6      j=6
(k+=i>j?i++:j++)=9
i=6      j=7      k=9
(k>=j>=i)=0      (k>=j&&j>=i)=1
i=3      j=2      k=1
i=4      j=3      k=1
```

【例 2.8】 表达式求值例子 2。

```c
#include <stdio.h>
int main()
{   int a,b,c;
    a=b=c=1;++a||++b&&++c;
    printf("a=%d\tb=%d\tc=%d\n",a,b,c);
    a=b=c=1;++a&&++b||++c;
    printf("a=%d\tb=%d\tc=%d\n",a,b,c);
    a=b=c=1;++a&&++b&&++c;
    printf("a=%d\tb=%d\tc=%d\n",a,b,c);
    a=b=c=1;--a&&--b||--c;
    printf("a=%d\tb=%d\tc=%d\n",a,b,c);
    a=b=c=1;--a||--b&&--c;
    printf("a=%d\tb=%d\tc=%d\n",a,b,c);
    a=b=c=1;--a&&--b&&--c;
    printf("a=%d\tb=%d\tc=%d\n",a,b,c);
    return 0;
}
```

程序运行结果如下：

```
a=2      b=1      c=1
a=2      b=2      c=1
a=2      b=2      c=2
a=0      b=1      c=0
a=0      b=0      c=1
a=0      b=1      c=1
```

小　结

本章介绍数据类型及其运算，学习和应该要掌握的内容如下：

① 基本数据类型、标识各种基本类型的关键字、各种基本类型常量的书写方法。

② 数据的输入/输出、输出函数 printf() 和输入函数 scanf() 的用法，输出/输入的格式控制。简单的输出输入会用 C++ 的输出流 cout 和输入流 cin。

③ 数据运算，熟练掌握赋值运算、算术运算、关系运算和逻辑运算，对移位运算和位运算有基本的了解。

④ 表达式书写方法，数值表达式的类型转换规则。

⑤ 上机实践，正确编写表达式计算程序，能正确实现变量值的输入和表达式值的输出。

习　题

1. 将下列十进制整数用八进制整数和十六进制数表示。

（1）9；　（2）64；　（3）85；　（4）-53；

（5）-111；（6）2 499；　（7）-28 654；（8）21 019。

2. 指出下列内容哪些是 C 语言的整型常量，哪些是实型常量，哪些两者都不是。

（1）E-4；　　（2）A423；　（3）-1E-31　（4）0xABCL；　　（5）.32E31；

（6）087；　　（7）0xL；　（8）003；　　（9）0x12.5；　　（10）077；

（11）11E；　（12）056L；　（13）0.；　　（14）.0。

3. 若有整型变量 i=1，j=2，k=3，u=47215；实型变量 x=2.2，y=3.4，z=-5.6；字符型变量 c1='a',c2='b'。试按以下排版格式用函数 printf()组织输出。

```
i=1    j=2    k=3
x=2.20000,y=3.40000,z=-5.60000
x+y=5.60  y+z=-2.20  z+x=-3.40
u=47215
c1='a' or 97(ASCII)  c2='b' or 98(ASCII)
```

4. 设执行以下语句之前变量 i=100，k=-1，试确定以下格式输出函数调用的输出内容。

```
printf("i=%#x;k=%u,%o.\n",i,k,k);
```

5. 写出以下程序的输出结果。

```
#include<stdio.h>
int main()
{ int a=8,b=9;float x=127.895,y=-123.456;
  char c='B';long n=12345678L;unsigned u=65535u;
  printf("%d,%d\n",a,b);
  printf("%5d,%5d\n",a,b);
  printf("%f,%f\n",x,y);
  printf("%-12f,%-12f\n",x,y);
  printf("%8.3f,%8.3f,%.3f,%.3f,%4f,%5f\n",x,y,x,y,x,y);
  printf("%e,%10.4e\n",x,y);
  printf("%c,%d,%o,%x\n",c,c,c,c);
  printf("%ld,%lo,%lx\n",n,n,n);
  printf("%u,%o,%x,%d\n",u,u,u,u);
  printf("%s,%6.3s,%-10.5s\n","C language","C language","C language");
  return 0;
}
```

6. 试按以下变量定义，分别用函数 scanf()和 cin()流编写为它们输入值的代码。

```
int i;char c;long k;float f;double x;
```

7. 若有以下变量定义：

```
int i;char c;long k;float f;double x;
```

要使这些变量分别有值：

```
i=2,c='B',k=123456,f=5.8,x=3.4
```

并有以下函数调用：

```
scanf("i=%d  c=%c",&i,&c);
scanf("k=%ld",&k);
scanf("f=%f  x=%lf",&f,&x);
```

试回答应如何输入。

8. 试在计算机上运行以下程序。本程序输出 ASCII 码值为 31～126 的所有字符及其代码的程序，并记住一些常用字符的 ASCII 码。

```
#include<stdio.h>
int main()
{   int i,k=0;
    for(i=31;i<127;i++)
    {   if(k++%10==0)  /*每行10个*/
            printf("\n");
        printf("%3c(%3d)",i,i);
    }
    printf("\n");
    return 0;
}
```

9. 试尽量用多种不同的 C 代码，描述把整型变量 i 的值增加 1 的运算。

10. 试分别用最紧凑的一条 C 代码描述完成下列要求的计算。

（1）把整型变量 i 和 j 的和赋给整型变量 k，并同时让 i 的值增加 1。

（2）把整型变量 x 值扩大一倍。

（3）在变量 i 减去 1 后，将变量 j 减去变量 i。

（4）计算变量 i 除以变量 j 的余数 r。

（5）将实型变量 x 精确到小数点后第三位四舍五入后的值赋给实型变量 y。

11. 试用 C 语言表达式描述以下数学计算式或逻辑条件。

（1）$V=(4/3)\pi r^3$；

（2）$R=1/(1/R1+1/R2)$；

（3）$y=x^5+x^3+6$；

（4）$F=GM1M2/R2$；

（5）$\sin(x)/x + |\cos(\pi x/2)|$；

（6）$0<a<10$；

（7）条件 x=1 与 y=2 有且只有一个成立。

12. 设在求以下表达式之前，整型变量 a 的值是 4，试指出在求了以下表达式之后，变量 a、b 和 c 的值。

（1）b=a*a++；

（2）c=++a + a；

13. 编写一个程序，示意前缀++和后缀++的区别，前缀--和后缀--的区别。

14. 编写输入 2 个整数，输出这 2 个整数的和、差、积、商和余数的程序。

15. 编写输入 3 个整数，输出这 3 个数的和、平均值、最小值和最大值的程序。

16. 编写输入 2 个整数，输出它们之间的关系：小于、大于、等于、不等于、整除等。

第3章 结构化程序设计

计算机程序主要是描述计算步骤。一个计算步骤或用一个基本语句实现，或用一个控制结构实现。控制结构主要由被控制的语句和控制方式组成。不同的控制结构用于描述不同的控制方式，实现对成分语句的顺序、选择和循环等控制。所谓结构化程序设计就是只使用顺序、选择和循环控制结构描述计算步骤。

学习目标

- 了解用计算机解决问题的基本方法；
- 掌握用结构化控制结构编写程序的方法，能编写简单的程序。

3.1 基 本 语 句

在 C 语言中，基本语句主要有表达式语句、空语句、goto 语句、break 语句、continue 语句、return 语句等。基本语句都以分号为结束符。

1. 表达式语句

表达式只是对计算式的描述，而要让计算机按表达式所描述的计算式做计算，必须将表达式改写成语句。将表达式改写成语句只要在表达式之后加上分号即可。

```
表达式;
```

这样的语句简称为表达式语句。例如，表达式"k++"写成"k++;"就是一个 C 语言的语句。最典型的表达式语句是赋值表达式构成的语句，例如：

```
k=k+2;
m=n=j=3;
```

赋值表达式语句在程序中经常使用，习惯上称为赋值语句。另一个典型的表达式语句是在函数调用表达式之后加上分号：

```
函数调用;
```

该表达式语句虽未保留函数调用的返回值，但函数调用会引起实在参数向形式参数传递信息和执行函数体，使变量的值被初次设置或重新设置，或完成特定的处理工作。例如，调用输入函数使变量获得输入数据；调用输出函数使程序输出计算结果等。

按照 C 语言的语法，任何表达式后加上分号都可构成语句，例如，"x+y;"也是一个 C 语言的语句，但这种语句没有实际意义。一般来说，语句的执行能使某些变量的值被设置或能产生某种效果的表达式才能成为有意义的表达式语句。

2. 空语句

空语句是只有一个分号组成的语句，其形式为：

```
;
```

实际上，空语句是什么也不做的语句。C语言引入空语句出于以下考虑：

① 为了构造特殊控制结构的需要。例如，循环控制结构的句法需要一个语句作为循环体，当要循环执行的动作已由循环控制部分完成时，就不再需要有一个实际意义的循环体，这时就需要用一个空语句作为循环体。

② 在复合语句的末尾设置一个空语句，用做转向的目标位置，以便能用 goto 语句将控制转移到复合语句的末尾。另外，C语言引入空语句使语句序列中连续出现多个分号不再是一种错误，编译系统遇到这种情况，就认为单独的分号是空语句。

3．break 语句

break 语句必须出现在多路按值选择结构或循环结构中。break 语句的执行强制结束它所在的控制结构，让程序从这个控制结构的后继语句继续执行。break 语句的书写形式是：

```
break;
```

break 语句的应用实例参见例 3.9 和例 3.12。

4．continue 语句

continue 语句只能出现在循环结构中，continue 语句的执行将忽略它所在的循环体中在它之后的语句。如果 continue 语句在 while 语句或 do…while 语句循环体中，使控制转入对循环条件表达式的计算和测试；如果在 for 语句的循环体中，使控制转入到对 for 控制结构的表达式 3 的求值。简单地说，continue 语句提早结束当前轮次循环体的执行，进入下一轮循环。continue 语句的书写形式是：

```
continue;
```

continue 语句的应用实例参见例 3.21。

5．return 语句

return 语句只能出现在函数体中，return 语句的执行将结束函数的这次执行，将控制返回到函数调用处。return 语句有两种形式：

```
return; 或 return 表达式;
```

第 1 种形式只能用于函数不返回结果的函数体中；第 2 种形式用于函数有返回结果的函数体中。程序在执行第 2 种形式的 return 语句时，函数在返回前先计算 return 后的表达式，并以该表达式的值作为函数返回值，带回到函数调用处继续计算。

return 语句的应用实例参见 5.3 节。

6．goto 语句

任何语句都可带语句标号，如果语句有标号，写成如下形式：

```
标识符:语句;
```

其中，标识符称为语句的标号。例如：

```
start:i=0;
```

如果语句有标号，程序就可以用 goto 语句将程序的控制无条件地转移到指定的语句处继续执行。goto 语句的一般形式为：

```
goto 语句标号;
```

程序执行 goto 语句后，控制立即转移到 goto 后标号所指定的语句处继续执行。例如：

```
goto start;
```

执行这个语句，程序就转移到以 start 为标号的语句继续执行。结构化程序设计要求程序员尽量不用 goto 语句编写程序，而用结构化的控制结构编写程序。

3.2　顺　序　结　构

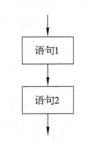

顺序结构用来描述一种复杂计算，这种计算被分解为一个计算步骤序列。整个计算步骤序列在逻辑上是一个整体，要求计算机从计算步骤序列的第一个计算步骤开始，顺序执行每个计算步骤，直到最后一个计算步骤。图 3-1 是一个只含有两个计算步骤的顺序结构，依次执行语句 1 和语句 2。

在 C 语言中，用花括号括住一个顺序执行的计算步骤序列描述顺序结构，这样的顺序结构也称复合语句。复合语句中的计算步骤序列可以为空，每个计算步骤可以是单个语句，也可以是一个控制结构。

图 3-1　顺序结构示意图

以交换变量 x 和 y 的值为例，实现变量 x 和 y 值的交换可分解为以下顺序执行的 3 个赋值计算步骤：

```
temp=x;            /*将 x 的值保存到变量 temp*/
x=y;               /*将变量 x 置 y 值*/
y=temp;            /*将变量 y 置 temp 的值*/
```

把交换变量 x 和 y 的值作为一个不可分割的整体来考虑，应把上述 3 个语句写成如下形式的复合语句：

```
{ /*本复合语句要求外面为它定义 temp 变量*/
    temp=x;
    x=y;
    y=temp;
}
```

在构造复合语句时，为完成指定的工作，可能需要临时变量。例如，上述复合语句中的 temp 变量。在语句序列中插入变量定义，引入只有复合语句内的语句可使用的临时变量。例如，将前面的例子改写成以下形式：

```
{ int temp;         /*定义自己专用的临时变量*/
    temp=x;
    x=y;
    y=temp;
}
```

从逻辑上来说，用复合语句描述计算步骤序列，并定义自己专用的局部变量，使复合语句有很强的独立性，它不再要求外面为它定义专用变量。

一个计算步骤序列用复合语句描述后，它是一种单个语句，所以，复合语句常被用做其他控制结构的成分语句。

3.3　选　择　结　构

能自动根据当前情况选择不同的计算是对计算机程序的一个基本要求。这样的控制可用选择结构实现。选择结构有两种：两路条件选择结构和多路按值选择结构。

3.3.1 两路条件选择结构

两路条件选择结构由一个条件和两个供选择的分支语句组成，用于按条件成立与不成立两种情况，进行两选一的控制。如图 3-2 所示，当条件成立时，选择语句 1 执行；当条件不成立时，选择语句 2 执行。通过对条件的计算判定，两路条件选择结构从两种情况中自动选取一个分支执行。

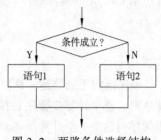

在 C 语言中，两路条件选择结构用 if 语句描述。if 语句根据条件表达式的值为非 0 或为 0 两种相反情况，从两个语句中自动选取一个语句执行。

图 3-2　两路条件选择结构

if 语句的一般形式为：
```
if(表达式) 语句 1;
else 语句 2;
```
if 语句的执行过程是：

① 计算表达式的值。

② 测试表达式的值并选择语句执行。若表达式的值非 0，则执行语句 1；否则，执行语句 2。

注意：无论条件表达式的值为非 0 或为 0，只执行语句 1 或语句 2 中的一个，不会两个都执行。

例如：
```
if(a>b) printf("MAX=%f\n",a);
else printf("MAX=%f\n",b);
```
当 a>b 成立时，输出 a；否则，输出 b。

当 if 语句中的语句 2 为空语句时，可简写成：
```
if(表达式)  语句;
```
这种形式的 if 语句的执行过程是：

① 计算表达式的值。

② 测试表达式的值。若表达式的值非 0，则执行它的语句后结束 if 语句；否则立即结束 if 语句。

if 语句中，if 后的括号内的表达式，一般为逻辑表达式或关系表达式。例如：
```
if(a!=0&&x/a>0.5)  printf("a!=0&&x/a>0.5\n");
```
在 C 语言中，if 语句对表达式值的测试以非 0 或 0 作为条件成立或不成立的标准，所以，当 if 语句以某表达式的值不等于 0 作为条件时可直接简写成表达式作为条件。例如：
```
if(x+y!=0)  printf("x+y!=0\n");
```
可简写成：
```
if(x+y)  printf("x+y!=0\n");
```
特别是以下代码：
```
if(x==0)  printf("x=0\n");
```
可写成：
```
if(!x)  printf("x=0\n");
```
在 if 语句中的语句 1、语句 2 或语句，可以是任何基本语句或结构化控制结构语句。当它们中的某一个是由多个语句组成的顺序结构时，必须将它写成复合语句。当它们中的某一个又是 if 语句时，就显示嵌套的 if 语句形式。以下是一些 if 语句的例子。

【例 3.1】 求 m=max(a, b)。

```
if(a<b) m=b;                        /*如果 a<b*/
else m=a;
```

【例 3.2】 已知三角形的三条边长 a、b、c，求三角形的面积。

```
if(a+b>c&&b+c>a&&c+a>b)            /*因为是顺序结构,必须写成复合语句*/
{ float s=(a+b+c)/2.0;
  area=sqrt(s*(s-a)*(s-b)*(s-c));
}
else area=0.0;
```

【例 3.3】 若存于变量 ch 中的字符为大写英文字母，则将它改为对应的小写英文字母。

```
if(ch>='A'&&ch<='Z')              /*大写英文字母*/
    ch=ch+'a'-'A';                /*减去大写'A'的代码,加上小写'a'的代码*/
```

以上算法利用英文字母连续递增编码的性质，类似地，可写出小写英文字母改成对应大写英文字母的算法。

【例 3.4】 按得分（score）输出适当信息。

```
if(score>=90) printf("Excellent.\n");
else  if(score<60)                /*嵌套的 if 语句*/
    printf("Dismal.\n");
    else printf("Typical.\n");
```

if 语句中供选择的语句可以又是 if 语句。例如，例 3.4，if 语句呈嵌套的形式，这时应注意 else 与 if 的对应关系。如果有以下左、右两种书写形式的 if 语句：

```
if(表达式 1)              if(表达式 1)
  if(表达式 2) 语句 1;       if(表达式 2) 语句 1;
  else 语句 2;             else 语句 2;
```

假如按左边的理解，选择语句 2 的条件是(表达式 1) && !(表达式 2)；假如按右边的理解，选择语句 2 的条件是!(表达式 1)。为避免同一语句的不同理解，C 语言规定：

else 总是与它前面最接近的 if 对应。遵照这个规定，上述代码是按左边理解的。

如果要实现右边的控制，可将没有 else 对应的 if 语句改写成复合语句，例如：

```
if(表达式 1)   /*因这里的花括号,后面的 if 语句是一个复合语句*/
{ if(表达式 2) 语句 1;
}
else 语句 2;
```

或将缺少 else 对应的 if 语句补上一个带空语句的 else，例如：

```
if(表达式 1)
  if(表达式 2) 语句 1;
  else ;     /*这里有一个空语句*/
else 语句 2;
```

为正确书写 if 语句，特别指出以下几点：

① 如果 if 语句中的语句、语句 1、语句 2 是一个基本语句，在这些基本语句之后会有一个分号，这是 C 语言对基本语句的要求。

② 如果 if 语句中的语句、语句 1、语句 2 是由多个语句组成的顺序结构时，则必须将它们写成复合语句。例如，例 3.2。

③ 在 if 语句中，每个 else 总要与它前面的 if 对应，不可能出现没有对应 if 的 else。

【例 3.5】输入 3 个整数，输出它们中的最大数。

【解题思路】记 3 个整数为 a、b、c，要求的最大数存于变量 max。这 3 个数中的每一个都可能是最大数，为确定它们中的最大的数，最简单的办法是先将其中某一个预做最大者存于 max，然后将 max 逐一与另两个数比较，当发现有更大者时，就以它的值重置 max，待全部比较和重置结束，max 的值就是它们的最大值。将上述思想写成算法如下：

```
{ 输入整数 a,b,c;
  预置 max 为 a;
  如果 max 小于 b,则置 max 为 b;
  如果 max 小于 c,则置 max 为 c;
  输出 max;
}
```

程序代码如下：

```
#include<stdio.h>
void main()
{ int a,b,c,max;
  printf("输入 3 个整数.\n");   scanf("%d%d%d",&a,&b,&c);
  max=a;
  if(max<b) max=b;
  if(max<c) max=c;
  printf("最大数是 %d\n",max);
}
```

【例 3.6】输入 3 个整数，按值从大到小的顺序输出这 3 个整数。

【解题思路】设存储 3 个整数的变量分别为 x、y、z，如果程序通过比较它们的值，并按值的各种可能分布情况，按从大到小的顺序将它们输出，程序会因考虑各种可能出现的情况，显得非常繁杂。实际上为了实现问题要求，可以通过调整它们的值来实现。例如，经程序对它们调整后，使它们满足关系 x>=y>=z，然后依次输出它们的值，也能实现问题的要求。调整变量 x、y、z 的值，使它们满足 x>=y>=z，可分 3 步来实现，先调整 x 和 y，使 x>=y。再调整 x 和 z，使 x>=z。至此，x 是最大值。最后再调整 y 和 z，使 y>=z。这样就完成全部调整的要求。写成算法如下：

```
{ 输入 x、y、z;
  if(x<y) 交换变量 x 和 y;          /*使 x>=y*/
  if(x<z) 交换变量 x 和 z;          /*使 x>=z*/
  if(y<z) 交换变量 y 和 z;          /*使 y>=z*/
  输出 x、y、z;
}
```

程序代码如下：

```
#include<stdio.h>
void main()
{ int x,y,z,temp;
  printf("Enter x, y, z.\n");
  scanf("%d%d%d",&x,&y,&z);
  if(x<y){temp=x;x=y;y=temp;}        /*使 x>=y*/
  if(x<z){temp=x;x=z;z=temp;}        /*使 x>=z*/
  if(y<z){temp=y;y=z;z=temp;}        /*使 y>=z*/
  printf("%d\t%d\t%d\n",x,y,z);
}
```

【例 3.7】求一元二次方程的根。

【解题思路】设一元二次方程为 $ax^2+bx+c=0$，方程系数 a、b 和 c 从键盘输入。对任意的系数 a、b、c，有以下几种情况需要考虑：

$a \neq 0$。方程有两个根。

$a=0$，$b \neq 0$。方程退化为一次方程 $bx+c=0$，方程的根为 -c/b。

$a=0$，$b=0$。方程或为同义反复（c=0），或为矛盾（$c \neq 0$）。

由以上分析得到以下程序结构：

```
{  ① 输入方程系数 a,b,c;
   if(a!=0.0)
   ② 求两个根;
   else if(b!=0.0)
   ③ 输出方程根 -c/b;
   else if(c==0.0)
   ④ 输出方程同义反复字样;
   else
   ⑤ 输出方程矛盾字样;
}
```

上述计算步骤①、③、④、⑤能简单地用 C 代码描述。对于计算步骤②，由代数知识，方程根据判别式 $\Delta=b \times b-4 \times a \times c$ 大于等于 0 或小于 0，分别有两个实根或复根：

$$root1,2=(-b \pm \sqrt{\Delta})/2a, \quad \Delta \geq 0$$

或

$$root1,2=(-b \pm \sqrt{-\Delta}\,i)/2a, \quad \Delta < 0$$

对于复根，可分别计算它们的实部和虚部。对于实根，也可根据上面给出的公式计算两个根。但是考虑到 $b \times b >> 4 \times a \times c$ 时，有一个根就非常接近零。数值计算中，求两个非常接近的数的差精度很低。为此，先求出一个绝对值大的根 root1，然后利用根与系数的关系 root2=c/(a×root1)，求出 root2。

程序代码如下：

```
#include<stdio.h>
#include<math.h>                 /*程序要使用数学库函数*/
void main()
{ double  a,b,c,delta,re,im,root1,root2;
  printf("输入方程系数 a,b,c\n");
  scanf("%lf%lf%lf",&a,&b,&c);
  if(fabs(a)>0.000001)           /*有两个根*/
  { delta=b*b-4.0*a*c;           /*求判别式*/
    re=-b/(2.0*a);
    im=sqrt(fabs(delta))/(2.0*a); /*fabs是求绝对值函数*/
    if(delta>=0.0)  /*有两个实根,先求绝对值大的根*/
    { root1=re+(b<0.0?im:-im);
      root2=c/(a*root1);
      printf("两实根分别是: %7.5f,%7.5f\n",root1,root2);
    }
    else printf("两复根分别是 %7.5f+%7.5fI, %7.5f-%7.5fI\n",re,fabs(im),re,fabs(im));
  }
  else        /*a=0.0*/
```

```
    if(b!=0.0)  printf("单根 %7.5f\n",-c/b);
    else     /*a=0.0 b=0.0*/
       if(!c)     printf("方程同义反复.\n");
       else        printf("方程矛盾.\n");
}
```

3.3.2 多路按值选择结构

在实际应用时，经常遇到这样的选择控制，对变量或表达式的每一个可能的整数值做相应的计算。如果用两路条件选择结构描述这样的选择控制，由于要测试是否等于每个值，if 语句嵌套的层次就会很深，程序的可读性和可修改性也会很差。多路按值选择结构就是迎合这种需要而引入的。如图 3-3 所示，多路按值选择结构根据表达式的计算结果，按值选择与值对应的语句序列执行。

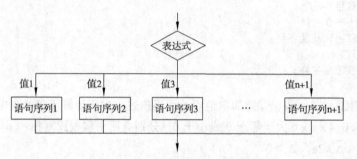

图 3-3　多路按值选择结构示意图

在 C 语言中，用 switch 语句描述多路按值选择结构，但与图 3-3 所示的控制方式有所不同。switch 语句包含一个表达式，用于按表达式的值做选择。另外，还有一系列由 case 开头的子句和一个可有可无的 default 开头的子句，每个子句有一个可能为空的语句序列。switch 语句一般形式为：

```
switch(表达式)
{ case 常量表达式 1:语句序列 1;
  case 常量表达式 2:语句序列 2;
  ...
  case 常量表达式 n:语句序列 n;
  default:语句序列 n+1;
}
```

switch 语句的执行过程如下：先计算表达式的值，然后将表达式的值与各 case 之后的常量表达式的值比较，以比较结果选择执行的入口。有以下 3 种可能：

① 表达式的值等于某个常量表达式的值，switch 语句就从该常量表达式之后的语句序列的第 1 个语句开始执行，顺序执行经过的语句序列。在执行过程中，不理会遇到的 case 和常量表达式。如执行过程中遇到 break 语句或 goto 语句，或执行完 switch 语句中的语句序列，则结束 switch 语句的执行。

② 没有匹配的常量表达式，有 default 子句，就从以 default 之后的语句序列开始执行。

③ 没有匹配的常量表达式，也没有 default 子句，则 switch 语句的这次执行立即结束。

由上述解释可知，"case 常量表达式:"只是起语句序列入口位置的作用，不完全是引导一个执行分支。正确编写 switch 语句有以下几个要求：

① switch 后面括号内的表达式类型只限于是整型、字符型或枚举型。

② 所有 case 后的常量表达式值互不相同，并与 switch 后面括号内的表达式类型相一致。

③ 语句序列由任意条合法的 C 语句构成，也可以没有语句（包括也没有空语句）。

④ default 子句可以省略，但至多出现一次，习惯总是将它写在所有 case 子句之后，如有必要也可写在某个 case 子句之前。

【例 3.8】输入选择，输出相应的选择名称。

```
#include<stdio.h>
void main()
{ char choice;
  printf("Enter choice!(A,B,C,...\n");
  scanf("%c",&choice);
  switch (choice)
  { /*这里的代码没有实现选择互斥的要求，请与例3.9的代码对照*/
    case 'A':printf("Achosen!\n");      /*没有break，不能实现选择互斥要求*/
    case 'B':printf("Bchosen!\n");      /*没有break，不能实现选择互斥要求*/
    case 'C':printf("Cchosen!\n");      /*没有break，不能实现选择互斥要求*/
    default:printf("default chosen!\n");
  }
}
```

执行这个程序时，如果输入字符'B'，程序将输出：

```
B chosen!
C chosen!
default chosen!
```

这是因为 choice 的值为'B'进入 switch 语句后，表达式与'B'匹配，执行从 case 'B'后的语句序列开始。由于没有遇到转出语句序列的语句，因此执行将穿过 case 'C'和 default（不再进行判别），而顺序执行这些子句中的语句序列，产生以上的输出结果。

如果要使各种情况互相排斥，仅执行某个子句所对应的语句序列，如图 3-3 所示那样控制，最常用的办法是使用 break 语句，每个子句都以 break 语句结束。

在 switch 语句中，执行 break 语句将使控制转向 switch 语句的后继语句。

【例 3.9】根据天气情况，安排活动。

```
#include<stdio.h>
void main()
{ int w_con;  /*天气情况变量定义*/
  printf("天气如何?[1:晴天,2:多云,3:下雨]");
  scanf("%d",&w_con);
  switch(w_con)
  { /*由于使用了break，正确实现要求*/
    case 1:printf("上街购物!\n");break;
    case 2:printf("去游泳!\n");break;
    case 3:printf("在家看电视!\n");break;
    default:printf("错误选择!\n");
  }
}
```

执行以上程序时，如果输入整数 1，则程序在输出"上街购物！"后，执行 break 语句，结束 switch 语句，将执行 switch 语句的后继语句。case 2、case 3 及 default 后的语句序列都不会执行。

由于 switch 语句的表达式不允许实型表达式，当需要用实型表达式进行选择控制时，要把实型表达式值映射到一个较小范围上的整型值。下面的例子说明这样的应用。

【例 3.10】已知 x，按以下公式计算 y 值。

$$y(x)=\begin{cases} \sin(x) & 0.5 \leqslant x < 1.5 \\ \log(x) & 1.5 \leqslant x < 4.5 \\ \exp(x) & 4.5 \leqslant x < 7.5 \end{cases}$$

【解题思路】为了能用 switch 语句描述 $y(x)$ 的计算，要把实型变量 x 的值映射到整型。即对于 x 的每个区间用一个或多个整数值表示。例如，将 x 加上 0.5 后取整，让区间[0.5,1.5)映射到 1，区间[1.5,4.5)映射到 2、3、4，区间[4.5,7.5)映射到 5、6、7。参见以下程序：

```c
#include<stdio.h>
#include<math.h>
void main()
{ double x,y;
  printf("输入浮点数 x!\n");
  scanf("%lf",&x);
  switch((int)(x+0.5))
  { case 1:y=sin(x);
          printf("sin(%lf)=%lf\n",x,y);
          break;
    case 2:
    case 3:
    case 4:y=log(x);
          printf("log(%lf)=%lf\n",x,y);
          break;
    case 5:
    case 6:
    case 7:y=exp(x);
          printf("exp(%lf)=%lf\n",x,y);
          break;
    default:printf("自变量 x 值超出范围\n");
            break;
  }
}
```

3.4 循 环 结 构

通常，计算机要处理一系列数据，会出现许多重复计算。控制重复计算过程可用循环结构。循环结构用于描述在某个条件成立时，重复执行某个计算。循环结构主要由控制循环的条件和一个重复计算的循环体组成。为了便于描述各种形式的重复计算，C 语言提供 3 种形式的循环结构，它们是 while 循环、do…while 循环和 for 循环。

3.4.1 while 循环结构

while 循环结构简称 while 循环，也称当型循环，while 循环结构由一个循环条件和一个作为循环体的语句组成，while 循环的意义是当条件成立时重复执行指定的语句。如图 3-4 所示，每次执行语句之前，先计算并判定条件，在条件成立时，执行语句，然后继续去计算和判定条件，由此实现重复计算。直至条件不成立，才结束循环。

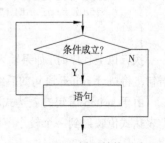

图 3-4　while 循环结构示意图

在 C 语言中，while 循环结构用 while 语句描述，while 语句的一般形式为：

```
while(表达式)  语句;
```

while 语句的执行过程是：

① 计算控制循环的条件表达式的值。

② 测试表达式的值，当值为非 0 时，转步骤③；当值为 0 时，结束循环。

③ 执行语句，并转步骤①。

【例 3.11】用 while 语句，求 s=1+2+3+…+100 的值。

部分代码如下：

```
s=0;
i=1;
while(i<=100)
{  s+=i;
   i++;
}
```

在上例的实现代码中，由于循环体由两个语句组成，循环体必须写成复合语句。如果例 3.11 去掉花括弧，则循环体变成只有一个语句"s+=i;"，该循环语句的意义变成是无限地将 i 累加到 s。由于循环过程中 i 始终是 1，循环就不会终止，显然是错误的。如果写成以下形式，循环体只是一个语句，就可不必将循环体写成复合语句。部分代码如下：

```
s=0;
i=0;
while(i<100) s+=++i;
```

如果用以下代码实现跳过输入的空白类字符：

```
while((c=getchar())==' '||c=='\t')
     ;
```

上述代码说明当 while 语句的循环体无须有意义的执行代码时，要用空语句作为循环体。

一般来说，如果控制循环的条件表达式包含有变量，为使循环能正常结束，在循环体中应有更新这些变量值的语句，最终能使表达式的值变为 0。例如，前面例子中的循环条件表达式是"i<=100"，而在循环体中有"i++;"，每次循环 i 值增 1，最终能使 i>100 结束循环。

有时很难直接写出循环的条件表达式，这时可以简单地写上 1，而在循环体中有 if 语句，当某个条件满足时，执行 break 语句结束循环。这样，while 循环呈以下结构形式：

```
while(1)
{  …
   if(表达式) break;
   …
}
```

【例 3.12】输入班级学生考试成绩，求考试平均成绩。规定当输入负数时，表示输入结束。

【解题思路】采用考试成绩逐个输入、累计全班总分和计数学生人数的方法，直到输入成绩是负数时循环结束，然后求出平均成绩，并输出。程序代码如下：

```
#include<stdio.h>
void main()
{  int sum,count,mark;
   sum=0;count=0;
   while(1)
   {  /*循环体执行之前,还不能知道循环的条件,让它永远为真*/
      printf("输入成绩(小于 0 结束)\n");
      scanf("%d",&mark);
```

```
        if(mark<0) break;        /*发现输入成绩小于0,跳出循环*/
        sum+=mark;               /*累计总分*/
        count++;                 /*学生人数计数器增1*/
    }
    if(count) printf("平均成绩为 %.2f\n",((float)sum)/count);
    else printf("没有输入成绩.\n");
}
```

【例 3.13】 统计输入字符行中，空白类字符、数字符和其他字符的个数。

【解题思路】 这是一个典型的统计问题，为正确完成统计，程序需要引入分别统计空白类字符、数字符和其他字符个数的计数器变量 nwhite、nother 和 ndigit。程序开始工作前，先将 3 个计数器变量设置为 0，然后是一个循环，循环的条件是输入字符不是换行符。循环体的工作是按字符类别不同，完成对应计数器增 1 计算。这可用 switch 语句实现，按问题要求将输入字符分类，根据字符类别累计相应计数器。循环结束后，输出统计结果。程序代码如下：

```
#include<stdio.h>
void main()
{   int c,nwhite,nother,ndigit;
    nwhite=nother=ndigit=0;
    printf("Enter string line\n");
    while((c=getchar())!='\n')
    { switch(c)
      { case'0':case'1':case'2':case'3':case'4':
        case'5':case'6':case'7':case'8':case'9':
           ndigit++; break;
        case' ':case'\t':nwhite++;break;
        default:nother++;break;
      }
    }
    printf("digit=%d\twhite space=%d\tother=%d\n",ndigit,nwhite,nother);
}
```

3.4.2   do...while 循环结构

do...while 循环结构简称 do...while 循环，它也是由一个循环条件和一个循环体语句组成，do...while 循环的意义是重复执行指定的语句，直至条件不成立结束循环。如图 3-5 所示，每次执行语句之后，再计算并判定条件，在条件成立时，继续执行语句；直至语句执行后，条件不成立，结束循环。

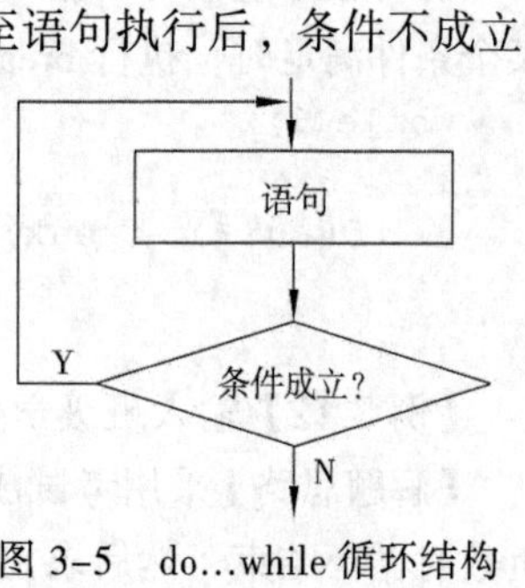

在 C 语言中，do...while 循环结构用 do...while 语句描述，do...while 语句的一般形式为：

```
do
  语句;
while(表达式);
```

do...while 语句的执行过程是：

① 执行语句。

② 计算控制循环条件的表达式的值。

③ 测试表达式的值，当值为非 0 时，转步骤①；当值为 0 时，结束循环。

图 3-5   do...while 循环结构
示意图

【例 3.14】 用 do...while 语句，求 s=1+2+3+…+100 的值。

部分代码如下：

```
s=0;
```

```
    i=1;
    do
    {   s+=i;
        i++;
    }while(i<=100);
```

或

```
    s=0;
    i=1;
    do
        s+=i++;
    while(i<=100);
```

与 while 语句一样，当循环体由多个语句组成时，必须把它们书写成复合语句。例 3.14 也说明用 while 语句描述的循环计算，有时也能用 do...while 语句描述。然而并非总是如此，两者的重要区别是：执行循环体和计算并测试循环条件的次序不同。while 语句对循环条件表达式的求值和测试在执行循环体之前，而 do...while 语句对循环条件表达式的求值和测试在执行循环体之后。对于 do...while 语句，它的循环体至少被执行一次，而 while 语句的循环体在循环条件表达式初次求值就为 0 的情况下，循环体一次也未执行。

另外，要特别指出，分号是 do...while 语句的结束符，不能省略。

【例 3.15】求方程 $f(x)=3x^3+4x^2-2x+5$ 的实根。

【解题思路】用牛顿迭代方法求方程 $f(x)=0$ 的根的近似解：

$x_{k+1}=x_k-f(x_k)/f'(x_k)$, $k=0$, 1, …

当修正量 $d_k=f(x_k)/f'(x_k)$ 的绝对值小于某个很小数 ε 时，x_{k+1} 就作为方程的近似解。

按以上迭代公式编写程序，只要一个 x 变量和一个 d 变量即可。数学上，重复计算过程产生数列 $\{x_k\}$。对于程序来说，数列的前项是变量 x 的原来值，后项是变量 x 的新值。迭代过程是一个循环，不断按计算公式由变量 x 的原来值，计算产生新的 x 值。循环直至变量 x 的修正值满足要求结束。下面的程序取迭代初值为 -2，ε =1.0e-6。程序代码如下：

```
#include<stdio.h>
#include<math.h>                      /*引用数学函数*/
#define Epsilon 1.0e-6
void main()
{   double x,d;
    x=-2.0;
    do
    {   d=(((3.0*x+4.0)*x-2.0)*x+5.0)/((9.0*x+8.0)*x-2.0);
        x=x-d;                        /*求出新的 x*/
    }while(fabs(d)>Epsilon);          /*未满足精度要求循环*/
    printf("The root is %.6f\n",x);
}
```

【例 3.16】用如下公式计算圆周率 π 的近似值，直到最后一项的绝对值小于 1.0e-6。

$\pi/4=1-1/3+1/5-1/7+\cdots$

【解题思路】采用循环逐项累计的方法求 PI 的近似值，直至某项的值达到精度的要求。引入项号变量 v，通项 t，t 的绝对值计算公式为 $1/(2*v+1)$。t 值符号交替变化，可由 v 的奇偶性确定。这样，v 的初值为 1，pi 的初值为 0，t 的初值为 1。每次循环要做的工作是将 t 累计到 pi，根据 v

求出新的 t，然后让 v 增 1。实现 t 值符号交替变化，也可引入表示 t 符号的变量，例如 sign（参见例 3.19）。sign 的初值为 1，每次循环对 sign 执行语句 sign=-sign，对 pi 的累计用 t 与 sign 的乘积。以下程序采用的是前述方法，采用第二种方法的程序请读者自己编写。程序代码如下：

```c
#include<stdio.h>
#include<math.h>
void main()
{   int v=1;
    double pi=0,t=1;
    do
    { pi=pi+t;
      if(v%2)      /*当 V 是奇数时，下一个 t 是负值*/
          t=-1.0/(2*v+1);
      else t=1.0/(2*v+1);
      v++;
    }while(fabs(t)>1e-6);
    pi*=4.0;
    printf("%4d  pi=%lf\n",v-1,pi);
}
```

3.4.3 for 循环结构

for 循环结构主要用于这样一种形式的重复计算，它依赖一组变量，这些变量在指定的范围内顺序变化，对每次变化执行一次重复计算。如果以最一般的意义考虑循环，设 V 是与循环有关的一组变量，S 是要循环计算的操作，B(V) 是与 V 有关的控制循环的条件表达式，d(V) 表示每次循环后对变量组 V 的修正。循环的一般模式为：

```
V=V0;             /*对变量组 V 的各变量赋初值*/
while(B(V))       /*在 B(V) 非 0 情况下循环*/
{ S;              /*执行重复计算*/
  V+=d(V);        /*每次循环后，对变量组 V 的值进行修正*/
}
```

以上循环结构表明一个由变量顺序变化的循环包含 3 个表达式和一个循环体语句。如图 3-6 所示，表达式 1 完成对有关变量赋初值的计算，表达式 2 是控制循环的条件，语句是循环结构的循环体，表达式 3 完成对有关变量的修正。图 3-6 所示的结构可实现上述一般模式循环的控制要求。

图 3-6 所示的循环结构可用 C 语言的 for 语句描述。for 语句的一般形式为：

for(表达式 1;表达式 2;表达式 3) 语句;

for 语句的执行过程是：

① 计算表达式 1。

② 计算并测试表达式 2，若其值为非 0，转步骤③；否则，结束循环。

③ 执行循环体语句。

④ 计算表达式 3。

⑤ 转向步骤②。

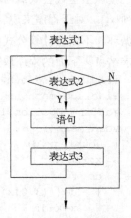

图 3-6 for 循环控制结构示意图

按组成 for 语句的 3 个表达式和一个语句的作用，for 语句可形象地写成以下形式：

for(变量赋初值表达式; 控制循环的条件表达式; 变量修正表达式)
    循环计算语句;

【例 3.17】用 for 语句，求：s=1+2+3+…+100。

部分代码如下：

```
for(s=0,i=1;i<=100;i++) s+=i;
```

正确使用 for 语句，需注意以下几种情况：

① 在 for 语句的一般形式中，表达式 1、表达式 2 和表达式 3 都可以省略。如果表达式 1 省略，表示该 for 语句没有赋初值部分，可能是前面的程序段已为有关变量赋了初值，或确实没有特别的初值；如果表达式 2 省略，表示循环条件永远为真，可能循环体内有控制转移语句（如 break 语句）转出 for 语句；如果表达式 3 省略，表示没有变量修正部分，对变量的修正已在循环体内一起完成。以例 3.17 数值求和为例，如果表达式 1 省略，可以写成：

```
s=0;i=1;
for(;i<=100;i++) s+=i;
```

如果表达式 2 省略，可写成：

```
for(s=0,i=1;;i++)
{ s+=i;
  if(i==100) break;
}
```

如果表达式 3 省略，可写成：

```
for(s=0,i=1;i<=100;) s+=i++;
```

不管表达式 1、表达式 2 和表达式 3 省略情况如何，其中两个分号都不能省略。对于 3 个表达式都省略的情况，for 语句可以写成以下形式：

```
for(; ;)
  语句
```

② 表达式 1、表达式 2 和表达式 3 都可包含逗号运算符，由多个子表达式组成。例如，例 3.17 中的表达式 1 为 s 和 i 赋初值。

对于 s=1+2+3+…+100 的计算，下面都是合理的 for 语句描述。

a. for(s=0,i=1;i<=100;s+=i,i++);

b. for(s=0,i=1;s+=i,i<100;i++);

c. for(s=0,i=0;i<100;++i,s+=i);

从上面例子看到，用 for 语句描述循环控制比 while 语句和 do…while 语句更灵活。除能把赋初值作为表达式 1 之外，对于循环体特别简单的情况，还可以把循环体放入表达式 3 中，有时这能使程序更短小简洁。然而，过多地利用这一特点会使 for 语句循环控制部分过分庞杂，从而降低程序的可读性。

【例 3.18】某人以利率为 r 存入银行本金额 p，为他计算 y 年内，每年的存款额。设本金和年所得利息都存在同一账号下，存款的计算公式为 $a = p*(1.0+r)^y$。

【解题思路】程序首先输入本金 p、利率 r 和年数 y。然后用循环计算每年的存款额，并输出。引入变量 n 存储年份，循环从 n 由 1 变化到 y。循环要做的工作是按照公式计算存款额，并输出。程序代码如下：

```
#include<stdio.h>
#include<math.h>
void main()
{ double a,r,p;
```

```
        int y,n;
        printf("输入本金，利率，年数\n");
        scanf("%lf%lf%d",&p,&r,&y);
        for(n=1;n<=y;n++)
        {   a=p*pow(1.0+r,n);
            printf("%3d%15.2f\n",n,a);
        }
    }
```

3.4.4　3种循环结构比较

描述循环复计算时，选用哪一种循环结构编写程序，主要以算法设计时的想法为依据。至少有以下3种不同的构思循环计算的方式：

① 当某条件成立时循环执行某个计算，直至条件不成立结束。

② 循环执行某个计算，直至条件不成立时结束。

③ 某个（或某些）变量从初值开始，顺序变化，对其中的每一个（或一组）值，当条件成立时，循环执行某个计算，直至条件不成立结束。

用以上3种不同的循环计算思想构造算法，可分别用 while 语句、do...while 语句和 for 语句来描述这样的计算过程。以例 3.19 级数求和为例，说明3种循环结构的应用。

【例 3.19】计算以下级数和，直至级数项的绝对值小于 0.000 001 结束。

1-1/3+1/5-1/7+…

【解题思路】记级数的部分和为 p，级数项的分母为 d，d 的初值为 1，每次循环递增 2，当前项为 t。t 的绝对值是 1.0/d。t 值的符号是正负交替变化，另引入变量 sign，用它的 1 和-1 交替变化表记 t 值的符号的改变。

按公式逐项累计求和，直到某项绝对值小于 0.000 001 时结束。这样的重复求和有多种不同的构思方式，这里给出其中3种，说明如何用不同的循环结构描述不同的重复计算。

① 首先对 p、d、t、sign 赋初值，然后，以当前项 t 的绝对值不小于 0.000 001 时循环求和，并修正 d、t 和 sign，有代码：

```
p=0.0;d=1;t=1.0;sign=1;
while(t>=1.0e-6)
{ p+=sign*t;
  d+=2;
  t=1.0/d;
  sign=-sign;
}
```

② 首先对 p、d、t、sign 赋初值，然后，循环求和，修正 d、t 和 sign，直至 t 的绝对值小于 0.000001 时结束，有代码：

```
p=0.0;d=1;t=1.0;sign=1;
do
{ p+=sign*t;   d+=2;
  t=1.0/d;     sign=-sign;
}while(t>=1.0e-6);
```

③ 从 p 为 0.0、d 为 1、t 为 1.0 和 sign 为 1 开始，当 t 的绝对值不小于 0.000 001 时循环求和把 sign*t 累加到 p，并相应地修正 d、t 和 sign，有代码：

```
for(p=0.0,d=1,t=1.0,sign=1;t>=1.0e-6;)
{ p+=sign*t;   d+=2;
```

```
    t=1.0/d;  sign=-sign;
}
```

除在构造算法时，因思想不同会用不同的循环语句实现外，3 种循环语句在控制方式上也有一些区别：

① 在 while 语句和 for 语句中，控制循环的条件表达式的求值和测试在前，循环体执行在后，因此极端情况，循环体可能一次也没有执行。在 do...while 语句中，循环体执行在前，控制循环的条件表达式的求值和测试在后。因此，循环体至少被执行过一次。

② 书写 do...while 语句时，最后要加上一个分号，这是其句法的要求。while 语句和 for 语句如果循环体是一个表达式语句，最后也会以分号结束，但这个分号是该表达式语句的要求。

③ 用 while 语句或 do...while 语句，通常在它们之前会有赋值语句给有关变量赋初值，在循环体中有对有关变量值的修正。而 for 语句的赋初值部分应出现在表达式 1 中，对变量的修正可出现在表达式 3 中，也可出现在循环体中。

3.4.5　嵌套的循环结构

当循环结构的循环体中又包含循环结构时，循环结构就出现嵌套的形式。在实际应用中，3 种循环语句可以相互嵌套，会出现多种复杂形式。在阅读循环嵌套的程序时，要注意各层次上控制循环的变量的变化规律。例如，有以下形式的两个 for 语句嵌套：

```
for(j=1;j<3;j++)
{  for(k=1;k<4;k++)   printf("j=%d,k=%d",j,k);
   printf("\n");
}
```

外层的循环控制变量是 j，内层的循环控制变量是 k。在执行过程中，它们的变化规律是对外层的每个 j，内层的 k 就要经历一遍完整的变化。该代码的执行将输出：

```
j=1,k=1,j=1,k=2,j=1,k=3
j=2,k=1,j=2,k=2,j=2,k=3
```

【例 3.20】已知直角三角形每条边长为 25 以内的整数，求出所有这样的直角三角形的 3 边长。

【解题思路】设三角形的 3 边长分别记为 a、b、c，且有 c>b≥a。程序采用穷举法，用 3 重嵌套的 for 语句实现 a、b、c 所有可能穷举。设最外一层的循环是 c 循环，c 的变化范围是 3～25；对于确定的 c、内层循环是 b 循环，b 的取值范围是 1～c-1；对于确定的 c 和 b，最内层循环是 a 循环，a 的取值范围是 1～b。程序代码如下：

```
#include<stdio.h>
void main()
{  int a,b,c;
   for(c=3;c<=25;c++)
     for(b=1;b<c;b++)
       for(a=1;a<=b;a++)
         if(a*a+b*b==c*c)
         {   printf("A=%d\t B=%d\t C=%d\n",a,b,c);
             scanf("%*c"); /*等待输入回车后继续执行*/
         }
}
```

【程序说明】在程序中，变量 c、b、a 的变化情况是：对于确定的 c，b 的取值范围是 1～c-1；对于确定的 c 和 b，a 的取值范围是 1～b。所以变量 a 的取值变化最为频繁，其次是 b，变化最少的是变量 c。一般的，在嵌套的循环结构中，最内层的循环体执行的次数最多。提高最内层的程序代码质量，是提高整个程序质量的关键。

【例 3.21】甲，乙，丙 3 位球迷分别预测已进入半决赛的 4 队 A、B、C、D 的名次如下：

甲预测：A 第 1 名、B 第 2 名。

乙预测：C 第 1 名、D 第 3 名。

丙预测：D 第 2 名、A 第 3 名。

设比赛结果，4 队名次互不相同，并且甲、乙、丙的预测各对了一半。试求 A、B、C、D 4 队的名次。

【解题思路】采用穷举法。令变量 a、b、c、d 分别表示 4 队的名次，对 4 队所有可能的名次组合进行循环测试，就能找到解。为了表达预测的条件，以甲的预测条件为例。因其预测对了一半，如果 A 是第 1 名，则 B 不会是第 2 名；或者 A 不是第 1 名，则 B 必须是第 2 名。按此说法，此条件用逻辑运算与关系运算描述如下：

```
a==1&&b!=2||a!=1&&b==2
```

但也可这样来考虑甲的预测对一半的条件，即 A 是第 1 名和 B 是第 2 名不允许同时成立，即条件 a==1 和 b==2 不允许相等。这样，甲预测对一半的条件可写成：

```
(a==1)!=(b==2)
```

表达乙和丙的预测情况也可写出类似的表达式。程序代码如下：

```c
#include <stdio.h>
void main()
{ int a,b,c,d,t;
   for(a=1;a<=4;a++)
    for(b=1;b<=4;b++)
    { if(b==a)continue;               /*两队名次不可相同,取下一个b值*/
      for(c=1;c<=4;c++)
      { if(c==a||c==b) continue;      /*取下一个c值*/
        d=10-a-b-c;                   /*4队名次之和为10*/
        t=((a==1)!=(b==2))&&((c==1)!=(d==3))&&((d==2)!=(a==3));
        if(t) printf("A=%d,B=%d,C=%d,D=%d\n",a,b,c,d);
      }
    }
}
```

【程序说明】在程序中，执行第 1 个 continue 语句，使控制跳过它后继的 for 语句，直接去执行 "b++" 和测试 "b<=4"。执行第 2 个 continue 语句，使控制跳过给变量 d 和 t 的赋值，和后面的 if 语句，直接去执行 "c++" 和测试 "c<=4"。

【例 3.22】从前，有一国王要给他的忠诚骑士奖励金币。奖励金币的数额约定如下：第一天，奖励 1 枚，后两天，每天奖励 2 枚，接下来的连续 3 天，每天 3 枚，……，这个奖励方式一直继续下去。一般的，接下来的 i 天，每天奖励 i 枚金币。求几天后，骑士共获得的金币数。

【解题思路】设 n 为总天数，并将 n 天分成若干个时间段，第 j 时间段有 j 天，这个时间段的每一天奖励金币 j 枚，i 记录当前天数，k 记录当前时间段内还剩余的天数，ans 为奖励的金币总数。

程序用两重循环来控制，外循环枚举时间段 j，j 从 1 开始，在 i<=n 情况下，递增变化。内循环控制时间段 j 内每天累计奖励的金币数，循环要为还剩余的天数 k 设置初值为 j，循环条件是 k 大于 0，并且 i<=n，循环需要修正的工作是让 k 减 1 和 i 增 1。ans 的值可能会很大，给它的类型

设定为 double，输出时，它的小数点后的数字位不输出。细节见下面的程序：

```
#include<stdio.h>
void main()
{   int n;
    int i,j,k;
    double ans=0.0;
    printf("Enter n!\n");
    scanf("%d",&n);
    for(i=1,j=1;i<=n;j++)
    {   for(k=j;k>0&&i<=n;k--,i++)
            ans+=j;
    }
    printf("Gold Total=%of\n",ans)
}
```

3.5　简单程序设计实例

本节列举一些简单的程序设计实例，希望读者能特别关心编写程序之前的算法设计过程，并要求能参照这些例子，或对所给的程序算法做改变，设计自己的求解算法。或对问题做改变，适当增加一些难度，并自己独立给出算法和写出正确的程序。开始时，可以只要求结果正确，待深入领会自己的算法和程序后，再设法修改程序，把程序编写得更为精练。

【例 3.23】 输入整数 n，输出由 $2 \times n+1$ 行 $2 \times n+1$ 列组成的以下形式（n=2）的图案。

```
    *
   * * *
  * * * * *
   * * *
    *
```

【解题思路】 考虑到程序只能逐行输出，按图案的构成规律，将图案分成上下两部分。上半部分 n+1 行，下半部分 n 行。图案中，同一行上的两个星号字符之间有一个空格符。对于上半部分，假设第一行的星号字符位于屏幕的中间，则后行图案的起始位置比前一行起始位置提前两个位置。而对于下半部，第一行的起始位置比上半部最后一行起始位置后移两个字符位置，以后各行相继比前一行后移两个位置。对于上半部，如果行从 0 开始至 n 编号，则 j 行有 $2 \times j+1$ 个星号字符。对于下半部，如果行从 n-1～0 编号，同样，j 行有 $2 \times j+1$ 个星号字符。程序代码如下：

```
#include<stdio.h>
void main()
{   int n,j,k,space;
    printf("Enter n!\n");
    scanf("%d",&n);
    space=40;/*让 space 的初值为 40，只是希望让程序输出的图案位于屏幕的中间*/
    for(j=0;j<=n;j++,space-=2)
    {   printf("%*c",space,' ');    /*输出 space 个空格符*/
        for(k=1;k<=2*j+1;k++)       /*输出 2*j+1 个星号*/
            printf(" *");
        printf("\n");               /*图案的一行字符输出结束*/
    }
    space+=4;                       /*下半部的第一行比上半部的最后一行后移两个位置*/
    for(j=n-1;j>=0;j--,space+=2)
```

```
    {  printf("%*c",space,' ');
       for(k=1;k<=2*j+1;k++)   /*输出 2*j+1 个星号*/
           printf(" *");
       printf("\n");           /*图案的一行字符输出结束*/
    }
}
```

【例 3.24】分别求出能被 101 至 199 中与 10 互质的整数整除，并且全由数字 9 组成的整数的最少位数。例如，9 999 是能被 101 整除的最小 4 位数，所以对应 101 的解答是 4。运行以下程序，对于 103，解答是 34。

【解题思路】首先确定什么数是与 10 互质的数，与 10 互质就是没有与 10 有相同的非 1 因子。所以与 10 互质的数是没有 2 和 5 因子的数。假设 i 是一个与 10 互质的数，用它去除由 j 个 9 组成的整数 d，如果不能被 i 整除，就要让 j 增 1，d 变成 d*10+9。由于计算机只能表示很有限位数的整数，所以不能直接表示 d。应该要利用 d 对 i 的整除结果与 d*10+9 对 i 的整除结果之间的关系。d 与 d*10+9 对 i 的整除性有以下性质：

记 d 被 i 整除的余数为 r(r=d%i)，则(d*10+9)%i=(r*10+9)%i。即 d 变成 d*10+9 时，它们被 i 整除的余数由 r 变成(r*10+9)%i。这样，因为 r 的值不会超过 i，就可用 r 代替 d，计算它被 i 整除的余数。从 j=1，r=9 出发，循环让 j 增 1 和求出新的 r，直到 r 变成 0，就能知道能被 i 整除的 d 的位数 j。程序代码如下：

```
#include<stdio.h>
void main()
{  int i,j,r;
   for(i=101;i<=199;i++)
   {   if(i%2!=0&&i%5!=0)  /*只考虑与 10 互质的 i*/
       {  j=1;r=9;
          while(r!=0)
          {   r=(r*10+9)%i;
              j++;
          }
          printf("%5d:%3d\n",i,j);
       }
   }
}
```

【例 3.25】输入 n（n>2）个整数，输出其中的次最大数。

【解题思路】为求次最大，程序在循环过程中需保留两个数，当前暂时最大数 max1 和当前暂时次最大数 max2。程序将输入的第 1 个数暂时保留，待输入第 2 个数后，确定 max1 和 max2。从输入第 3 个数 x 开始，根据 x 调整 max1 和 max2。调整过程须考虑以下几种可能：x>max1，则以 max1 作为新的 max2，x 作为新的 max1；max1>x>max2，则以 x 作为新的 max2；x<max2，则不调整。程序代码如下：

```
#include<stdio.h>
void main()
{  int n,i,max1,max2,x,temp;
   printf("输入 n(>=2)!\n");
   scanf("%d",&n);
   if(n<2) return;
   printf("输入第 1 个整数.");
   scanf("%d",&temp);
```

```
    printf("输入第 2 个整数.");
    scanf("%d",&x);
    if(temp<x)  {max1=x;max2=temp;}      /*由输入的两个数确定最大和次最大的初值*/
    else {max1=temp;max2=x;}
    for(i=3;i<=n;i++)                    /*对以后的n-2个数逐一处理*/
    { printf("输入第 %d 个整数.  ",i);
      scanf("%d",&x);
      if(x>max1) { max2=max1;max1=x;}    /*调整最大和次最大*/
      else if(x>max2) max2=x;            /*调整次最大*/
    }
    printf("次最大是 %d\n",max2);
}
```

【例 3.26】找出所有各位数字的立方和等于 1 099 的 3 位整数。

【解题思路】3 位整数是 100 至 999 范围内的整数，设分别用 a、b、c 存储 3 位数的百位、十位和个位的数字，程序用三重循环求出 a、b、c 的立方和为 1 099 的 3 位数 a*100+b*10+c。程序代码如下：

```
#include<stdio.h>
void main()
{ int a,b,c;            /*变量定义*/
  for(a=1;a<=9;a++)
    for(b=0;b<=9;b++)
      for(c=0;c<=9;c++)
        if(a*a*a+b*b*b+c*c*c==1099)
          printf("%d\n",(10*a+b)*10+c);
}
```

若用一个变量 i 表示 3 位数，循环体将 3 位数变量 i 分拆出它的百位、十位和个位 3 个数字，然后判断这 3 个数字的立方和是否是 1 099，若是就输出该变量的值。

程序代码如下：

```
#include<stdio.h>
void main()
{ int i,a,b,c;          /*变量定义*/
  for(i=100;i<=999;i++)
  { a=i/100;
    b=(i%100)/10;  /*或b=(i/10)%10*/
    c=i%10;
    if(a*a*a+b*b*b+c*c*c==1099) printf("%d\n",i);
  }
}
```

【例 3.27】输入整数 m，输出小于等于 m 的全部质数。

【解题思路】程序首先输出质数 2，之后对指定范围内的奇数 n（$3 \leqslant n \leqslant m$）判断其是否是质数，若 n 是质数，则将数 n 输出。

判断奇数 n（n>2）是否是一个质数有许多方法，这里采用一个循环来测试 n 是否是质数。让整数变量 k 自 3 开始，每次增 2，直至 k 的平方超过 n 为止。如果其中某个 k 能整除 n，则 n 不是质数，结束测试循环。如果所有这样的 k 都不能整除 n，即 k×k 大于 n 结束测试循环，n 是质数。程序代码如下：

```
#include<stdio.h>
void main()
{  long m,n,k;
   int j;                            /*j用于控制每行输出 10 个质数,是已输出质数个数的计数器*/
   printf("输入整数(>2)\n");
   scanf("%ld",&m);
   printf("%6d",2); j=1;            /*输出第 1 个质数 2,已输出 1 个质数*/
   for(n=3L;n<=m;n+=2)              /*对于 3 至 m 的整数逐一考查*/
   {  for(k=3L;k*k<=n;k+=2L)        /*用 3 至 n 的平方根内的奇数 k*/
      if(n%k==0) break;            /*测试 k 对 n 的整除性,若能整除结束测试*/
      if(k*k>n)                     /*对于所有的 k 都不能整除 n,则 n 是质数*/
      {  if(j++%10==0) printf("\n"); /*每输出 10 个质数换行*/
         printf("%6ld",n);
      }
   }
   printf("\n");
}
```

【例 3.28】求 Fibonacci 数列的前 40 个数。Fibonacci 数列的前 7 个数是 0, 1, 1, 2, 3, 5, 8。Fibonacci 数列有以下公式定义:

$$F(n)=\begin{cases} 0, & n=0 \\ 1, & n=1 \\ F(n-1) + F(n-2), & n>1 \end{cases}$$

【解题思路】为求 Fibonacci 数列的前 40 个数,可以采用递推法。记数列相继两项为 f1 和 f2,它们的初值分别为 0 和 1。按以下递推规则,由数列相继的前两项求出数列相继的后两项:

```
f1=f1+f2          /*由前第 1 项和第 2 项求出第 3 项*/
f2=f1+f2          /*由前第 2 项和第 3 项求出第 4 项*/
```

程序代码如下:

```
#include<stdio.h>
void main()
{  long f1=0,f2=1,i;
   for(i=1;i<=20;i++)
   {  printf("%10ld%10ld",f1,f2);
      if(i%2==0)  printf("\n");
      f1+=f2;                    /*由前第 1 项和第 2 项求出第 3 项*/
      f2+=f1;                    /*由前第 2 项和第 3 项求出第 4 项*/
   }
}
```

【例 3.29】输入 x,求级数 s(x)的近似值。规定求和的精度为 0.000 001。

$$s(x)=x- \frac{x^3}{3\times1!} + \frac{x^5}{5\times2!} - \frac{x^7}{7\times3!} + \cdots$$

【解题思路】通常设级数为:

$$s(x)=t_0 + t_1 + t_2 + \cdots + t_k + \cdots$$

级数求和不能按公式直接计算级数的项,因为高阶幂和大数阶乘都会产生溢出。求级数的项也要采用递推法,由当前项和项号采用递推法计算出下一个当前项。求级数部分和的算法可描述如下:

```
{  s=0;              /*级数的部分和变量 s 置初值 0*/
   t=首项值;         /*置通项变量 t 为级数的首项值*/
```

```
    k=0;                            /*置项序号变量 k 为 0*/
    while (fabs(t)>=Epsilon)        /*当前项值还足够大循环*/
    { s+=t;                         /*累计当前项 t 和 k 到部分和*/
      t=f(t,k);                     /*由当前项 t 和 k 计算下一个当前项的值*/
      k++;                          /*项序号增 1*/
    }
}
```

对于本例，首项值为 x，级数第 k（k≥0）项 t_k 的算式为：$t_k=(-1)^k*x^{2*k+1}/((2*k+1)*k!)$。

k+1 项 t_{k+1} 与 k 项 t_k 有如下关系：$t_{k+1}=-t_k*x*x*(2*k+1)/((2*k+3)*(k+1))$。$t_k$ 是通项 t 的当前项值，t_{k+1} 是通项 t 的下一项值。由当前项 t 和 k 计算 t 的下一项值，可用以下表达式实现：

t=-t*x*x*(2.0*k+1.0)/((2.0*k+3)*(k+1))

把以上式子代入上述算法，并令 x 的值由输入给定。程序代码如下：

```
#include<stdio.h>
#include<math.h>
#define  Epsilon  0.000001
void main()
{ int k;
  double s,x,t;
  printf("Enter x.\n");
  scanf("%lf",&x);
  s=0.0;                          /*级数的部分和变量 s 置初值 0*/
  t=x;                            /*置通项变量 t 为级数的首项值*/
  k=0;                            /*置项序号变量 k 为 0*/
  while(fabs(t)>=Epsilon)         /*当前项值还足够大，继续循环*/
  { s+=t;                         /*累计部分和*/
    t=-t*x*x*(2.0*k+1)/((2.0*k+3)*(k+1));  /*由 t 和 k 计算 t*/
    k++;                          /*项序号增 1*/
  }
  printf("s(%f)=%f\n",x,s);
}
```

小　　结

学习程序设计就是学会编写程序。学习本章以后，读者已经具有编写程序的基本知识和掌握一定的编写程序方法。

本章学习和应该掌握的内容如下：

① C 语言各种基本语句的句法和语义。

② 顺序控制的用法。

③ if...else 选择结构的用法，嵌套的 if...else 选择结构的用法，else 与 if 的对应规则。

④ 多路按值选择结构的用法，多路按值选择结构的执行过程，正确使用 break 语句。

⑤ while、do...while 和 for 循环控制结构的句法结构和用法。循环语句内 break 语句和 continue 语句的意义和用法。嵌套循环语句的应用。

⑥ 能编写简单的程序。

⑦ 经上机实践训练，能编写求解本章习题的程序。

习　题

1. 编写一个程序，输入一个整数，输出 0～9 各个数字在该整数中出现的次数。

2. 编写一个程序，输出所有英文字符及它们的 ASCII 码值，其中代码值分别用八进制形式、十六进制形式和十进制形式输出。

3. 设有整型变量 x 和 y 的值分别为 5 和 110。试指出执行完以下循环语句后，变量 x 和 y 的值分别是多少？

（1）while(x<=y)x *=2;

（2）do{x=y/x;y=y-x;}while(y>=1);

4. 水仙花数是一个 n（n≥3）位数字的数，它等于每个数字的 n 次幂之和。例如，153 是一个水仙花数，$153=1^3+5^3+3^3$。试编写一个程序求小于 999 的所有水仙花数。

5. 编写程序解百鸡问题：鸡翁一，值钱五；鸡母一，值钱三；鸡雏三，值钱一。百钱买百鸡。问鸡翁、鸡母和鸡雏各几何？

6. 编写一个程序，输入一个整数，逐位地输出整数的十进制数值，要求位与位之间有一个空格符分隔。

7. 编写程序，列表输出整数 1～10 的平方和立方值。

8. 编写一个程序，用循环不停地输出 2 的倍数，观察最终会发生什么情况。

9. 编写一个程序，输入 3 个实数，判断这些值是否能作为一个三角形的三条边的长，如果能构成三角形，要求输出三角形的面积。

10. 编写程序，输入 3 对实数，若每对实数分别作为平面坐标系中点的坐标，判断这 3 个点是否能构成一个三角形。若能构成三角形，判断这个三角形的特征：是直角三角形、等边三角形、等腰三角形还是普通三角形等。

11. 输入正整数 n，输出由 n 行 n 列星号字符组成的三角形图案。右边是 n 等于 4 的图案。

12. 输入正整数 n，输出 n 行 2×n-1 列的空心三角形图案。右边是 n 等于 4 的图案。

13. 读程序，试指出程序的输出结果。
```c
#include<stdio.h>
void main()
{   int k,m,j;
    k=15;
    for(m=2;m<=k;m++)
    {   for(j=2;j*j<=m;j++)
            if(m%j==0) break;
        if(m%j!=0) printf("%4d",m);
    }
}
```

```
       printf("\n");
   }
```

14. 编写程序，按下面的公式计算自然对数底 e 的值。

$$e=1+\frac{1}{1!}+\frac{1}{2!}+\frac{1}{3!}+\frac{1}{4!}+\cdots$$

15. 编写程序，按下面的公式计算 e^x 的值。

$$e^x=1+\frac{x}{1!}+\frac{x^2}{2!}+\frac{x^3}{3!}+\frac{x^4}{4!}+\cdots$$

16. 编写程序，用如下公式计算圆周率 π 的近似值。

$\pi=4-4/3+4/5-4/7+4/9-4/11+\cdots$

回答程序要计算多少项才能得到数值 3.14、3.141、3.141 5、3.141 59。

17. 用结构化的代码改写以下代码：

```
loop:if(x<y)goto next;
    x-=y;
    goto loop;
next:printf("x=%lf\n",x);
```

18. 以下给出计算 Fibonacci 数列的两种不同方法：

（1）递推计算：$f_0=0, f_1=1$；$f_i=f_{i-1}+f_{i-2}$（$i>1$）。

（2）用公式计算：

```
fᵢ=(int)(cⁱ/sqrt(5)+0.5)   /*0.5是补偿计算误差*/
```

其中，c=(1.0+sqrt(5))/2.0。试编写程序找出以上两种计算方法求得的 f_i 不相等的 i。

19. 编写输入正实数 x，求平方不超过 x 的最大整数 n，并输出。

20. 回文整数是指正读和反读相同的整数，编写一个程序，输入一个整数，判断它是否是回文整数。

21. 编写一个程序，输出 1~256 十进制数等价的二进制、八进制和十六进制数值表。

22. 草地上有一堆野果，有一只猴子每天去吃掉这堆野果的一半又一个，5 天后刚好吃完这堆野果。求这堆野果原来共有多少个？猴子每天吃多少个野果？

23. 输入自然数 n（n>1），输出该数的质因子分解式。例如，n=30，程序输出

```
30=2*3*5
```

24. 已知自变量 x 在区间[0,3]上，函数 f(x)=x³-x²-1 有一个实根，试用二分法求该函数的根。

提示：二分法求根方法是一个非常实用的求根方法，二分法求根的基本思想是，设连续函数 f(x)在区间[low,high]上有定义，且 f(low)与 f(high)的值的符号不同。循环做以下的工作，测试区间中点 m(m=(low+high)/2)的值 f(m)，并用 f(m)值的符号与 f(low)和 f(high)的符号比较，如果 f(m)的符号与 f(low)的符号相同，则用 m 更新 low，否则用 m 更新 high。循环直至｜high-low｜小于指定的精度要求。

第 *4* 章　数　　组

为了能让程序方便地处理大量的数据和描述数据之间的关系，程序设计语言提供构造各种结构化数据类型的设施。结构化数据是由若干基本类型的数据或其他结构化的数据按一定的方法构造起来的。结构化数据的结构用结构化数据类型来描述，结构化数据类型需要指定结构内的数据元素（成分）的数据类型和名称、数据元素个数，以及规定引用数据元素的方法。

在结构化数据结构中，最简单的是线性表。线性表中的数据元素都有相同的数据类型，数据元素之间存在一种线性关系。线性表在计算机中有多种存储形式。将线性表从表的第一个元素开始，顺序地逐一存储，直至最后一个元素是线性表最简便的存储形式。以这种形式存储的线性表称为顺序存储线性表。

在高级语言中，用数组表示顺序存储线性表。本章介绍数组的概念、数组的定义方法、数组元素的引用方法及与数组有关的程序设计方法和技巧。

学习目标
- 掌握数组的基本概念；
- 掌握数组定义、数组初始化、引用数组元素的方法；
- 掌握数组输入、输出、统计、遍历、整理、排序等实现技术；
- 掌握多维数组的定义、多维数组元素的引用方法，多维数组上简单操作的实现技术；
- 掌握字符串的实现和字符串处理的最基本技术。

4.1　数组的基本概念

数组是由若干同类元素组成的数据表。数组能表示非常广泛的数据集合，一组相关的同类型数据集合能用数组简洁表示。例如，一个班级学生的某门课程的成绩，一行字符，一个整数向量，由向量组成的矩阵等。用 C 语言描述前面提及的数据表，可分别定义如下数组：

```
int scoreP[40];            /*多至 40 名学生的程序设计成绩*/
char s[120];               /*多至 120 个字符的字符列*/
int intVector[80];         /*由 80 个整数组成的数表*/
double matrix[40][50];     /*40 行，每行 50 个实数组成的矩阵*/
```

在 C 语言中，数组类型是这样一种数据结构：

数组元素的数据类型相同，最多元素个数限定，数组元素按顺序存放。为便于引用数组元素，每个元素按其存储顺序对应一个从 0 开始的顺序编号，称其为元素的下标，数组元素按下标存取（引用）。引用数组元素所需的下标个数由数组的维数决定，数组有一维数组、二维数组和多维数组。数组元素的下标是固定不变的，而数组元素是变量，其值是可以变化的。数组元素变量可与相同类型的独立变量一样使用。

4.2 一 维 数 组

定义一维数组的一般形式为：

类型说明符 标识符[常量表达式];

其中的标识符用做数组的名称。数组定义包含以下几个要点：

① 类型说明符用来指明数组元素的类型，同一数组的元素类型相同。

② 数组是一个变量，与一般变量一样，用标识符命名数组名，遵守标识符的命名规则。

③ 方括号"[]"是数组的标志，方括号中的常量表达式表示数组的元素个数，即数组的长度。

④ 数组元素的下标从 0 开始，直至数组元素个数减 1。

⑤ 常量表达式是整型常量、符号常量或 sizeof（类型名），以及由它们组成的表达式。例如：

```
int a[5];
```

定义数组 a[]有 5 个元素，每个元素都是整型的。一维数组 a[]的逻辑结构如图 4-1 所示。

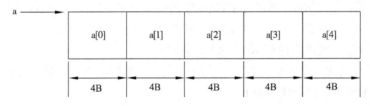

图 4-1 一维数组逻辑结构示意图

数组被定义后，程序接着就可引用数组的元素。引用数组元素的书写方法是：

数组名[下标]

其中，下标是整型表达式。例如，数组 a[]的 5 个元素可分别用 a[0]、a[1]、a[2]、a[3]、a[4]来引用它们。以下是引用数组 a[]各元素的代码：

```
for(k=0;k<4;k++) a[k]=k+1;        /*为数组 a 的元素设置值*/
a[4]=a[0]+a[1]+a[2]+a[3];         /*引用数组 a 的元素值和设置值*/
```

定义数组大小用常量表达式，就是说数组的大小是在定义时指定的，程序执行过程中数组的大小不可以改变。因此，数组定义中，指定数组元素个数的表达式不可以有引用变量值的代码。例如，下面的代码是错误的：

```
int m,x[m];                       /*数组的大小不能用变量的值来指定*/
scanf("%d",&m);
...
```

考虑到实用的需要，现在已经有多个著名的 C++系统允许数组定义时用变量指定数组元素的个数，但要求在定义数组的代码处，变量已经有值。

程序在引用数组元素的值之前，必须先为数组元素设置初始值。数组元素的初始值可以输入，也可以用赋值语句来设置。特别对于程序每次运行时，数组元素的初始值是固定的场合，为了程序表达简便，可在数组定义时就给出其元素的初值，这种表达形式称为数组定义的初始化，简称数组初始化。数组初始化可用以下几种方法：

① 数组定义时，顺序列出数组全部元素的初值。例如：

```
int d[5]={0,1,2,3,4};
```

将数组元素的初值依次写在一对花括号内。经上面定义和初始化之后，就有：d[0]=0、d[1]=1、d[2]=2、d[3]=3、d[4]=4。

② 只给一维数组的前面一部分元素设置初值。例如：

```
int e[5]={0,1,2};
```

定义数组 e[]有 5 个整型元素，其中前 3 个元素设置了初值，而后 2 个元素未明确地设置初值。但系统规定，当一个数组的部分元素被设置初值后，对于元素为数值型的数组，那些未明确设置初值的元素自动被设置 0 值。所以数组 e[]的后 2 个元素的初值为 0。但是，当定义数组时，如未对它的元素指定过初值，对于内部的局部数组，则它的元素的值是不确定的。

③ 当对一维数组的全部元素都明确设置初值时，可以不指定一维数组的长度。例如：

```
int g[]={5,6,7,8,9};
```

系统根据初始化的花括号内的初值个数确定数组的元素个数，即数组第一维长度。所以，上述数组 g[]有 5 个元素。如果提供的初值个数小于数组希望的长度时，则方括号中的常量表达式不能省略。如代码 int b[10]={1,2,3,4,5}定义数组 b[]有 10 个元素，前 5 个元素如设置所示，后 5 个元素都为 0。反之，如果提供的初值个数超过了数组定义中的常量表达式值，会引起程序错误。如代码 int c[5]={0, 1, 2, 3, 4, 5}是错误的，只有 5 个元素组成的数组放不下 6 个整数。

【例 4.1】顺序输入线性表的前 10 个元素，并输出。

【解题思路】设线性表用数组 x[]实现，用一个循环，顺序输入线性表的元素；然后用类似的循环输出线性表的元素。部分代码如下：

```
int x[10];
printf("输入数组 x[]的 10 个元素.\n");
for(i=0;i<10;i++)                  /*顺序输入数组 x 的 10 个元素*/
    scanf("%d",&x[i]);
for(i=0;i<10;i++)                  /*顺序输出 x 的 10 个元素*/
    printf("%d\t",x[i]);
```

【例 4.2】统计数组中大于 0、等于 0 和小于 0 的元素个数。

【解题思路】设数组为 x[]，并在前面某处已经定义，当前元素个数为 n 个。引入大于 0、等于 0 和小于 0 的计数器变量 great、equal 和 less。在统计之前，计数器变量必须预置初值为 0。用循环遍历数组，顺序考查数组的每个元素，当发现正在考查的元素满足某个条件时，相应计数器变量增 1。部分代码如下：

```
great=equal=less=0;
for(i=0;i<n;i++)
    if(x[i]>0) great++;
    else if(x[i]==0) equal++;
        else less++;
```

【例 4.3】在数组的某个下标位置插入一个元素。

【解题思路】设数组 a[]在定义时指定有 100 个元素，其中前 n（n<100-1）个元素已经置值，还有若干个元素没有置值，现在要求在 k 下标位置插入一个值为 x 元素。为了在 k 位置插入 x，必须将元素 a[k]~a[n-1]分别顺序后移一个位置，并要求元素后移顺序从 a[n-1]开始逆序至 a[k]，后移结束后，就可将 a[k]设置成 x。最后，增加数组的元素个数。部分代码如下：

```
for(i=n-1;i>=k;i--)               /*自 a[n-1]开始逆序至 a[k]逐一后移*/
    a[i+1]=a[i];
```

```
a[k]=x;
n++;                              /*数组的元素增加了一个*/
```

注意：后移不能从 a[k]开始依次至 a[n-1]逐一后移，这将使数组从 a[k+1]～a[n]的值都被设置成 a[k]。

【**例 4.4**】将数组某个下标位置的元素从数组中删去。

【**解题思路**】设数组 a[]已有 n 个元素，要求在 k 下标位置的元素从数组中删去。为了在 k 下标位置删除元素，必须将元素 a[k+1]～a[n-1]分别顺序前移一个位置。最后，减少数组的元素个数。部分代码如下：

```
for(i=k+1;i<n;i++)               /*a[k]开始至 a[n-1]前移*/
  a[i-1]=a[i];
n--;                             /*数组的元素减小了一个*/
```

【**例 4.5**】在数组 a[]的前 n 个元素中寻找值等于变量 key 值的元素的下标。

【**解题思路**】在数组 a[]的前 n 个元素中寻找值为 key 的元素，可以有多种不同的解法：

① 最直观的解法是从数组的第 1 个元素开始，顺序查找至数组的第 n 个元素。如果存在值为 key 的元素，程序在找到该元素后结束；如果不存在值为 key 的元素，程序在找遍 n 个元素后结束。按此解法得到部分代码如下：

```
for(i=0;i<n;i++)                 /*从数组第一个元素开始，顺序考查至数组的末元素*/
  if(key==a[i]) break;           /*找到终止循环*/
/*循环结束时，如果找到，有 i<n 成立；如果数组中没有 key，则有 i==n*/
```

上述查找过程也可用以下代码来描述：

```
for(i=0;i<n&&key!=a[i];i++) ;    /*或 i==n，或找到，结束循环*/
/*循环结束时，满足以下条件：如果找到，有 i<n 成立；数组中没有 key，则有 i==n*/
```

假定每个元素的查找几率均等，则采用上述查找方法，查找的平均次数 v 为：

v=(1+2+3+…+n)/n=(n+1)/2

若在数组中没有指定值的元素，则需查找 n 次。

② 与解法①的思想相同，但代码有所不同，以下代码是先在数组第 n 个元素的后面（如数组定义时已预留了空闲的元素），在下标为 n 的元素位置预放要寻找的值，然后再从第 1 个元素开始顺序寻找，这能简化寻找循环的控制条件。程序代码如下：

```
a[n]=key;
for(i=0;key!=a[i];i++);
/*如果找到 i<n；否则没有找到 i==n*/
```

这种写法，数组需要多用一个元素，但程序比前一种更简单。

③ 假定数组 a[]的元素已将它们的值按从小到大的顺序存放，则二分法是更好的查找方法。其算法的基本思想是对任意 a[i]～a[j]（i≤j）的连续的一个元素段，根据它们值的有序性，试探下标为 m=(i+j)/2 的元素 a[m]。a[m]与 key 比较可能有 3 种结果，分别采取不同的对策：

- key=a[m]；找到，结束查找。
- key>a[m]；下一轮的查找区间为[m+1,j]。
- key<a[m]；下一轮的查找区间为[i,m-1]。

直至 j<i 时，区间[i, j]变为一个空区间，即表示在数组 a[]中没有值为 key 的元素。由于每轮查找后，使查找区间减半，因此称此查找方法为二分法查找。显然，初始查找的区间为 i=0，j=n-1。由以上分析，二分法查找部分代码如下：

```
i=0;j=n-1;  /*设置初始查找区间*/
while(i<=j)
{   m=(i+j)/2;
    if(key==a[m])  break;
    else if(key>a[m]) i=m+1;
    else j=m-1;
}
/*找到时，i<=j，a[m]==key；没有找到时，i>j*/
```

采用二分法查找方法，在每个元素的查找几率均等情况下，平均查找次数约为 $\log_2 n$。

【例4.6】按递增顺序生成集合 M 的前 n 个元素。集合 M 定义如下：

① 整数 1 属于 M。

② 如果整数 x 属于 M，则整数 2x+1 和 3x+1 也属于 M。

③ 再没有别的整数属于 M。

根据集合 M 的定义，它的前几个元素为：M={ 1,3,4,7,9,… }。

【解题思路】首先，为存储集合 M 的元素设计一个足够大的整数数组 m[]，m[j]存储集合 M 的第 j+1 个元素。按题意，可先将 1 放入数组 m[0]中，然后按递增顺序用 m[]中的现有元素枚举出 m[]的新元素。每个元素可以使用两种枚举方法。

引进辅助变量 e2 和 e3，分别用于指出 m[]中的下一个要执行 2x+1 枚举的元素的下标和要执行 3x+1 枚举的元素的下标。另外，令 j 表示集合 M 中已生成的元素个数。在按递增顺序枚举出 m[]的新元素过程中，m[]的元素有以下多种可能：

① 元素 m[0]至 m[j-1]已经枚举生成，m[j]开始的元素还未被枚举出来，下一个要枚举生成的是 m[j]。

② m[0]至 m[e2-1]是已执行过 2x+1 枚举操作的元素，下一个要执行 2x+1 枚举操作的元素是 m[e2]。

③ m[0]至 m[e3-1]是已执行过 3x+1 枚举操作的元素，下一个要执行 3x+1 枚举操作的元素是 m[e3]。

为了按递增顺序生成 m[]的元素，下一个可能执行枚举操作的元素是 m[e2]或 m[e3]。实际选择哪一个由它们枚举出来的值更小来确定。根据以上分析，以下代码能描述 m[]在第 1 次枚举之前的状态：

```
m[0]=j=1;e2=e3=0;
```

枚举生成 m[]的其余元素的过程可描述如下：

```
while(j<n)
{   if(m[e3]*3+1>=m[e2]*2+1)         /*对 m[e2]执行 2x+1 枚举*/
    {   m[j]=m[e2++]*2+1;
        if(m[e3]*3+1==m[j])
            e3++;                     /*当两个元素枚举值相同时，同时枚举*/
    }
    else m[j]=m[e3++]*3+1;
    j++;
}
```

【例4.7】从含有 n 个整数的数组中，找出其中出现次数最多且最先出现的整数。

【解题思路】设数组为 a[]，为了找出 a[]中出现次数最多且最早出现的元素，令变量 pos 存储数组中出现次数最多的元素的下标，c 是该元素在数组中出现的次数（初值为 0）。程序用循环顺序考查数组的每个元素，对当前正在考查的元素 a[i]，用循环统计出数组中与 a[i]等值的元素个数 tc。统计结束后，让 tc 与 c 比较，如果 tc 的值大于 c，就用 tc 更新 c，并用 i 更新 pos；否则，不更新。部分代码如下：

```
for(c=i=0;i<n-1;i++)
{   for(tc=1,j=i+1;j<n;j++)          /*统计每个 a[i]的出现次数*/
        if(a[j]==a[i]) tc++;
    if(tc>c)                         /*找到出现次数更多的整数*/
    {   c=tc;    pos=i;
    }
}
printf("出现最多的值是%d,出现的次数是 %d\n",a[pos],c);
```

【例 4.8】数组 a[]有 n 个元素，对它进行整理，使其中小于 0 的元素移到前面，等于 0 的元素留在中间，而大于 0 的元素移到后面。

【解题思路】从 a[0]开始整理，对数组的元素按顺序逐一考查。假设当前正要考查元素 a[j]。引入变量 k、h 记录已完成部分整理工作的状态：a[0]～a[k-1]小于 0，a[k]～a[j-1]等于 0，a[j]～a[h]是还未考查过的元素，a[h+1]～a[n-1]大于 0。根据元素 a[j]小于 0、等于 0 和大于 0 这 3 种情况有 3 种处理办法。

① a[j]<0：a[j]与 a[k]交换，并让 k 增 1，小于 0 的元素多了一个；j 增 1，准备考查下一个元素。

② a[j]=0：等于 0 的元素多了一个，让等于 0 的 a[j]留在原位置。j 增 1，准备考查下一个元素。

③ a[j]>0：a[j]与 a[h]交换，并且 h 减 1，大于 0 的元素多了一个由于交换前的 a[h]是还未考查过的元素，所以 j 不能增 1。

整理开始前的初始状态有：j=0，k=0，h=n-1；整理结束时满足 j>h。综合以上分析，能实现整理要求的部分代码如下：

```
j=k=0;h=n-1;
while(j<=h)
    if(a[j]<0)
    {   temp=a[j];a[j]=a[k];a[k]=temp;
        j++;k++;
    }
    else if(a[j]==0)   j++;
        else {temp=a[j];a[j]=a[h];a[h]=temp;h--;}
```

【例 4.9】输入 n 个整数，用冒泡法将它们从小到大排序，然后输出。

【解题思路】给数组的元素重新安排存储顺序，让数组元素按值从小到大（或从大到小）的顺序重新存放的过程称为数组排序。冒泡法是众多排序算法之一，冒泡法排序的思想是对数组做若干次的比较调整遍历，每次遍历是对遍历范围内的所有相邻的两个数做比较和调整，将小的调到前面，大的调到后面（设从小到大排序）。

含 n 个元素的数组用冒泡法排序，要做 n-1 次遍历。

第 1 次遍历：从 a[n-1]开始至 a[0]，依次对相邻两个元素进行比较调整。即 a[n-1]与 a[n-2]比较调整；a[n-2]与 a[n-3]比较调整；……；直至 a[1]与 a[0]比较调整，每次比较调整使小的调到前面，大的调到后面。这样一次比较调整遍历（共做了 n-1 次比较）后，使最小的元素调到 a[0]。

第 2 次遍历：再次从 a[n-1]开始，依次对两个相邻元素做比较调整，直至 a[2]与 a[1]的比较调整。这次遍历共做了 n-2 次比较调整，使次最小的元素调到 a[1]。

依此类推，直至第 n-1 次遍历，仅对 a[n-1] 和 a[n-2] 做比较调整。至此，完成对数组从小到大排序的要求。如有定义：

```
int a[]={7,8,4,5,1};
```

图 4-2 所示为对 a[] 的 5 个数的冒泡排序过程。

第 1 次遍历	第 2 次遍历	第 3 次遍历	第 4 次遍历
784<u>5</u><u>1</u>	1784<u>5</u>	147<u>8</u><u>5</u>	14<u>5</u><u>7</u><u>8</u>
784<u>1</u><u>5</u>	1784<u>5</u>	147<u>5</u><u>8</u>	14578
78<u>1</u><u>4</u>5	1<u>7</u>485	14578	
<u>7</u><u>1</u>845	14785		
17845			

图 4-2　冒泡排序示意图

第 1 次遍历：首先是 1 与 5 比较，因与要求顺序不一致，将它们对调；第 2 次是 1 与 4 比较，又因与要求顺序不一致，须将它们对调；第 3 次是 1 与 8 的比较和对调；直至第 4 次 1 与 7 的比较和对调。第 1 次遍历后，使 a[] 的最小数 1 被调整到 a[0]。

第 2 次遍历：首先是 5 与 4 比较，因与要求顺序一致，它们不必对调；第 2 次是 4 与 8 比较，与要求顺序不一致，须将它们对调；直至第 3 次 4 与 7 的比较和对调。第 2 次遍历后，使 a[] 的次最小数 4 被调整到 a[1]。

第 3 次遍历：首先是 5 与 8 比较，因与要求顺序不一致，将它们对调；第 2 次是 5 与 7 比较，与要求顺序不一致，须将它们对调。第 3 次遍历后，使 a[] 中的 5 被调整到 a[2]。

第 4 次遍历是最后一次，只须做一次 8 与 7 比较，因与要求顺序一致，它们不必对调。最后使 a[] 排好序。

用 C 语言描述上述排序部分代码如下：

```
/*冒泡排序算法描述*/
for(i=0;i<n-1;i++)              /*控制 n-1 次比较调整遍历*/
   for(j=n-1;j>i;j--)          /*第 i 次遍历须要比较 n-1-i 次*/
      if(a[j]<a[j-1])          /*a[j] 与 a[j-1] 交换*/
      { temp=a[j]; a[j]=a[j-1]; a[j-1]=temp;
      }
```

在冒泡排序过程中，如果某次遍历未发生交换调整情况，这时数组实际上已排好了序，若发现这种情况后，应提早结束排序过程。为此，程序引入一个起标志作用的变量，每次遍历前，预置该变量的值为 0。当发生交换时，将该变量设置成 1。一次遍历结束时，就检查该变量的值，如果其值是 1，说明曾发生过元素交换，继续下一次遍历；如该变量的值是 0，说明未曾发生过元素交换，则立即结束排序循环。按此想法，冒泡排序代码改写为：

```
for(i=0;i<n-1;i++)            /*控制 n-1 次比较调整遍历*/
{  for(flg=0,j=n-1;j>i;j--)   /*最多比较 n-1-i 次*/
      if(a[j]<a[j-1])         /*a[j] 与 a[j-1] 交换*/
      { temp=a[j];a[j]=a[j-1];a[j-1]=temp;
        flg=1;                /*发生有元素交换的情况*/
      }
   if(flg==0) break;          /*如果未曾发生过元素交换,结束排序*/
}
```

对于冒泡排序算法还有更好的改进。在冒泡排序过程中，如果某次遍历在某个位置 j 发生最后一次交换，以后的位置都未发生交换，这说明以后位置的全部元素都是已排好序的，则后一次遍历的上界可立即缩至上一次遍历的最后交换处之前。例如，数列 a[]={1,2,3,6,4,7,5}，第 1 次遍历，j 在 6 处发生元素交换，j 在 4 处发生交换，j 在 3、2、1 处都未发生元素交换。最后交换处是 j 为 4。这次遍历使序列变成：a[]={1,2,3,4,6,5,7}。

下一次遍历的范围的上界可立即缩短至上一次遍历的最后交换处之前，即位置 5。

为利用这个性质，程序引入变量 up，每次遍历至 up 之前，另引入变量 k 记录每次遍历的最后元素交换位置。为了考虑到可能某次遍历时一次也不发生元素交换的情况，在每次遍历前，预置变量 k 为 n。一次遍历结束后，赋 k 给 up，作为下一次遍历的上界。冒泡排序过程至 up 为 n 结束，up 的初值为 0，表示第一次遍历至首元素。按这个想法把冒泡排序代码改进如下：

```
up=0;                          /*一次遍历至 up 之前，初始时，遍历至首元素之前*/
while(up<n)                     /*还有遍历范围时循环*/
    for(k=n,j=n-1;j>up;j--)    /*比较至 up*/
    if(a[j]<a[j-1])            /*a[j] 与 a[j-1] 交换*/
    { temp=a[j];a[j]=a[j-1];a[j-1]=temp;
      k=j;                     /*记录发生交换的位置*/
    }
    up=k;
}
```

以下程序输入 n 个整数存于数组，然后采用上述改进的冒泡排序算法对数组进行排序，最后输出排序后的数组元素。

```
#include<stdio.h>
#define MAXN 1000
int main()
{   int i,n,j,temp,k,up;
    int a[MAXN];
    printf("输入整数序列的整数个数 n(0<n<=%d)    ",MAXN);
    scanf("%d",&n);
    if(n<=0||n>MAXN) {printf("输入 n 不合理!\n");return 1;}
    printf("输入整数序列!\n");
    for(j=0;j<n;j++)   scanf("%d",&a[j]);
    /*对数组 a[]的前 n 个元素采用冒泡排序算法排序*/
    up=0;                          /*一次遍历至 up 之前，初始时，遍历至首元素之前*/
    while(up<n)                    /*还有遍历范围时循环*/
    {   for(k=n,j=n-1;j>up;j--)    /*比较至 up*/
        if(a[j]<a[j-1])
        {   /*a[j] 与 a[j-1] 交换*/
            temp=a[j];a[j]=a[j-1];a[j-1]=temp;
            k=j;                   /*记录发生交换的位置*/
        }
        up=k;
    }
    for(i=0;i<n;i++)
    {   if(i%5==0) printf("\n");   /*每 5 个数一行*/
        printf("%d\t",a[i]);
    }
    printf("\n");
    return 0;
}
```

【例 4.10】设有编号为 1~n 的 n（n < 100）个人按顺时针站成一个圆圈。首先从第 1 个人开始，按顺时针从 1 开始报数，报到第 m（m < n）个人，令其出列。然后再从出列的下一个人开始，

按顺时针从 1 开始报数，报到第 m 个人，再令其出列，……。如此下去，直到圆圈不再有人为止。求这 n 个人出列的顺序。

【解题思路】程序首先输入 n 和 m，接着将数组的前 n 个元素顺序设置成 1~n，表示 n 个人按编号顺序站成一个圆圈。然后，求 n 个人的出列顺序。令 a[j]是当前报数者，从第 1 个人开始报数，j 的初值为 0。如果 a[j]的报数为 m，则他的编号 a[j]输出，并将 a[j]改为 0，表示对应的人已出列。让 i 从 0~n-1 变化，表示共出列 n 次。每次出列之前要报数 m 次，引入 k 计数报数次数。出列的人不再报数，只有那些还未出列的人要报数。报数过程用循环实现，如果 a[j]的值为 0，表示该人已出列；如果 a[j]的值不为 0，表示该人还未出列，该人报数，让 k 增 1。如果增 1 后的 k 值为 m，表示 a[j]是这轮报数 m 的人，这一次的报数循环结束，让 a[j]出列。为了表示这 n 个人站成一个圆圈，实现考查下一个人的 j 增 1 代码须写成 j=(j+1)%n。表示 j 不等于 n-1 时，j 简单地增 1；如果 j 为 n-1，表示最后一个人，这一次增 1 将对应到第 1 个人，j 变为 0。从 j 号元素开始，完成 m 次报数的工作用一个循环实现，该循环要做的工作是，顺序考查环上的元素，测试对应 a[j]的人是否在列，如果在列则完成一次报数，并测试是否是第 m 次报数，如果是第 m 次报数，就结束报数循环。以下是实现这样功能的代码：

```
for(k=0;;j=(j+1)%n)          /*如果 a[j]不等于 0，就要报数*/
    if(a[j])
        if(++k==m)            /*报数后测试*/
            break;           /*结束报数循环*/
```

程序代码如下：
```
#include<stdio.h>
#define N 100
int main()
{   int i,j,k,a[N],n,m;
    printf("输入 n&m\n");
    scanf("%d%d",&n,&m);
    for(i=0;i<n;i++)             /*给人员编号，并顺序站在环的每个位置上*/
        a[i]=i+1;
    for(j=0,i=0;i<n;i++)
    {/*从第 1 人开始报数(j=0)，共有 n 轮报数*/
        for(k=0;;j=(j+1)%n)      /*完成 m 次报数*/
            if(a[j])
                if(++k==m) break;
        printf("%4d",a[j]);
        a[j]=0;                  /*j 号位置上的人员已经出列*/
    }
    printf("程序结束! \n");
    return 0;
}
```

4.3 多 维 数 组

一维数组元素呈线性排列，引用一维数组元素只要一个下标。数组元素也可以同矩阵一样，沿着行和列两个方向排列，也可以沿着 3 个方向，呈立体形状排列。在更复杂的情况下，可沿着多个方向排列。引用多方向排列的数组元素就需要多个下标，这样的数组称为多维数组。图 4-3 所示为一个二维数组 a[4][6]和一个三维数组 x[4][3][2]的逻辑结构示意图。

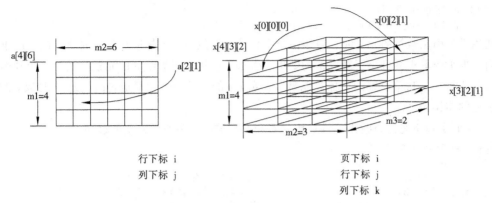

图 4-3 二维数组和三维数组逻辑结构示意图

本节以二维数组为例，介绍多维数组的定义及其程序设计方法。

二维数组的定义形式为：

类型说明符 标识符 [常量表达式] [常量表达式]；

其中的标识符用做数组的名称，因在它之后出现两组方括号，因而定义的标识符是一个二维数组名。通常多维数组的定义形式有连续两个或两个以上常量表达式，定义中的每个常量表达式依次指定数组各维的长度。例如：

```
float a[2][4],b[3][2];          /*两个二维数组*/
float c[2][2][3];               /*一个三维数组*/
```

定义数组 a 为 2 行 4 列，a 的第一维长度为 2，第二维长度为 4。数组 b 为 3 行 2 列，b 的第一维长度为 3，第二维长度为 2。定义数组 c 为 2 页 2 行 3 列，c 的第一维长度为 2，第二维长度为 2，第三维长度为 3。

引用二维数组元素的一般形式为：

数组名[下标][下标]

引用 n 维数组元素的一般形式为数组名之后紧接连续 n 个下标。例如：

```
c[0][1][2]=a[1][2]+b[2][1]
```

如图 4-4 所示，二维数组的元素是一行行存放的，即从数组的首地址开始，先顺序存放第一行元素，接着存放第二行元素，其余行元素依此类推。

可把二维数组看做一种特殊的一维数组，即它的元素又是一个数组。例如，对于上述定义的数组 a，把它看做有 2 个元素的一维数组：a[0]和 a[1]。

每个元素又是一个包含 4 个元素的一维数组。实际上，可以把 n 维数组看做由（n-1）维数组组成的一维数组。

图 4-4 二维数组存储结构示意图

对于一个多维数组，它的元素在内存中的存放顺序有如下特点：最左的第一维下标变化最慢，最右边的下标变化最快。例如，对于前面例子中的三维数组 c，其元素的存放顺序为：

```
c[0][0][0]  c[0][0][1]  c[0][0][2]
c[0][1][0]  c[0][1][1]  c[0][1][2]
```

```
c[1][0][0]  c[1][0][1]  c[1][0][2]
c[1][1][0]  c[1][1][1]  c[1][1][2]
```

在用下标引用数组的元素时，应该注意下标值的有效性，下标应在定义时指定的对应维长度范围内，即大于等于 0 且小于对应维的长度。例如，引用上述数组 c 的元素，其第一维和第二维的下标只能是 0 或 1；第三维的下标只能是 0、1 或 2。c 的最后一个元素是 c[1][1][2]，误写成 c[2][2][3] 是最常见的错误。

【例 4.11】以下是逐行输入二维数组元素和逐行输出二维数组元素的程序。

```
#include<stdio.h>
int main()
{   int a[3][4],i,j;                /*假设数组只有 3 行 4 列*/
    for(i=0;i<3;i++)                /*二维数组的元素逐行输入*/
       for(j=0;j<4;j++)             /*每行逐列输入*/
       {  printf("Enter a[%d][%d]  ",i,j);
          scanf("%d",&a[i][j]);
       }
    for(i=0;i<3;i++)                /*二维数组的元素逐行输出*/
    {  for(j=0;j<4;j++)             /*每行逐列输出*/
       printf("%d\t",a[i][j]);
       printf("\n");                /*一行元素输出后换行*/
    }
    return 0;
}
```

多维数组定义也可初始化，初始化方法也有多种，以二维数组初始化方法为例，说明多维数组初始化方法。

① 按行给二维数组的全部元素赋初值。例如：

```
int a1[2][3]={ {1,2,3},{4,5,6}};
```

这种赋初值的方法比较直观，第 1 个花括弧内的数据给第 1 行的元素赋初值，第 2 个花括弧内的数据给第 2 行的元素赋初值，依此类推，按行给数组的全部元素赋初值。

② 按元素的存储顺序给数组元素赋初值。例如：

```
int a2[2][3]={1,2,3,4,5,6};
```

这种赋初值的方法结构性差，容易遗漏。

③ 逐行给数组的部分元素赋初值。例如：

```
int a3[2][3]={{1,2},{0,5}};
```

其效果是使 a3[0][0]=1，a3[0][1]=2，a3[1][0]=0，a3[1][1]=5，其余均为 0。

④ 按元素的存储顺序给前面部分元素赋初值。例如：

```
int a4[2][3]={1,2,3,4};
```

其效果是使 a4[0][0]=1，a4[0][1]=2，a4[0][2]=3，a4[1][0]=4，其余均为 0。

⑤ 按元素的存储顺序，给数组部分或全部元素赋初值，并省略第一维的长度。例如：

```
int a5[][3]={1,2,3,4,5};
```

系统会根据给出的初始数据个数和其他维的长度确定第一维的长度。其效果是使：a5[0][0]=1，a5[0][1]=2，a5[0][2]=3，a5[1][0]=4，a5[1][1]=5，a5[1][2]=0。所以，数组 a5 有 2 行。

⑥ 对数组各行的部分元素或全部元素一行一行赋初值，并省略第一维的长度。例如：

```
int a6[][3]={{0,2},{}};
```

也能确定数组 a6 共有 2 行。

下面列举一些使用多维数组的程序例子。

【例 4.12】编写输入年、月、日，求这一天是该年的第几天的程序。

【解题思路】为确定一年中的第几天，需要一张每月的天数表，该表给出每个月份的天数。由于二月份的天数因闰年和平年有所不同，为程序处理方便，把月份的天数表设计成一个二维数组。数组的 0 行给出平年各月份的天数，数组的 1 行给出闰年各月份的天数。为了计算某月某日是这年的第几天，程序首先确定这一年是平年还是闰年，然后根据各月份的天数表，将前几个月的天数与当月的日期累计，就得到该日期是该年的第几天。下面是相应的程序：

```
#include<stdio.h>
int dayTable[][12]={
            {31,28,31,30,31,30,31,31,30,31,30,31},
            {31,29,31,30,31,30,31,31,30,31,30,31}};
int main()
{   int year,month,day,leap,i;
    printf("输入年、月、日\n");
    scanf("%d%d%d",&year,&month,&day);
    leap=year%4==0&&year%100||year%400==0;
    for(i=0;i<month-1;i++) day+=dayTable[leap][i];
    printf("\n这一天是年中的第%d天.\n",day);
    return 0;
}
```

【例 4.13】输入整数 n，形成以下形式的二维数组，并按行输出二维数组的元素。

```
1    2    3    ...    n
n    1    2    ...    n-1
n-1  n    1    ...    n-2
...  ...  ...  ...    ...
2    3    4    ...    1
```

【解题思路】这个问题有许多种解法，这里给出其中的几种：

① 先给出第 0 行，然后利用 i 行与 i-1 行的关系，求出 i 行。

i 行的 0 列元素等于 i-1 行的末列元素，i 行其余列（j>0 列）元素等于 i-1 行的 j-1 列元素。程序先生成数组的 0 行，然后用循环逐行生成数组的其余行。对于 i（>0）行，它的首列元素 a[i][0] 等于 i-1 行的末元素 a[i-1][n-1]，其余各列元素 a[i][j] 等于上一行的前一列元素 a[i-1][j-1]。实现代码如下：

```
for(j=0;j<n;j++)              /*先形成0行*/
    a[0][j]=j+1;
for(i=1;i<n;i++)
{   a[i][0]=a[i-1][n-1];      /*先生成i行的0列*/
    for(j=1;j<n;j++)          /*用循环生成i行的其他列*/
        a[i][j]=a[i-1][j-1];
}
```

② 将 i 行的内容分成两部分：i～n-1 列的值为 1～n-i，0～i-1 列的值为 n-i+1～n。为了简便，引入赋值变量 k，k 的初值为 1，每次赋值后增 1。实现代码如下：

```
for(i=0;i<n;i++)
{   for(k=1,j=i;j<n;j++) a[i][j]=k++;
    for(j=0;j<i;j++) a[i][j]=k++;
}
```

③ 将解法②中的变量 k 去掉，i～n-1 列的 j 列元素 a[i][j] 的值是 j-i+1；0～i-1 列的 j 列的值是 j-i+1+n。实现代码如下：

```
for(i=0;i<n;i++)
{    for(j=i;j<n;j++) a[i][j]=j-i+1;
     for(j=0;j<i;j++) a[i][j]=j-i+1+n;
}
```

④ 将解法③中的两个 j 循环合并，代码如下：

```
for(i=0;i<n;i++)
    for(j=0;j<n;j++) a[i][j]=j<i?j-i+1+n:j-i+1;
```

⑤ 将解法④中的条件表达式简化，代码如下：

```
for(i=0;i<n;i++)
    for(j=0;j<n;j++) a[i][j]=(j-i+n)%n+1;
```

⑥ 先给出 0 行，然后根据 i 行与 0 行的关系，填写 i 行。

设 i 行 j 列元素 a[i][j] 等于 0 行的 k 列元素 a[0][k]，则 k 的计算式如下：

当 j≥i 时：k=j-i；当 j<i 时：k=j-i+n。

计算 k 的代码可以写成：

```
k=j-i>=0?j-i:j-i+n;
```

或简写成：

```
k=(j-i+n)%n
```

实现代码如下：

```
for(j=0;j<n;j++) a[0][j]=j+1;
for(i=1;i<n;i++)
    for(j=0;j<n;j++)
    /*k=?;    (1)j-i>=0:k=j-i
                (2)j-i<0:k=j-i+n
    k=j-i>=0?j-i:j-i+n;或(j-i+n)%n*/
    a[i][j]=a[0][(j-i+n)%n];
```

⑦ 对 i 行，从 i 列开始顺序将整数 1～n 填入到数组中。

为数组的 i 行元素填写数字，可从 i 列开始顺序填写 n 次。即 j 从 i 开始顺序递增，当 j 大于等于 n 时，用运算符%，从 j 减去 n，改为从 0 列开始，即填写的元素是 a[i][j%n]。要填写的值等于 j-i+1。实现代码如下：

```
for(i=0;i<n;i++)
    for(j=i;j<i+n;j++)  /*i 行，从 j 列开始填数，共填数 n 次*/
        a[i][j%n]=j-i+1;
```

还有许多种解法，请读者自己想出方法，并写出相应的实现代码。

【例 4.14】输入整数 n，形成以下形式的二维数组（以下示例 n=5），并输出。示例中有向斜线段表示填数方向，有向斜线段之前的数字表示线段的编号。

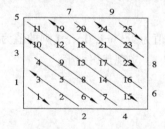

【解题思路】一个 n×n 二维数组，共有 2n-1 条斜线段，将它们顺次编号为 1～2×n-1。从数组的左下至右上的顺序逐条斜线填写数字。填写数字的方向按斜线的奇偶性交替变化。另外，每

条斜线的行列起始位置的变化规律与斜线位于数组的下三角或上三角不同。对于下三角，奇数号斜线从左上往右下，起始行为 n−d（d 为斜线编号，下同），起始列为 0；偶数号斜线从右下往左上，起始行为 n−1，起始列为 d−1。对于上三角，奇数号斜线从左上往右下，起始行为 0，起始列为 d−n；偶数号斜线从右下往左上，起始行为 2×n−1−d，起始列为 n−1。程序代码如下：

```c
#include<stdio.h>
#define MAXN 10
int a[MAXN][MAXN];
int main()
{ int i,j,k,d,n;
  while(1)                      /*n 不超过10*/
  { printf("Enter n ");   scanf("%d",&n);
    if(n>=3&&n<=10) break;
    printf("Error! n must be in [3,10]\n");
  }
  for(k=d=1;d<=2*n-1;d++)
  { if(d<=n-1)             /*下三角*/
      if(d%2)              /*奇数号斜线，从左上往右下*/
        for(i=n-d,j=0;i<n;i++,j++) a[i][j]=k++;
      else                 /*偶数号斜线，从右下往左上*/
        for(i=n-1,j=d-1;i>=n-d;i--,j--) a[i][j]=k++;
    else                   /*d>=n，上三角*/
      if(d%2)
        for(i=0,j=d-n;i<=2*n-1-d;i++,j++) a[i][j]=k++;
      else
        for(i=2*n-1-d,j=n-1;i>=0;i--,j--) a[i][j]=k++;
  }
  for(i=0;i<n;i++)
  { for(j=0;j<n;j++) printf("%4d",a[i][j]);
    printf("\n");
  }
  return 0;
}
```

4.4 字符串处理技术基础

程序经常要处理字符序列，字符序列最简便的存储方法是用字符数组存储。字符数组就是元素是字符型（char）的数组，字符数组的定义形式与其他数组的定义形式一样：

```c
char 标识符[常量表达式];
```

其中的标识符用做数组名，由于指定的数组元素类型是字符，所以它是一个字符数组。例如：

```c
char s[5];
```

表示字符数组 s 有 5 个元素，每个元素能存放 1 个字符，整个数组最多可存放 5 个字符。以下赋值：

```c
s[0]='C';s[1]='h';s[2]='i';s[3]='n';s[4]='a';
```

使数组 s 的内容为：

'C'	'h'	'i'	'n'	'a'

用字符数组名和下标可引用字符数组中的字符。例如，下面的代码顺序输出字符数组 s 的 5 个字符：

```c
for(k=0;k<5;k++)  printf("%c",s[k]);
```

```
printf("\n");
```
以上代码输出：China

字符数组定义时应指定足够多的长度，以保证能存放可能最长的字符序列。但字符序列的实际有效字符数可能有多有少，如果使用时要以整个数组为单位进行处理，或每次处理要指定字符序列的实际字符数，这样做很不方便。为了能使存放于字符数组中的字符序列的实际字符数可多可少，并且字符数又可随时测定，两个长度不等长的字符序列能按字典顺序比较，程序语言将字符序列组织成字符串。

将字符序列组织成字符串有多种方法。例如，另外用一个整数指出字符串的字符个数。一个更简便的方法是在字符序列的最后加上一个特殊字符。C 语言就采用在字符序列最后加上一个ASCII 码为 0 的特殊字符的方法。这个特殊字符常用'\0'标记，并称该字符为字符串结束符。

字符串也有常量，字符串常量的书写形式为：

"字符序列"

字符串中的字符序列可由零个或多个字符组成。例如，字符串常量"I am a student."含有 15 个有效字符，而字符串常量""不含任何有效字符，其长度为 0，习惯称它为空字符串。系统在存放字符串常量时，自动在它的最后一个字符后面加上字符串结束符'\0'。在字符串常量的书写形式中，双引号只充当字符串的界限符，不是字符串的一部分。如果字符串要包含双引号字符，用转义字符\"标记。其他转义字符（如\n、\t）也可以作为单个字符出现在字符串常量中。例如：

"\tThis is a string.\n"

在程序中，字符串通常写在一行内。如果一个字符串常量很长，用普通的一行写不下时，可用字符串常量的串接规则，把字符串分成连续多行形式书写。字符串常量串接规则有两条：

① 在输入字符'\'之后按【Enter】键。例如：

"I am a st\ (回车换行符)
ring."

就是字符串常量"I am a string."。

② 连续两个紧接的字符串常量相当于一个字符串常量。例如：

"I am " "a string."

也是字符串常量"I am a string."。

字符数组可像普通数组一样初始化。例如：

```
char s[10]={'c',' ','p','r','o','g','r','a','m' };
```
有：
```
s[0]='c',s[1]=' ',s[2]='p',s[3]='r',s[4]='o',
s[5]='g',s[6]='r',s[7]='a',s[8]='m',s[9]='\0'.
```
字符数组也可用字符串常量初始化。例如：
```
char aStr[]={"I am happy!"};
```
可省略花括号，简单地写为：
```
char aStr[]="I am happy!";
```

注意：字符数组 aStr[]的元素个数为 12，不是 11。字符数组 aStr[]的内容为：

'I'	' '	'a'	'm'	' '	'h'	'a'	'p'	'p'	'y'	'!'	'\0'

用字符串常量给字符数组初始化，系统会在字符序列末尾添加一个字符串结束符。例如：
```
char strList[][30]={"I am happy!",
```

　　　　　　　　　　"I am learnning C language."};

字符数组 strList[0]和字符数组 strList[1]各有可存储 30 个字符的存储空间，以上代码使 strList[0] 存储 11 个有效字符的字符串，strList[1]有 26 个有效字符的字符串。

　　注意：*字符数组中存储的字符序列并不要求最后要有字符'\0'，而最后有字符串结束符的字符序列才是字符串。当字符数组内存储的字符序列需要作为字符串时，就必须有'\0'.*

　　字符串的输入/输出可以有两种方式：

　　① 用格式"%c"，结合循环结构逐个字符输出或输入。

　　② 用格式"%s"，将字符串整体地输出或输入。

　　设有以下代码，在字符数组 s[]中存有字符串：

　　`char s[]="C language";`

用格式"%c"，结合循环结构逐个字符输出：

　　`for(i=0;s[i];++i) printf("%c",s[i]);`

用格式"%s"，将字符串整体地输出：

　　`printf("%s",s);`

输出结果都为：

　　`C language`

　　若是没有字符串结束符的普通的字符序列，则不能用格式"%s"输出，只能结合循环结构，用格式"%c"输出。例如：

　　`char s1[]={'s','t','u','d','e','n','t'};`

则用以下代码输出字符数组 s1[ ]的内容是错误的。

　　`printf("%s",s1);`

系统将在输出 student 之后继续输出，直至遇到 8 位全 0 的代码（即'\0'）为止。实际上字符数组 s1[ ]只有 7 个元素。

　　设有如下定义的字符数组和字符变量：

　　`char str[120],ch;`

用格式"%c"，结合循环结构逐个字符输入字符串，直至按【Enter】键结束：

```
i=0;
do{
   scanf("%c",&ch);
   if(ch=='\n') break;
   str[i++]=ch;
}while(1);
str[i]='\0';              /*将字符数组中的内容变成字符串*/
```

用格式"%s"，将字符串整体地输入：

```
scanf("%s",s);            /*系统会自动接上字符串结束符*/
```

但是用格式"%s"输入字符串时，待输入的字符串中不能含有空白类字符。

　　为了正确使用字符串，需要注意以下几点：

　　① 字符串与存储字符串的字符数组有区别。字符串的有效字符是指从所指位置的第 1 个字符开始至字符串结束标志符之前的那些字符。格式符 "%s" 只输出字符串的有效字符，不会再继续输出字符串结束标志符及其后的字符。例如：

　　`char str[50]="Pas\0cal Cobol Fortran C";`

　　`printf("%s\n",str);`

将只输出：

```
Pas
```

而实际上，数组 str[]在字符串结束符之后还存有许多其他字符。

② 用"%s"格式输出字符串时，不包括字符串结束标志符。对应的输出项是字符串常量或字符串名。字符数组名可作为字符串名。对于上例，写成：

```
printf("%s",str[0]);
```

是错误的。因 str[0]是数组 str[]的元素，是一个字符，不是字符串名，字符串名是 str。

③ 在调用 scanf()为字符数组输入字符串时，输入项是数组名，不要加地址运算符&。

例如，写成：

```
scanf("%s",str);
```

是正确的，而写成：

```
scanf("%s",&str);
```

是不正确的。

用"%s"格式输入字符串时，略过前导的空白类字符，只能输入一串不含空白类字符的字符序列，遇空白类字符，或输入了格式指定的字符个数，就结束输入。如果要输入一串包括空格符在内的一行字符，要用字符串输入函数 gets()。

用"%s"格式为字符数组输入字符串时，在输入的字符序列的首尾不要额外输入字符串的界限符"。另外，在存储输入的字符序列时，系统会自动在最后存储字符串结束标志符，使输入的内容构成字符串。如果用一个 scanf()函数连续输入多个不含空白符的字符串，则输入字符序列之间以空白类字符分隔。例如，定义：

```
char s1[6],s2[6],s3[6];
```

对于输入代码：

```
scanf("%s%s%s",s1,s2,s3);
```

输入字符串：

```
Happy new year
```

则输入后，数组 s1、s2 和 s3 的内容分别为：

```
s1[0]='H',s1[1]='a',s1[2]='p',s1[3]='p',s1[4]='y',s1[5]='\0';
s2[0]='n',s2[1]='e',s2[2]='w',s2[3]='\0';
s3[0]='y',s3[1]='e',s3[2]='a',s3[3]='r',s3[4]='\0'
```

④ 若用"%c"格式结合循环输入字符序列，若程序又想将输入的字符序列构成字符串，则程序必须用赋值语句在字符序列之后存入字符串结束标志符，使其变成字符串。例如：

```
char s[20];int k;
for(k=0;k<5;k++) scanf("%c",&s[k]);
s[k]='\0';          /*使输入的 k 个字符构成字符串*/
```

当字符串由程序逐个字符生成时，程序也必须在它最后加上字符串结束标志符。例如：

```
char s[27];int k;
for(k=0;k<26;k++) s[k]='a'+k;
s[k]='\0';          /*变成字符串，才能用"%s"格式输出*/
printf("%s",s);     /*顺序输出 26 个小写英文字母*/
```

为便于程序处理字符串，系统已为字符串处理提供了许多库函数。以下对一些常用字符串处理库函数的使用方法做简要的说明。规定字符串函数调用形式中的字符串（用 str、str1 和 str2 标记），除特别声明外，均指字符串常量、字符数组名或字符串存储开始地址（指向某字符串首字符的字符指针）。

（1）求字符串长度函数 strlen()

函数调用 strlen(str)返回 str 中的有效字符（不包括'\0'）个数。

（2）字符串复制函数 strcpy()

函数调用 strcpy(str1,str2)将字符串 str2 复制到字符数组 str1[]。字符数组 str1[]要定义得足够大，以便能容纳被复制的 str2 的全部内容。str1[]不能是字符串常量。

（3）字符串复制函数 strncpy()

在某些应用中，需要将字符串的前面一部分复制，其余部分不复制。调用函数 strncpy() 可实现这个要求。

函数调用 strncpy(str1, str2, n)的作用是将 str2 中的前 n 个字符复制到 str1（并附加'\0'）。其中，n 是整型表达式，指明欲复制的字符个数。如果 str2 中的字符个数不多于 n，则函数调用 strncpy(str1, str2, n)等价于 strcpy(str1, str2)。str1 不能是字符串常量。

（4）字符串连接函数 strcat()

函数调用 strcat(str1,str2)将 str2[]内容复制到字符数组 str1[]中的字符串的后面。字符数组 str1[]必须足够大，以便还能容纳 str2[]的内容。str1[]不能是字符串常量。该函数调用返回 str1[] 的开始地址。注意，字符串连接前，str1[]和 str2[]都各自有'\0'。连接后，str1[]中原来的'\0'在复制时被覆盖掉，而在新的字符串有效字符之后再加上一个'\0'。例如：

```
char str1[30]="Beijing";
char str2[30]="Shanghai";
```

函数调用：

```
strcat(str1,str2);
printf("%s\n",str1);
```

将输出：

```
BeijingShanghai
```

（5）字符串比较函数 strcmp()

函数调用 strcmp(str1, str2)比较两个字符串的大小。比较时，对两个字符串自左至右逐个字符相比较（按字符的 ASCII 码值的大小），直至出现不同的字符或遇到'\0'字符为止。如果直至'\0'字符，全部字符都相同，则认为两个字符串相等，函数返回 0 值。

如果比较发现不相同的字符，则以第一个不相同的字符比较结果为准，如果 str1 的那个不相同字符小于 str2 的相应字符，函数返回一个负整数；反之，返回一个正整数。

注意：对字符串不允许使用相等 "=="和不相等 "!="运算，必须类似于 strcmp()函数那样，通过逐个字符的比较来实现，或调用 strcmp()函数实现比较。

（6）字符串大写英文字符转换成对应的小写英文字符函数 strlwr()

函数调用 strlwr(str)将存放于字符数组 str 的字符串内的大写英文字符转换成对应的小写英文字符。str 不能是字符串常量。

（7）字符串小写字母转换成大写字母函数 strupr()

函数调用 strupr(str)将存放于字符数组 str[]的字符串内的小写英文字符转换成对应的大写英文字符。str[]不能是字符串常量。

（8）字符串输出函数 puts()

函数调用 puts(str)将 str 的字符串输出到终端，并将 str 中的'\0'字符转换成换行符'\n'输出，即输出字符串内容后，换行。所以 puts(str)相当于 printf("%s\n",str)。

（9）字符串输入函数 gets()

函数调用 gets(str)从终端输入字符序列到字符数组 str[]，输入字符序列以回车符作为结束，函数将输入时的回车符转换成'\0'字符存储。该函数调用返回 str[]的存储开始地址。

【例 4.15】 以下程序说明上述库函数的应用。

```
#include<stdio.h>
#include<string.h>
char s1[100],s2[100],s3[100];
int main()
{ printf("输入字符序列 s1\n");
  scanf("%s",s1);
  while(getchar()!='\n');
  printf("s1=%s\n",s1);  strcpy(s2,s1);  strncpy(s3,s1,5);
  printf("从 s1 复制的 s2=%s\n",s2);
  printf("从 s1 只复制 5 个字符的 s3=%s\n",s3);
  strcat(s1,s3);  printf("接上 s3 后的 s1=%s\n",s1);
  printf("输入字符行到 s1\n");
  gets(s1);  printf("s1=%s\n",s1);
  strcpy(s2,s1);  strncpy(s3,s1,5);
  puts(s2);  puts(s3);  strcat(s1,s3);  puts(s1);
  return 0;
}
```

【例 4.16】 编写输入字符串 s1 和 s2，对 s1 做整理，将字符串 s1 中所有在字符串 s2 中出现的字符删除，并将删除字符后的 s1 重新构成字符串。例如，如果 s1="ABCDEFABCDEF"，s2="BDF"，则经程序处理后，s1="ACEACE"。

【解题思路】 对字符串 s1 的整理是一个有条件的字符串复制过程，顺序考察字符串 s1 中的字符，对 s1 中的每个字符到 s2 中做检查，如果这个字符在 s2 中也有，则这个字符不复制，即被删除；反之，则这个字符被复制，即保留。

控制字符串 s1 的复制循环需要两个游标变量 i 和 j，i 用做顺序考察 s1 字符的下标，j 是下一个要保留的字符的存储下标。每次考察了字符 s1[i]，不管是删除或复制，i 都要增 1，j 是在需要复制时才要增 1。对 s1 中的全部字符进行处理后，还要给 s1[j]填入字符串结束符，让处理后的 s1 重新构成字符串。检查字符 s1[i]是否在 s2 中出现，也是一个循环，发现相等时，就提早结束查找过程，循环结束后，根据结束时的位置判定找到或没有找到。程序代码如下：

```
#include<stdio.h>
#include<string.h>
void main()
{ char s1[120],s2[120];
  int i,j,k,n1,n2;
  printf("输入字符串 1\n");
  scanf("%s",s1);
  printf("输入字符串 2\n");
  scanf("%s",s2);
  n1=strlen(s1);
  n2=strlen(s2);
```

```
for(i=j=0;i<n1;i++)              /*顺序考察字符串 s1*/
{  for(k=0;k<n2;k++)             /*在 s2 中寻找 s1[i]*/
   {   if(s1[i]==s2[k])          /*找到,提早结束查找循环*/
          break;
   }
   if(k==n2)                     /*没有找到*/
   {  s1[j]=s1[i];j++;
   }
}
s1[j]='\0';                      /*将 s1 重新构成字符串*/
printf("s1=%s\n",s1);
}
```

【**例 4.17**】输入字符串,统计字符串中单词的个数。规定单词由英文字母字符组成,其他字符被看做单词的分隔符。

【**解题思路**】为了实现统计字符串中单词的个数,程序引入单词计数器。关键问题是在顺序考查字符串中字符的过程中从字符串中识别出一个个单词。仅从识别出字符串中的单词个数考虑,识别过程只须设置两种状态:识别程序正在处理一段连续的英文字母字符和正在处理一段连续的其他字符。不妨记前者为"在单词中",记后者为"不在单词中"。识别程序对当前考查的字符也可分成两类:英文字母字符和非英文字母字符。两个状态和两类字符的组合有 4 种情况,对于每种情况,程序要处理的工作如下:

① 如果当前状态正在单词中,当前字符又是英文字母,则继续保持原状态。对于程序来说,没有额外要做的工作。

② 如果当前状态正在单词中,当前字符不是英文字母,则程序状态变成不在单词中。

③ 如果当前状态不在单词中,当前字符又是英文字母,则程序状态变成在单词中。为了统计单词个数,这时单词计数器应增 1。

④ 如果当前状态不在单词中,当前字符又不是英文字母,则继续保持原状态。对于程序来说,没有额外要做的工作。

根据以上分析,情况①和④,程序不要做任何处理工作;对于情况②,程序只要设置不在单词中的状态即可。对于情况③,程序须要递增单词计数器和设置在单词中的状态。综上所述,得到以下统计单词个数的算法:

```
{  设置单词计数器为 0,当前状态为不在单词中等初值;
   输入一行字符(如用 gets()函数);
   顺序扫视输入的字符串(如用 for 语句)
   {  设置当前字符是否是字母的标志;
      if(当前状态在单词中)
      {  if(当前字符不是字母)
            设置当前状态为不在单词中;
       /*若当前字符还是字母,应略过当前字符,所以程序不做任何处理*/
      }
      else /*当前状态为不在单词中,而当前字符又不是字母,
            应略过当前字符;如果当前字符是字母,则一个新的单词开始*/
         if(当前字符是字母)     /*一个新的单词开始*/
         {  设置当前状态为在单词中;
            单词计数器增 1;
         }
   }
}
```

按上述算法写程序，程序代码如下：

```c
#include<stdio.h>
int main()
{  char c,line[120];
   int  i,words,          /*单词计数器*/
   inword,                /*当前状态在单词中的状态变量*/
   letter;                /*当前字符是字母的标志变量*/
   words=0;
   inword=0;              /*预置当前状态不在单词中*/
   printf("Input a line.\n");
   gets(line);
   for(i = 0;line[i];i++)
   {  c=line[i];
      letter=((c>='a'&&c<='z')||(c>='A'&&c<='Z'));
      if(inword)
      {  if(!letter)  inword=0;
      }
      else if(letter)
      {  inword=1;words++;
      }
   }
   printf("There are %d words in the line.\n\n\n",words);
   return 0;
}
```

【例 4.18】有若干不同颜色彩珠串成的环。将环在某两个彩珠之间剪开，把环上的彩珠排成一条直线。接着首先从左端，自左向右取走所有同一类颜色的彩珠；然后从右端，自右向左取走所有同一类颜色的彩珠。要求编写程序找出能取走最多彩珠的剪切点。同一类颜色是指同为某种颜色和白色的彩珠。左右两次取彩珠的过程是独立的，左边取的彩珠与右边取的彩珠可以不是同一类颜色。输入时，不同颜色的彩珠用不同字符标记，其中白色彩珠用字符 W 标记。

【解题思路】用字符串表示彩珠环，字符串中的 1 个字符对应 1 个彩珠，程序的工作是输入字符串，预设能取走的最多彩珠数 maxC 初值。接着是控制所有可能剪切点 i 的循环。循环结束后，输出找到的剪切点 cutPos 和取走的最多彩珠数 maxC。

控制剪切点 i 的循环内要做的工作是：做两次取彩珠操作，获得 i 位置剪切点的取彩珠数 c，然后让 c 与 maxC 比较，当 c 大于 maxC 时，用 c 更新 maxC，并把剪切点位置记录在 cutPos。

控制两次取彩珠操作可用只做两次的循环结构来实现，本题最主要的工作是如何实现控制取彩珠的操作。取彩珠操作也是一个循环结构，记当前正要考察的彩珠位置为 j，则 j 的初值、变化方向、终值与剪切点位置，环被剪开后拉直的左端或右端有关。经仔细分析后，不难发现有表 4-1 所示的关系。

表 4-1　剪切位置与取彩珠方式对照表

剪　切　点	左端取彩珠	右端取彩珠
i=0	开始位置 i，增 1 变化，绝端终值为 n-1	开始位置 n-1，减 1 变化，绝端终值：左端取彩珠结束处
0<i<n-1	开始位置 i，减 1 变化，绝端终值为 i+1	开始位置 i+1，增 1 变化，绝端终值：左端取彩珠结束处
i=n-1	开始位置 i，增 1 变化，绝端终值为 n-2	开始位置 n-2，减 1 变化，绝端终值：左端取彩珠结束处

另外还需要注意以下 3 种情况：

① 为能体现在环上顺序取彩珠，当取彩珠位置小于 0 时，要回到 n-1，当取彩珠位置等于 n 时，要变成 0。

② 左端取彩珠直至绝端终值，则不能再有右端取彩珠处理，因为全部彩珠已经被取下。如果

没有注意这种情况，程序会计算出能取下两倍的彩珠数。为此，程序引入变量 finish，当发现这种情况时，置 finish 为 1，并退出循环。

③ 如何确定一次取彩珠的同一类颜色 color。由于第一个识别的彩珠可能是 W 标识的，为此一次取彩珠之前预置 color 一个特别字符，意指当次取彩珠操作的彩珠颜色没有确定，第一次遇到不是用 W 标识的彩珠时，才为 color 置值。相应程序如下：

```c
#include<stdio.h>
#include<string.h>
void main()
{ char s[120];
  int i,j,finish,n,c,cutPos,maxC,k,step,last;
  char color;
  printf("输入彩珠排列\n");
  scanf("%s",s);
  n=strlen(s);
  maxC=0;
  for(i=0;i<n;i++)                          /*从 i 处剪开*/
  { finish=0;
    c=0;/*取彩珠个数计数器，初态为 0*/
    for(k=0;k<2;k++)                        /*共进行两次取珠操作*/
    { if(k==0)                              /*左端取彩珠*/
      { j=i;                                /*自 i 位置开始取彩珠*/
        if(i==0)
        { step=1;                           /*下标自左向右递增变化*/
          last=n-1;                         /*这次取彩珠不能超越位置*/
        }
        else if(i==n-1)
        { step=1;last=n-2;}
        else
        { step=-1;                          /*下标自右向左递减变化*/
          last=i+1;                         /*这次取彩珠不能超越位置*/
        }
      }
      else//右端取彩珠
      { if(i==0)
        { j=n-1;                            /*第 2 次取彩珠从 n-1 位置开始*/
          step=-1;                          /*下标自右向左递减变化*/
        }
        else if(i==n-1)
        { j=n-2; step=-1;}
        else
        { j=i+1;                            /*第 2 次取彩珠从 i+1 位置开始*/
          step=1;                           /*下标自左向右递减变化*/
        }
      }
      color=' ';
      while(1)                              /*完成一轮取彩珠的工作*/
      { if(s[j]!='W'&&color!=' '&&s[j]!=color)break;
        if(s[j]!='W'&&color==' ')
            color=s[j];                     /*首次遇到有色彩珠*/
        c++;
        if(j==last)
        { finish=1; break;                  /*这次取彩珠已经到达不能超越的位置*/
        }
        j+=step;
        if(j<0) j=n-1;                       /*让下标按环的要求顺序变化*/
```

```
            else if(j==n) j=0;
        }
        if(finish) break;
        last=j;                            /*下一次考察不能超过这个位置*/
    }
    printf("剪切位置=%3d   取下的彩珠数=%3d\n",i,c);
    if(c>maxC)
    {maxC=c;cutPos=i;}
  }
  printf("剪切位置=%3d   最多取下彩珠数=%3d\n",cutPos,maxC);
}
```

小　　结

数组能通过元素的下标随机引用数组元素，非常便于程序处理成组数据。字符串处理技术是编写文字处理程序必须要掌握的技术。

本章学习和应该掌握的内容如下：

① 数组的基本概念、数组的存储结构。

② 一维数组、二维数组的定义方法，数组初始化方法。数组下标是一个整数或整数表达式，下标从 0 开始编号，小于数组的元素个数。C 语言不检查数组元素的下标是否越界，要有程序员编程时自己注意。

③ C 语言中，字符串的存储方法，字符串的初始化方法，字符串和字符数组的区别，常用的字符串标准函数的使用方法。

④ 能编写基于数组的简单程序。

⑤ 能编写简单的字符串处理程序。

⑥ 经上机实践训练，能编写求解本章习题的程序。

习　　题

1. 用 C 代码描述以下计算要求：

（1）输出一维数组中下标是 4 的倍数的元素。

（2）自左至右在一维数组中找第一个值为 key 的元素的下标。

（3）将一维数组中的元素按与原先存储顺序相反的顺序重新存储。

2. 输入一行字符，分别统计其中各英文字母出现的次数（不区分大小写）。

3. 输入 C 程序源程序正文，找出可能存在的圆括号和花括号不匹配的错误。

4. 编写将已知数组内容复制到另一个新数组，使复制产生的新数组包含已知数组全部出现过的值，而又不重复。

5. 设有序数组有 n 个元素，数组中连续相等的元素段称为数组的平台。试找出数组最长平台的元素个数。规定若数组的元素互不相等，则它的最长平台长为 1。

6. 输入两个多项式的各项系数和指数，编写程序求出它们的和，并要求与手写习惯相同的格式输出。规定：一个多项式的输入以输入指数为负数结束。多项式的每一项 ax^b 用 ax^b 格式输出。

7. 采用筛选法求质数。算法思想简述如下：

（1）将数组中下标为 0 和 1 的元素设置为 0，下标为 2～N 的元素都设置为 1。

（2）从下标为 2 的元素开始考查，当发现当前位置的数组元素值为 1 时，将下标是当前下标 2 倍、3 倍、……的那些元素全部置 0。

（3）重复步骤（2），直至考查了数组的全部元素，那些值依旧为 1 的元素的下标都是质数。

8. 求前 n 个质数。要求确定数 m 是否是质数，用 m 被已求得的质数的整除性来确定。

9. 编写输入年份，输出该年年历的程序。

提示：已知日期，按以下公式计算该日期的 N 值：

N=1461*f(年、月)/4+153*g(月)/5+日；

其中函数 f() 和 g() 的计算公式为：

f(年,月)=年-1，如月<3；否则，f(年,月)=年。

g(月)=月+13，如月<3；否则，g(月)=月+1。

然后计算：

d=(N-621049)%7

d 值为 0～6 中的某个整数，代表一周中星期日～星期六的某一天。

10. 设数组的每个元素只存储 0～9 的数，把该数组的前 n 个整数的排列看做是一个 n 位的长整数的一种表示。现要求编写程序，对数组中的元素做调整，产生一个新的排列，使新排列表示的长整数比调整前的长整数大（如果可能），但又是所有更大的表示中最小的。例如，a[]={3,2,6,5,4,1}，则更大又是最小的排列为{3,4,1,2,5,6}。

11. 对于 n=2，3，4，…，50，输出 1/n 的十进制表示的字符串。要求每当十进制小数的第一个循环周期输出后，就结束该数的输出。以下是程序部分输出结果的样板：

```
1/2=0.50
1/3=0.3
1/4=0.250
1/5=0.20
1/6=0.16
1/7=0.142857
```

12. 编写将数组的前 n 个元素中，前端的 m 个元素和随后的 n-m 个元素互换的程序。要求程序不另用其他工作数组，如 a[]={1,2,3,4,5,6,7,8,9,0}，设 n=10，m=3。交换后有：

```
a[]={4,5,6,7,8,9,0,1,2,3}
```

13. 不用工作数组，分别编写实现将已知方阵旋转 90° 的函数。提示：旋转可从外到内分层，逐层完成旋转。

14. 分别生成如下示例所示，由自然数 1～N² 组成的 N 阶方阵，并输出。

1	3	4	10		1	2	3	4
2	5	9	11		12	13	14	5
6	8	12	15		11	16	15	6
7	13	14	16		10	9	8	7

（1）　　　　　　　　　（2）

15. 字符序列与字符串有何区别？表示字符串有哪些实用的方法？

16. 整理字符串，将字符串的前导空白符和后随空白符删除，并将字符串中非空白字符串之间的连续的多个空白符只保留一个，而去掉多余的空白符。

第 5 章 函 数

在开发中小型规模的应用程序时，开发者首先确定应用程序的主要功能。然后，从主要功能出发，将其中的复杂功能逐层分解成相对简单的子功能。最后，将完成单一功能的程序段用过程或函数实现。

通常，用高级语言编程时，过程是完成指定功能，不返回值的子程序；函数是完成指定的计算，有返回值的子程序。在 C 语言中，过程和函数都被编写成函数。

设计函数和编写函数的能力主要表现在能将目标系统按功能进行分解，为完成功能设计算法，按算法编写函数。为了提高函数的独立性和可使用性，为函数设置正确合理的形参也是一件非常重要的工作。

学习目标

- 了解函数的基本概念；
- 熟悉库函数的使用方法；
- 基本掌握设计函数和编写函数的方法；
- 掌握函数调用方法，实参向形参单向传值规则；
- 了解递归函数的基本特点，能编写简单的递归函数；
- 了解存储类别的概念，掌握变量作用域规则；
- 了解宏定义、文件包含、条件编译等预处理命令的基本知识。

5.1 函数的基本概念

用结构化方法设计程序时，为了控制程序的复杂性，把完成独立功能的程序段编写成函数。当程序需要使用函数时，就可简单地调用函数来完成。

【例 5.1】已知圆柱体的半径和高，求圆柱体的体积。

```c
#include<stdio.h>
int main()
{ double  PI=3.1415926,radius,height,vol;
  printf("输入圆柱体的半径和高\n");
  scanf("%lf%lf",&radius,&height);
  vol=PI*radius*radius*height;
  printf("圆柱体的体积是%f\n",vol);
  return 0;
}
```

【程序说明】该程序输入圆柱体的半径和高度，输出圆柱体的体积。为了使程序的语义更清楚，可将计算圆柱体体积的这部分代码抽象出来，给它起一个名字，并以某种特定的形式定义在程序的某个地方，能让程序的其他地方需要时使用。例如：

```
double volume(double radius,double height)
{ double  PI=3.1415926,vol;
  vol=PI*radius*radius*height;
  return vol;
}
```

以上代码实现了已知圆柱体的半径和高，求其体积的计算，这段独立的代码称为函数，习惯将这个结构称为函数的定义性声明。volume 是这个函数的名字，最前面的 double 是函数返回值的类型。函数名后面括号中列出的 radius 和 height 是函数的形参，并指出这两个形参是 double 类型的。后面一对花括号中列出的是实现函数功能的语句序列。上述代码的作用是：如果程序的其他地方已知圆柱体的半径 x 和高度 y，需要计算圆柱体的体积 v，可用以下函数调用代码实现计算圆柱体的体积：

```
v=volume(x,y);
```

每当一个函数被调用时，这个函数结构中的语句序列就被执行。对于使用函数调用 volume(x, y)计算圆柱体的体积的程序来说，这是在使用一个高级的抽象 volume()，不再需要为如何计算圆柱体的体积编写详细的实现代码。

一个函数调用包含一个控制转移和返回。当计算机执行一个函数调用时，控制转移到执行该函数定义的语句序列。当执行完函数体中的语句，或执行了 return 语句，控制又要返回到调用处。例如，对上述的函数调用，先是将控制转到函数 volume()的定义处，执行函数定义中的代码，直至该函数执行结束，对于本例，是在执行了语句

```
return vol;
```

后，控制又返回到函数调用点。函数返回时，会带回函数的返回值。函数的返回值，就是函数执行 return 语句时，其后表达式的值。函数调用返回后，程序继续执行函数调用表达式的其他操作。对于上例是赋值操作，将函数的返回值保存于某变量 v 中。

上述例子可以看出函数的作用。函数调用者只需考虑函数如何调用，以及函数调用的结果，不必考虑函数计算这个结果的步骤。也就是说，函数调用者关心的是这个函数能做什么，而函数的实现者才关心函数内部的计算过程。对函数使用者来说，可以把函数看做是一个"黑盒"，只须知道要传送给函数加工的数据和函数执行后能得到的结果，而函数如何执行是可以不知道的。

函数的上述能力为程序的层次构造提供了有力支持，使程序设计者能在已有函数的基础上，设计功能更强大的函数和程序，而不必一切都从头开始。

函数的更强能力表现在函数可带形参，函数执行时，操作对象、求值的方法等可随不同调用的需要而改变。所以，函数可被抽象为一个计算模式或操作模式。例如，输入/输出库函数、数值计算库函数等都有形参。函数形参是函数对操作数据的抽象，这个抽象过程被称为参数化。如上述的 volume()函数带两个形参 radius 和 height，它们表示函数内所使用的两个数据对象。当调用这个函数时，这两个数据对象的值是这次调用所要操作的值。例如，volume(x, y)表示这次调用的操作值是 x 和 y。在函数调用表达式 volume(x, y)中，x 和 y 被称为实参。实参在函数调用时用于初始化形参。例如，函数调用 volume(x, y)中的 x 和 y 分别初始化形参 radius 和 height。

通常，一个函数在执行完之后都要返回一个值。如果函数的主要目的是完成一个特定的操作或更新指定的对象，没有返回值，这时可将函数的返回值类型指定为 void 类型。这种类型的函数不返回值。这样的函数就是通常所说的过程。例如，以下程序中的函数 display()只是显示两个变量的值。

```
#include<stdio.h>
void display(int f,int s)
{  printf("第一个整型变量的值是%d\n",f);
   printf("第二个整型变量的值是%d\n",s);
}
int main()
{  display(2,7);display(5,8);return 0;}
```

函数除能将一个程序段作为一个整体定义外，函数内还可以定义局部变量，使函数在逻辑上作为程序的一个相对独立单位，不受主函数或其他函数对程序对象命名的影响。

C 程序以 main()函数作为程序的主函数。程序运行时，从 main()函数开始执行。在 C 语言中，函数不能嵌套定义，一个函数并不从属于另一个函数，但函数可以相互调用。

一个 C 程序可由多个源程序文件组成，每个源程序文件由一系列数据类型定义、变量定义和说明、函数定义和说明等 C 代码组成。C 程序的一个源程序文件对应通常所说的程序"模块"。一个源程序文件也是可独立编译的单位，C 程序可以按函数分别编写，按源程序文件分别编译。

5.2 库函数的使用方法

从用户使用的角度看，函数分为两类：一类是语言的运行环境提供的标准函数，习惯称它们为库函数。例如，输入/输出库函数、数值计算库函数、字符处理库函数、图形处理库函数等。另一类是用户自己定义的函数，就是将程序中某个具有相对独立功能的程序段定义为函数。

所有标准函数按功能分类，每类库函数都定义了自己专用的常量、符号、数据类型、函数说明等，这些信息都在它们专用的头文件（xxx.h）中被定义。用户如果要使用相应库函数，只须在程序中使用预处理命令包含某个头文件，就可以使用头文件中定义的函数。例如，使用字符分类和转换处理库函数的程序要在程序开始位置写上以下的预处理命令：

```
#include<ctype.h>
```

以下是几个常用的头文件：

① stdio.h：输入/输出库函数。

② math.h、stdlib.h、float.h：数学库函数。

③ time.h：时间库函数。

④ ctype.h：字符分类和转换库函数。

⑤ string.h：内存缓冲区和字符串处理库函数。

⑥ malloc.h、stdlib.h：内存动态分配库函数。

⑦ signal.h、process.h：进程控制库函数。

每个头文件都说明相应库函数，附录 E 列出了部分头文件中定义的一些常用库函数。

【例 5.2】产生 10 个 0～100 之间的随机数。

```
#include<stdio.h>            /*输入输出库函数的头文件*/
#include<time.h>             /*时间库函数的头文件*/
#include<stdlib.h>           /*数学或内存分配库函数的头文件*/
int main()
{  int k;long now;
   srand(time(&now));        /*用时间初始化随机数发生函数的初态，使初态总不相同*/
   for(k=0;k<10;k++)
```

```
        printf("%d\n",rand()%100); /*产生10个100以内的随机数*/
    return 0;
}
```

【**程序说明**】上述程序除调用 printf()库函数外，还调用了另外 3 个库函数：rand()函数产生一个 0 ~ 32 767 之间的随机数；time()函数将从 1970 年 1 月 1 日 00:00:00 到当前时间所经过的秒数存储到实参指向的变量；srand()函数用于重新设置 rand()函数所使用的种子。随机函数 rand()生成随机数，该函数初始使用时，需要一个随机数种子，其值由函数 srand()设置。随机数的种子不同，rand()函数产生的随机数序列也不相同。为了让程序每次运行产生的随机数不同，需要设置不同的随机数种子，用依赖于时间的值设置随机数种子，是最简单有效的方法。

5.3　函　数　定　义

将完成一定功能的算法编写成函数，称为函数定义。在函数定义中，需要指明的内容有函数的返回值类型、函数名、函数的形参和函数体。在函数体内可以定义函数专用的变量以及实现函数功能的语句序列。函数定义的一般形式为：

类型符　标识符(形式参数说明表) ◄── 函数头
{ 说明和定义部分
　语句序列 ｝ 函数体
}

其中，标识符用做函数的名称。函数定义由函数头和用花括号括住的函数体两部分组成。

1. 函数头

在函数头中，类型符指定函数返回值的类型。例如，函数返回一个长整型值，它的类型符是 long；当函数返回值是整型时，类型符是 int，也可以省略（类型符默认时为 int）。如果函数只是完成某种固定的工作，没有返回值，则函数的类型符为 void。

函数名为用户定义的标识符，一个 C 程序除有一个且只有一个 main()主函数外，其他函数可随意命名，但良好的程序风格建议给函数命名一个能反映函数功能，有助于记忆的标识符。

形式参数说明表逐一说明函数各形式参数（简称形参）的类型和形参名。函数的形参是按需要设置的，形参可以没有、可以只有一个、可以有多个。没有形参时圆括号内或空、或在圆括号内写上 void，但圆括号不能省略。当有多个形参时，形参与形参之间用逗号分隔。函数形参也是函数的一种局部变量，形参说明表的一般形式如下：

类型符 形参 1,类型符 形参 2,…,类型符 形参 n

2. 函数体

函数体包含在函数头后一对花括号内，由说明语句（说明和定义部分）和执行语句组成。说明语句用于说明特定的数据类型和定义函数专用的变量，在函数体内定义的变量称为函数的局部变量，只能在函数体内使用。因此，不同函数中的局部变量可以同名，互不干扰。语句序列组成函数的执行代码，在 C 语言中允许函数体内没有任何语句。

3. 函数返回值

函数可以有返回值，也可以没有返回值。有返回值的函数在函数的出口处必须是带表达式的

return 语句，表达式的值就是函数的返回值。函数的类型限制 return 语句中表达式的类型要与其适应。也就是说，如果函数头上的类型符是 int，则 return 语句中表达式的类型也应该是 int。对于函数类型是基本类型情况，如果能按隐式转换规则将表达式类型转换成返回值类型，则自动按类型隐式转换规则转换；如果不能按自动转换规则将表达式类型转换成返回值类型，则是一种错误。

带表达式 return 语句的作用是，将计算出来的值作为函数调用表达式的值，返回到函数调用处继续运行。如果函数不返回值，函数头的类型符为 void，则函数体中可以没有 return 语句，或是不带表达式的 return 语句。

程序执行不带 return 语句，就是只将程序控制转移到函数调用处继续运行。

以下是函数定义的例子。

【例 5.3】 求两个数中最小值的函数 min()。

```
double min(double x,double y)      /*返回 double 型值，有两个形参*/
{ return x<y?x:y;}                  /*返回 x 和 y 二者中最小数的值*/
```

【程序说明】 上述函数头表明，函数名是 min，它返回 double 型值，有两个 double 类型的形参，两个形参的名分别为 x 和 y。

【例 5.4】 求两个正整数最大公约数的函数 gcd()。

【解题思路】 两个正整数 a 和 b 的最大公约数有如下性质：

$$gcd(a, b)= \begin{cases} gcd(a-b, b) & , a > b \\ gcd(a, b-a) & , a < b \\ a & , a = b \end{cases}$$

按以上性质求两个正整数最大公约数的函数可描述如下：

```
int gcd(int a,int b)
{ while(a!=b)                       /*直至 a 和 b 相等结束*/
    if(a>b) a-=b;
    else b-=a;
  return a;
}
```

如果采用辗转相除法求两个正整数 a、b 的最大公约数，有以下算法：

① [求余数]求 a 除以 b 的余数 r。
② [判结束]如 r 等于 0，b 为最大公约数，算法结束；否则执行步骤③。
③ [替换]用 b→a，r→b，并回到步骤①。

按上述算法，求两个正整数最大公约数的函数又可编写成：

```
int gcd(int a,int b)
{ int r;
  while(r=a%b)                      /*求余数，并判断是否结束*/
  { a=b;b=r; }                      /*替换*/
  return b;
}
```

【例 5.5】 一个输出换行符的函数 printnl。

```
void printnl(void)
{ printf("\n");}
```

【程序说明】 函数 printnl() 不返回结果，也没有形参。

【例 5.6】一个空函数。

```
void dummy()      /*或 void dummy(void)*/
{
}
```

【程序说明】调用空函数时，什么工作也没有做，控制立即返回到调用处。程序中定义空函数可能是：表明此处要定义某个函数，因实现该函数功能的算法还未确定，或暂时来不及编写，或有待于进一步完善和扩充其功能等原因，暂时还未给出该函数的完整定义等。

5.4 函 数 调 用

函数定义后，凡要完成函数功能的地方，可用函数调用实现。

1．函数调用的一般形式

函数调用的一般形式为：

标识符(实在参数表)

其中的标识符是函数的名称，实在参数表中的实在参数简称"实参"。函数调用时，实参与函数定义中的形参一一对应，实参应与对应的形参类型一致。实参可以是常量、变量、表达式等。函数调用时，实参向对应位置上的形参传递数据，即第 1 个实参的值赋值给第 1 个形参，第 2 个实参的值赋值给第 2 个形参，依此类推。如果调用无形参的函数，当然不必提供实参，这时函数的调用形式为：

标识符()

同样，这里的标识符是函数名。

2．函数调用的用法

按函数调用在程序中的作用，函数调用主要有以下两种方式：

（1）函数调用作为独立的语句

如果函数调用只是利用函数所完成的功能，可以将函数调用作为一个独立的语句，就是在函数调用之后加上一个分号。这种应用不要求函数有返回值，或无视函数的返回值。例如，程序中经常使用的调用格式输入函数 scanf()和格式输出函数 printf()等。

（2）函数调用出现在表达式中

函数调用是利用函数的返回值，或对函数的返回值做进一步计算，或直接输出函数的返回值等。例如：

```
minValue=min(a,min(c,d));        /*对函数返回值做进一步计算*/
printf("%f\n",min(u-v,a+b));     /*直接输出函数的返回值*/
```

3．函数调用的执行过程

一般来说，函数调用的执行过程大致包含以下 6 个步骤：

① 为函数的形参分配内存空间。

② 计算实参表达式的值，并将实参表达式的值赋值给对应的形参。

③ 为函数的局部变量分配内存空间。

④ 执行函数体内的语句序列。

⑤ 函数体执行完，或执行了函数体内的 return 语句（如果 return 语句带表达式，则计算出该表达式的值，并以此值作为函数返回值）后，释放为这次函数调用分配的全部内存空间。

⑥ 将函数返回值（如果有）作为函数调用的结果，从函数调用处继续执行。

下面通过一个简单的例子说明函数调用的执行过程。

【例 5.7】求两个自然数的最大公约数。

```
#include <stdio.h>
/*这里是求最大公约数函数 gcd(),函数代码见例 5.4*/
int main()                          /*主函数*/
{ int x,y,d;
  printf("Enter x,y:");
  scanf("%d%d",&x,&y);
  d=gcd(x,y);                       /*调用 gcd()函数*/
  printf("GCD(%d,%d)=%d\n",x,y,d);
  return 0;
}
```

【程序说明】在以上示意程序中，函数 gcd() 返回 int 型值，有两个 int 型的形参 a 和 b。该程序的大致执行过程如下：

首先执行主函数的第一条语句，调用格式输出函数输出提示信息。接着调用格式输入函数，等待用户输入数据。用户看到程序输出的提示信息，输入相应的数据，格式输入函数接受输入数据，经翻译后，以数据的内部表示形式存入变量 x 和 y。继续执行后面的赋值语句，求右端表达式的值。该表达式以 x 和 y 的值为实参，调用函数 gcd()。

对函数 gcd() 的调用发生时，系统先保留好控制返回点。在执行被调用函数 gcd() 之前，先为函数的形参 a 和 b 分配存储单元，并将对应实参（x 和 y）的值赋值给形参（a 和 b）。接着为函数内部的局部变量 r 分配存储单元，之后开始执行函数体。执行完函数体的语句或遇到 return 语句时，函数准备返回。在返回之前先将形参和局部变量所占用的存储单元全部释放。函数返回时，将函数返回值带回到调用函数 gcd() 处，从原来保留的控制返回点继续执行。

综上所述，函数调用时，系统要做许多辅助工作，函数调用时发生的数据传递最主要的是实参向形参传递数据和函数返回值带回到调用处。为正确编写函数，实现函数调用所希望的要求，须正确了解以下几项内容：

① 当函数执行 return 语句或执行完函数体的语句后，函数的这次调用结束，随之将控制返回到函数调用处继续执行。

② 函数的返回值是通过执行 return 语句，计算 return 之后的表达式值而获得的。如果函数不提供返回值，则 return 语句不应包含表达式。

③ 如果函数有返回值，则函数应有确定的类型，并在函数定义时指明。return 语句的表达式类型应与函数定义中指明的返回值类型相一致。例如，函数 gcd() 的类型是 int 型，返回值也为 int 型。

④ 如果函数不提供返回值，应在函数定义时在函数名之前写上 void。在函数体内，所有的 return 语句都不应该带表达式。

4. 实参向形参传递数据

函数形参能使函数计算或操作的对象等可随不同调用的需要而改变。调用带形参的函数时，实参要向形参传递数据。参见例 5.7，在主函数调用函数 gcd()时，主函数将实参 x、y 的值分别传递给函数 gcd()的形参 a、b。函数也会通过 return 语句的执行将其结果带回到调用处。

C 语言规定，实参对形参的数据传递是"值传递"，即单向传递。如果实参也是变量，则实参与形参是不同的变量，只有实参变量的值传给形参，而不能由形参直接传回给实参（通过指针间接引用除外）。实际上，实参与形参在内存中占用不同的存储单元。在函数执行过程中，形参变量的值可以改变，但这种改变对原先与它对应的实参变量没有影响。

【例 5.8】 值传递的示意程序。

```
#include<stdio.h>
void func(int x,int y)
{  x+=10;
   y+=10;
   printf("在 func 函数中,经处理后,形参 x=%d,形参 y=%d\n",x,y);
}
int main()
{  int x=5,y=8;
   printf("在主函数中 x 与 y 的初值是: x=%d,y=%d\n",x,y);
   func(x,y);
   printf("调用 func 函数后,在主函数中: x=%d,y=%d\n",x,y);
   return 0;
}
```

程序运行结果如下：

```
在主函数中 x 与 y 的初值是: x=5,y=8
在 func 函数中,经处理后, 形参 x=15,形参 y=18
调用 func 函数后,在主函数中: x=5,y=8
```

【程序说明】 从上面的例子可以看到，尽管实参变量和形参变量名称是相同的，但在内存中所占用的存储空间是不同的。调用 func()时，函数的形参接收了实参的值，并对形参的值进行了修改，但不会传回给实参变量。

注意：对于有多个实参的函数调用情况，C 语言不规定实参的求值次序。如果实参表达式的求值含有副作用，则实参求值顺序不同可能会产生不同的结果。系统一般都是按自右至左的顺序求值。以下是检测系统实参求值顺序的示意程序。

【例 5.9】 检测系统实参求值顺序的示意程序。

```
#include<stdio.h>
int cmp(int x,int y)
{  if(x>y)  return 1;
   if(x==y) return 0;
   return -1;
}
int main()
{  int k=2;
   printf("%d\n",cmp(k,++k));
   return 0;
}
```

【程序说明】 如果系统按自左至右顺序求实参的值，则函数调用：

```
cmp(k,++k)
```

相当于：

```
cmp(2,3)
```

这样的调用将返回-1。反之，如果系统按自右至左顺序求实参的值，则函数调用：

```
cmp(k,++k)
```

相当于：

```
cmp(3,3)
```

这样的调用将返回 0。为了避免这种情况在程序中发生，建议读者不要在实参中书写有副作用的表达式。

函数设置形参的目的是让函数被调用时，能从调用处获得数据信息。定义函数时如何正确为函数设置形参以及调用函数时如何正确提供实参，这与形参的种类有关。形参种类有简单类型、指针类型、数组类型和结构类型之分。简单类型主要包括字符型、整型和实型等。对于简单类型形参，对应的实参是同类型常量、变量或表达式。指针类型和数组类型形参的使用方法参见第 6 章、结构类型参见第 7 章。

5. 函数嵌套调用

在 C 语言中，所有函数都是独立的又是平等的。所谓"独立的"是指一个函数定义内不能包含另一个函数定义，即不能嵌套定义。所谓"平等的"是指除程序从主函数开始执行外，所有函数都处于同一层，函数相互之间可以任意调用。

例如，在一个较为复杂的程序中，可以从主函数出发调用函数 A( )，函数 A( )又调用函数 B( )，函数 B( )又调用函数 C( )等。这样从主函数出发，形成了一个长长的调用链，这就是通常所说的函数嵌套调用。函数嵌套调用时有一个重要的特征，先被调用的函数后返回，后被调用的函数先返回。例如，上面所举例子，待函数 C( )完成计算返回后，B( )函数继续计算（可能还要调用其他函数），待函数 B( )计算完成后返回到函数 A( )，函数 A( )计算完成后才返回到主函数。图 5-1 为函数嵌套调用的示意图。

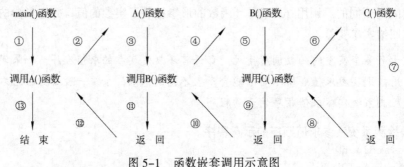

图 5-1 函数嵌套调用示意图

【例 5.10】函数嵌套调用的示意程序。

```
#include<stdio.h>
#include<math.h>
int istri(double a,double b,double c)          /*判断是否可构成三角形函数*/
{ if(a+b<=c||a+c<=b||b+c<=a)return 0;          /*不能构成三角形*/
  if(a<=0||b<=0||c<=0)return 0;                 /*不能构成三角形*/
  return 1;                                      /*能构成三角形*/
}
double triangle(double a,double b,double c)    /*求三角形面积函数*/
{ double s,area;
  /*调用 istri()函数，查看是否能构成三角形*/
```

```
    if(istri(a, b, c)==0)return 0;              /*返回值为 0 不能构成三角形*/
    s=(a+b+c)/2;
    area=sqrt(s*(s-a)*(s-b)*(s-c));
    return area;                                /*返回已计算的三角形面积*/
}
int main()                                      /*主函数*/
{ double a,b,c,area;
    do
    { printf("请输入三角形三条边 a,b,c: ");
        scanf("%lf%lf%lf",&a,&b,&c);
        area=triangle(a,b,c);                   /*调用 triangle()函数*/
        if(area==0)printf("输入数据错，不能构成三角形! \n");
    }while(area==0);                            /*不能构成三角形，重新输入数据*/
    printf("三角形的面积为: %f\n",area);
    return 0;
}
```

程序运行结果如下：

请输入三角形三条边 a,b,c: 1 2 3
输入数据错，不能构成三角形!
请输入三角形三条边 a,b,c: 3 4 5
三角形的面积为: 6.000000

【程序说明】上述程序的执行过程大致如下：

① 从主函数开始执行：输入三角形的三条边长，然后调用 triangle()函数计算三角形面积。

② 进入 triangle()函数后：先调用 istri()函数，查看是否能构成三角形。

③ 进入 istri()函数后：当不能构成三角形时，返回值为 0；能构成三角形时，返回值为 1；将返回值带回到函数 triangle()中，调用 istri()函数处。

④ 返回到 triangle()函数继续执行：根据返回值确定是否能计算三角形面积，不能计算时，返回 0 值，否则计算面积，并返回到主函数。

⑤ 继续执行主函数：根据 triangle()函数的返回值，返回值为 0 表示不能构成三角形，则重新输入三角形的三条边长；如果返回值大于 0，则返回值就是三角形面积，输出三角形的面积后，结束程序运行，控制返回到操作环境。

5.5 函 数 说 明

一个函数要调用另一个函数，应知道有关被调用函数如何正确调用的一些重要信息。对于编译程序来说，知道函数返回值的类型、函数形参个数以及各形参的类型等信息，可检查函数调用的正确性。对不正确的调用能给出错误信息，而对正确的调用能编译出实现的机器代码。

调用函数与被调用函数之间在程序正文中可能会存在以下几种情况：

① 调用同一程序文件中前面已定义的函数。

② 调用处于同一程序文件后面定义的函数。

③ 调用别的程序文件中定义的函数。

对于第一种情况，因为在函数调用处，被调用函数的详细信息已被编译程序所接受，调用前面已定义的函数，能方便地检查调用的正确性。对于后两种情况，会因被调用函数的信息还未被编译程序所接受，不能检查函数调用的正确性。所以，在调用之前需要对被调用函数有关的信息进行说明，称为函数说明。函数说明的一般形式为：

类型符   标识符（形参类型表）；

其中，标识符是程序某处定义的函数的名称，形参类型表顺序给出各形参的类型，如果函数没有形参，形参类型表可以为空。为了强调函数没有形参，空形参类型表可以写成 void。函数说明精确给出了函数名、返回值类型，以及各形参的类型，习惯称函数说明为函数原型说明。编译程序根据函数原型就能判定函数调用的正确性。如果一个函数 power() 返回 double 类型值，有两个形参，第 1 个是 double 类型的，第 2 个是 int 类型的，则函数 power() 的函数原型为：

double power(double,int);

下面是一个包含函数原型说明的示意程序例子。

【例 5.11】求两个数中最小值的程序。

```
#include<stdio.h>
int main()
{ double a,b;
  double min(double,double);         /*min()函数原型说明*/
  printf("Input a,b:");
  scanf("%lf%lf",&a,&b);
  printf("MIN(%f,%f)=%f\n",a,b,min(a,b));
  return 0;
}
double min(double x,double y)        /*返回 double 型值，有两个形参*/
{ return x<y?x:y;                    /*返回 x 和 y 二者中最小数的值*/
}
```

【程序说明】在上面的例子中，第 4 行的函数原型说明是必需的，否则将出现编译错误。如果将主函数的位置与 min() 函数的位置对调，这个函数原型说明就可以不要。

除前面所说的调用后面定义的或别的文件中定义的函数要有函数原型说明外，程序如果要调用库函数，编译程序也要求有库函数的函数原型说明。对于这种情况，程序用包含预处理命令（#include）将含有库函数原型说明，库函数使用的常量、宏定义、数据类型定义等信息的头文件（以".h"为后缀的文件）作为程序的一部分。例如，使用数学库函数的程序，要有#include <math.h>的预处理命令行。

5.6   递归函数基础

在调用一个函数的过程中又出现直接地或间接地调用该函数自己，称为函数的递归调用。例如，主函数调用 A() 函数，而 A() 函数又调用 A() 函数（即自己调用自己），这种函数调用称为直接递归调用。如果 A() 函数调用 B() 函数，B() 函数反过来又调用 A() 函数，这种函数调用称为间接递归调用。

用递归方法寻找问题求解算法的思想是：从原有的问题解决方案中，分解出一个这样的新问题，新问题在规模上比原问题的规模小，但求解方案与原问题的求解方案一样。按照这种思想，将问题求解方案一直分解下去，最终会分解出规模最小的，而求解方案是已知的问题。这样一类求解方法可写成递归函数，其中规模稍小的求解方案与原问题的求解方案相同的，用递归调用实现。一个算法用递归方法描述往往更清晰、更简练。但对初学者来说，正确理解递归函数可能有一定的难度，特别是理解递归调用过程。本节仅以直接递归调用为例，介绍递归函数的基础知识。

下面通过一些实例来说明递归的实现过程。

【例 5.12】用递归实现阶乘的计算。

【解题思路】用递归计算阶乘 n!的思想是（设 n=3）：3!=3×2!，2!=2×1!，1!=1。

计算阶乘的递归定义公式是：

$$n! = \begin{cases} 1 & , n=0 \text{ 或 } n=1 \\ n \times (n-1)! & , n > 1 \end{cases}$$

按此递归公式，编写求 n 阶乘的递归函数及调用递归函数的主函数如下：

```c
#include<stdio.h>
long fac(int n)          /*求阶乘递归函数*/
{ if(n<=1) return 1;
  return n*fac(n-1);
}
int main()               /*主函数*/
{ int n;
  do
  { printf("请输入求阶乘的正整数n(0<n<13): ");
    scanf("%d",&n);
  } while(n<0||n>12);
  printf("%d!=%ld\n",n,fac(n));
  return 0;
}
```

程序运行结果如下：

请输入求阶乘的正整数n(0<n<13): 3

3!=6

【程序说明】为了帮助理解，首先来看求 3!的递归执行的大致过程，如图 5-2 所示。

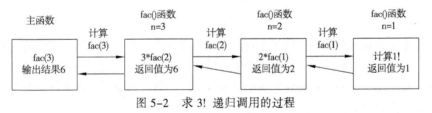

图 5-2 求 3! 递归调用的过程

为计算 3!，在主函数中用 fac(3) 去调用 fac() 函数。在 fac() 函数中，由于 n 等于 3，执行语句
"return 3* fac(2);"。为此，求表达式 3* fac(2) 的值，所以继续调用 fac() 函数；这次调用 n 等于 2，
仍大于 1，执行语句 "return 2* fac(1);"。再次调用 fac() 函数；此时，由于 n 等于 1，直接求出 fac(1)
的返回值为 1。这时返回到 2* fac(1) 处，得到 2!的结果为 2，再返回到 3*fac(2) 处，得到 3!的结
果为 6，最后返回到主函数，输出 3!的值 6。

递归计算 n!有两个重要的求解过程：一是"递推"过程，为求 n!的解，去求 (n-1)!的解，求 (n-1)!
的解，又继续去求 (n-2)!的解，依此类推，最终要求 1!的解。这是求规模较大问题解，演变为求规
模略小问题解的"递推"过程。二是"回归"过程，有了 1!的解后，逐步得到 2!的解、3!的解、
直到 n!的解。

【例 5.13】计算斐波那契（Fibonacci）数列的第 n 项。

【解题思路】Fibonacci 数列 1，1，2，3，5，8，13，21，34，…是以 0 和 1 为首项和第二项，以后每项的值都是它前面两项之和。Fibonacci 数列可用递归形式定义如下：

```
Fibonacci(0)=0
Fibonacci(1)=1
Fibonacci(n)=Fibonacci(n-2)+Fibonacci(n-1)
```

按照以上递归定义式写成递归函数，需要为函数设置一个整型参数，考虑到 Fibonacci 数列递增较快，将参数和函数的返回值的类型设定为 long，求 Fibonacci 数列递归函数定义如下：

```
long fibonacci(int long)
{ if(n==0) return n;
  if(n==1) return n;
  return fibonacci(n-2)+fibonacci(n-1);
}
```

【程序说明】在上述递归函数中，当参数 n 比较大时，每次递归调用要引起对参数稍小一些两次调用，计算第 n 个 Fibonacci 数要执行的递归调用次数大约是 2 的 n 次方。也可以直接按 Fibonacci 数列的定义，采用递推法计算 Fibonacci 数列的第 n 项。即从 0 项和 1 项出发，由前两项的值计算出下一项。这样，计算 Fibonacc 数列第 n 项的函数定义可写成以下普通函数：

```
long fibonacci(int long)
{ long first, second, third;
  int k;
  if(n==0) return 0L;
  if(n==1) return 1L;
  first=0L;second=1L;           /*前两项分别赋初值*/
  for(k=2;k<=n;k++)
  { third=first+second;        /*由前两项计算下一项*/
    first=second;              /*为更后的下一项，设定前两项的值*/
    second=third;
  }
  return third;
}
```

递归和递推同是算法设计中常用的工具，递归和递推之间的差异也是程序设计的常识。递归的主体是一个选择结构，递推的主体是一个循环结构。递归通过不断地简化问题规模，直到最基本情况为止。然后是一系列的回溯获得指定规模的问题的解。递推通过不断循环渐进地到达终止条件结束，就得到问题的解，没有回溯的过程。

【例 5.14】汉诺塔（Tower of Hanoi）问题。有 A、B、C 3 根针，A 针上有 n 个大小不等的盘子，大的在下，小的在上，如图 5-3（a）所示。要求按以下规则，编写把这 n 个盘子从 A 针搬到 C 针上的程序，对给定的 n 个盘子，输出盘子搬动的过程。搬盘子的规则如下：

① 在搬动过程中可以使用 B 针。

② 每次只允许搬动一个盘子。

③ 在搬动过程中，必须保证大盘在下，小盘在上。

【解题思路】采用递归方法求解搬动盘子步骤：如果 A 针上只有一个盘子，则直接将它从 A 针搬到 C 针。否则，采用分治法，将 n 个盘子分为上面 n-1 个和最下面一个。将 A 针上 n（n>1）个盘子搬到 C 针的算法分为以下 3 步：

① 将 n-1 个盘子从 A 针搬到 B 针，借助 C 针，如图 5-3（b）所示。

② 把 A 针上最后一个盘子搬到 C 针，如图 5-3（c）所示。

③ 将 n-1 个盘子从 B 针搬到 C 针，借助 A 针，如图 5-3（d）所示。

其中，①和③应继续递归下去，直至搬动一个盘子为止，整个搬动过程将达 2^n-1 次。

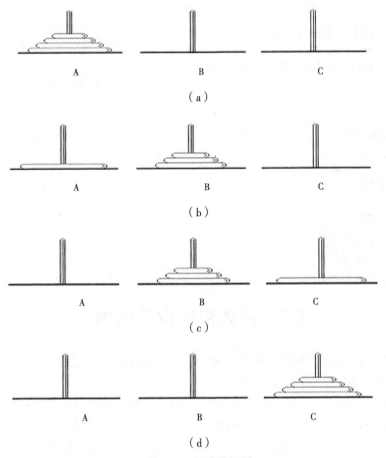

图 5-3　汉诺塔问题

实现上述搬盘子的要求，可以定义以下两个函数：

① hanoi(n, A, C, B)递归函数：实现将 n 个盘子从 A 针搬到 C 针，借助 B 针。

② move(m, from, to)函数：输出将 m 号盘子从 from 针搬到 to 针的字样。

其中，n、m、from、to 是函数的形参。n 表示盘子的数目，m 是盘子序号，from 和 to 分别表示 A 针、B 针或 C 针中的某两个。

求解汉诺塔问题的程序代码如下：

```
#include<stdio.h>
void move(int m,char from,char to)
{  printf("%d 号盘子从 %c 针搬到 %c 针.\n",m,from,to);
}
void hanoi(int n,char A,char C,char B)          /*递归函数*/
{  if(n==1) move(n,A,C);                         /*只有一个盘，直接从A搬到C*/
   else
```

```
        { hanoi(n-1,A,B,C);                    /*将 n-1 个盘从 A 搬到 B，借助 C*/
          move(n,A,C);                         /*把 A 上最后一个盘子搬到 C*/
          hanoi(n-1,B,C,A);                    /*将 n-1 个盘从 B 搬到 C，借助 A*/
        }
}
int main()
{  int n;
   printf("请输入搬动的盘子数: ");
   scanf("%d",&n);
   printf("搬动 %d 个盘子的过程如下: \n",n);
   hanoi(n,'A','C','B');                       /*将 n 个盘从 A 搬到 C，借助 B*/
   return 0;
}
```

程序运行过程如下：

请输入搬动的盘子数: 3
搬动 3 个盘子的过程如下:
1 号盘子从 A 针搬到 C 针。
2 号盘子从 A 针搬到 B 针。
1 号盘子从 C 针搬到 B 针。
3 号盘子从 A 针搬到 C 针。
1 号盘子从 B 针搬到 A 针。
2 号盘子从 B 针搬到 C 针。
1 号盘子从 A 针搬到 C 针。

5.7　函数程序设计实例

本小节举若干编写函数和程序的例子，用实例说明编写函数的方法。

【例 5.15】求一个整数的十进制位数。

【解题思路】确定整数 n 是几位十进制位数，只要反复将 n 除以 10，直至 n 等于 0。除 10 直至 0 的次数，就能推算出 n 的十进制位的位数。函数开始时预置计数器 c 为 0，循环的工作部分是让 c 增 1 和 n 除以 10，循环直至 n 除以 10 后为 0 结束。完整的程序如下：

```
#include<stdio.h>
int digits(int n)                      /*求一个整数是几位十进制位数的函数*/
{  int c=0;
   do
   {   c++;n/=10;
   }while(n);
   return c;
}
int main()                             /*主函数*/
{  int n;
   printf("请输入一个整数: ");
   scanf("%d",&n);
   printf("整数%d 共有%d 位十进制位数.\n",n,digits(n));
   return 0;
}
```

程序运行结果如下：

请输入一个整数: 1234
整数 1234 共有 4 位十进制位数。

【例 5.16】判断一个十进制整数是否是回文数。

【解题思路】所谓"回文数"是指左右对称的数字序列，即自左向右读和自右向左读是相同的数。例如，232、353、12321 等都是回文数。实现这个判定有两种方法：

方法 1：将整数 n 的各位数字拆开按顺序存入一维数组中，然后依次将其首末对应位置中的数字两两比较，若对应位的数字都相同，则 n 是回文数；否则，n 不是回文数。其对应的函数如下：

```
int circle(int n)
{ int t[12],k=0,j;
  do
  { t[k++]=n%10;                /*取余数，依次存入 t 数组中*/
    n /=10;                     /*取商*/
  }while(n);
  for(j=0,k--;j<k;j++,k--)
    if(t[j]!=t[k]) return 0;    /*不是回文数*/
  return 1;                     /*是回文数*/
}
```

方法 2：将整数 n 的低位至高位逐位拆开，并让它们组成一个次序相反的新整数 s。如果新整数 s 与原整数 n 相等，则 n 是回文数；否则，n 不是回文数。其对应的函数如下：

```
int circle(int n)
{ int s=0,m=n;
  while(m)
  { s=s*10+m%10;m/=10;}
  return s==n;
}
```

如果要判断一个十进制整数 n 所对应的 d 进制数（可能是二进制数、八进制数或十六进制数）是否为回文数，请读者思考如何将上述函数进行修改。例如，十进制整数 27 对应的二进制数 11011 是回文数；十进制数 851 所对应的十六进制数 353 也是回文数。

【例 5.17】编写一个函数验证哥德巴赫猜想，任何一个不小于 4 的偶数均可以表示为两个质数的和。例如，6=3+3，8=3+5，10=3+7，… 。程序要求输入一个偶数，输出 4 到该偶数范围内每个偶数一个满足条件的质数组合。

【解题思路】首先编写一个判一个整数是否为质数的函数 isPrime()。对于一个偶数 n，有分解式 n=x+y（x<=y）。让 x 从最小的数开始，判断 x 和 y（y=n−x）是否同为质数，如果都是质数，则找到了一组解，结束查找。如果不是，继续让 x 递增即可。程序代码如下：

```
#include<stdio.h>
int isPrime(int n)                /*判别 n 是否为质数的函数*/
{ int k;
  if(n==1) return 0;              /*1 不是质数*/
  if(n==2) return 1;              /*2 是质数*/
  if(n%2==0) return 0;            /*除 2 外，其他偶数不是质数*/
  for(k=3;k*k<=n;k+=2)
    if(n%k==0) return 0;          /*k 能整除 n，则 n 不是质数*/
  return 1;                       /*所有 k 都不能 n 整除，则 n 为质数*/
}
int main()
{ int n,x,y,m,count=0;
  printf("请输入一个不小于 4 的偶数: ");
```

```
    scanf("%d",&m);
    for(n=4;n<=m;n+=2)
        for(x=2;x<=n/2;x++)
            if(isPrime(x)&&isPrime(y=n-x))    /*如果x、y都是质数*/
            { if(count++%4==0) printf("\n"); /*控制每行输出4项*/
                printf("%4d=%3d+%3d\t",n,x,y);  /*输出结果*/
                break;                          /*跳出内循环*/
            }
    printf("\n");
    return 0;
}
```

【例5.18】递归计算x的y次方。

【解题思路】在递归函数的"递推"过程中，将求x的y次方不断地分解为求x的y-1次方，最终求解x的0次方为1；在"回归"过程中，已知x的0次方解，不断地再乘以x，最终得到x的y次方的解。

```
#include<stdio.h>
int power(int x,int y)                  /*计算x的y次方的递归函数*/
{ if(y==0) return 1;                     /*任何不等于0数的0次方为1*/
  return x*power(x,y-1);
}
int main()                               /*主函数*/
{ int x,y;
  do
  { printf("请输入x(不等于0)和y：");
    scanf("%d%d",&x,&y);
  }while(x==0);
  printf("%d^%d=%d\n",x,y,power(x,y));
  return 0;
}
```

程序运行结果如下：
请输入x(不等于0)和y: 2 10
2^10=1024

【例5.19】输入一个正整数，用递归实现将该整数倒序输出。

【解题思路】先输出整数的个位，接着用递归倒序输出高位即可，见下面程序中的函数back()。

```
#include<stdio.h>
void back(int n)                         /*求倒序的递归函数*/
{ printf("%d",n%10);                      /*输出尾数*/
  if(n<10) return;
  back(n/10);                             /*以去掉个位后的整数递归调用*/
}
int main()                               /*主函数*/
{ int x;
  do
  { printf("请输入要倒序的正整数:");
    scanf("%d",&x);
  }while(x<=0);
  printf("倒序数:");
  back(x);
```

```
    printf("\n");
    return 0;
}
```
程序运行结果如下：

请输入要倒序的正整数：12345

倒序数：5 4 3 2 1

参照函数 back()，试编写逐位正序输出整数的递归函数。

5.8　存储类别和作用域

在 C 程序中，程序对象都有自己的属性。例如，变量有变量的名字、类型和值等；函数有返回值类型、函数形参个数、各形参的类型等。实际上，程序中的每一个标识符还有其他属性，包括存储类别、存储期、作用域等。

1．存储类别

在 C 语言中，标识符可以有 4 种存储类别：自动的、寄存器的、外部的和静态的，分别用存储类别说明符 auto、register、extern 和 static 表示。标识符的存储类别是用于确定用这个标识符命名的程序对象（以变量为例）的存储期、作用域和连接等属性。

标识符的存储期是用这个标识符命名的程序对象的存在期。某些程序对象存在是短暂的，它们会被系统反复建立和撤销，有些则在程序的整个执行期间都存在。4 种存储类别说明符有两种存储期：自动存储期和静态存储期。关键字 auto 和 register 用来声明具有自动存储期的变量。具有自动存储期的变量是在进入声明该变量的函数或复合语句时建立的，它在函数或复合语句执行过程中存在，但在函数返回或控制退出复合语句后就撤销。

标识符的作用域是程序中可引用该标识符的区域。某些标识符可在整个程序中被引用，有些标识符只能被程序的某些部分引用。

标识符的连接属性确定当整个程序由多个源程序文件组成时，这个标识符只被定义它的源文件中的程序引用，还是可以使用合适的声明后也能被别的源程序文件中的程序引用。

局部变量是指在函数定义中声明的变量，它们只在声明该变量的函数中使用。只有局部变量（包括函数的形参、复合语句的局部变量）才有自动存储期。关键字 auto 明确声明变量是自动存储期的变量。例如，以下代码声明 int 类型的变量 i 和 j 是自动变量，它们只存在于出现这个声明的函数体中。

```
auto int i,j;
```
由于局部变量在默认情况下是自动存储期的，所以关键字 auto 总是被程序员省略。

在自动变量声明代码之前使用存储类别说明符 register，是程序员向编译系统建议可以把该变量装载到计算机的某个高速硬件寄存器中。通常，程序员建议将频繁使用的诸如计数器之类的整型变量装载在寄存器中，以避免过度使用内存。由于寄存器是系统的重要资源，编译系统会根据实际情况，可能忽略 register 声明。以下代码是建议编译系统把变量 counter 放在计算机的一个寄存器中：

```
register int counter=0;
```

注意：关键字 register 只能用于声明具有自动存储期的变量，并要求变量的类型是整型或某种指针类型。

关键字 extern 和 static 用来声明具有静态存储期的变量和函数。具有静态存储期的变量从程序开始执行起就一直存在，静态存储期的变量在程序开始执行时一次性分配和初始化。

只有两种类型的标识符具有静态存储期：一种是全局变量和函数名；另一种是用 static 声明的局部变量。在默认情况下，全局变量和函数名具有 extern 存储类别。全局变量是指在函数定义之外声明的变量，在整个程序的执行期间都一直存在。全局变量和函数可被在其声明或定义之后的同一文件中的函数引用。

用 extern 声明函数标识符，表示该函数应该在某处定义，这里可以按照声明的意义使用。用 static 声明函数标识符，表示该函数只能供声明它的源文件内的函数使用，别的源文件中的函数不可使用。例如代码：

```
extern int roundDouble(double);
```

函数 roundDouble() 在程序的某处定义，可能在当前源程序的某处定义或在别的源文件中定义，在此可按当前声明的意义使用。

某个函数定义时，冠以 static，声明该函数具有静态存储期特性，它只能在当前源文件的函数中使用，不能在别的源文件中使用。

用关键字 extern 声明全局变量，表示该全局变量的定义或在当前源程序文件的某处或在别的源程序文件中，这里可以按照声明的意义使用。

用关键字 static 声明的局部变量也只能被定义该变量的函数使用，但它与自动变量不同，用 static 关键字声明的局部变量在退出函数时仍然保持它的值。待下一次再调用该函数时，该变量拥有最近一次退出该函数时所拥有的值。如果不明确地初始化具有静态存储期的局部变量，系统将把它们初始化为 0。用关键字 static 声明的全部变量，表示该全局变量只能在当前源程序文件中的函数使用，别的源程序文件不可使用。例如代码：

```
extern double d;
static top=-1;
```

全局变量 d 在程序的某处定义，可能在当前源程序的某处定义或在别的源文件中定义，在此之后可按当前声明的意义使用。全局变量 top 只能在当前源文件的函数中使用，不能在别的源文件中使用。如果代码：

```
static callCount=0;
```

出现在某个函数中，表示该函数的局部变量 callCount 在程序执行期间一直存在。该函数返回时，变量 callCount 值保留，下一次函数又被调用时，保留的值可继续使用。

表 5-1 列出了在不同存储类别情况下，局部变量和全局变量的可见性和存在性等特性。

表 5-1　存储类别与变量的可见性和存在性

存 储 类 别	变 量 种 类	可　见　性	存　在　性	未 赋 初 值
auto	局部变量，形参	定义的范围内	离开定义范围，值消失	值不确定
register	局部变量，形参	定义的范围内	离开定义范围，值消失	值不确定
extern	全局变量	本文件或其他文件	程序运行期间，值有效	值为 0
static	局部变量	定义的函数内	离开定义范围，值仍保留	值为 0
	全局变量	本文件内	程序运行期间，值一直有效	值为 0

2．作用域规则

标识符的作用域是指能够使用该标识符的程序段。例如，某函数中定义了一个局部变量，该变量只能在该函数体内使用。

标号标识符的作用域是声明标号的函数，在声明标号的函数内可使用这个标号。

函数之外声明的标识符，如果是全局变量、函数原型说明，它们的作用域从声明处开始至源程序文件结束。

在函数或复合语句中声明的标识符，如函数形参和函数的局部变量。函数形参的作用域是定义形参的函数，函数内定义的局部变量的作用域是定义所在的程序块，从定义处开始至程序块的右花括号处结束。当程序块嵌套时，如果在外层程序块中用某个标识符定义了变量，在内层又用这个标识符定义了另外一个变量。那么，在内层程序块执行时，内层程序块只能"见"到属于自己的局部变量，外层程序块中定义的变量就被"隐藏"起来，直到内层程序块终止为止。具有良好风格的程序员通常不会在嵌套的内外程序块中用相同的标识符定义不同的变量，避免内层不能正常使用外层的变量。

【例 5.20】说明全局变量、自动局部变量和静态局部变量的作用域的程序实例。

```c
#include <stdio.h>
void u(void),v(void),w(void);      /*函数原型说明*/
int a=2;
int main()                         /*一个说明变量作用域的小程序*/
{ int a=4;
  printf("主函数中，外层局部变量a的值是%d\n",a);
  { int a=8;
    printf("主函数中，内层局部变量a的值是%d\n",a);
  }
  printf("程序从主函数的内层程序块退出\n");
  printf("主函数中，外层局部变量a的值是%d\n",a);
  u();                  /*函数u()拥有自动局部变量a*/
  v();                  /*函数v()拥有静态局部变量a*/
  w();                  /*函数w()没有局部变量，使用全局变量a*/
  u();                  /*函数u()对自动局部变量a重新初始化*/
  v();                  /*静态局部变量a保持前一次调用后的值，函数v()对它继续修改*/
  w();                  /*函数w()没有局部变量，继续使用全局变量a*/
  printf("主函数中的局部变量a是%d\n",a);
  return 0;
}
void u(void)
{ int a=20;             /*a是函数u()的自动局部变量，每次调用都被建立和初始化*/
  printf("进入函数u()时，函数u()的局部变量a是%d\n",a);
  a+=5;
  printf("离开函数u()时，函数u()的局部变量a是%d\n",a);
}
void v(void)
{ static int a=30;      /*a是函数v()的静态局部变量，只在首次调用时，才被初始化*/
  printf("进入函数v()时，函数v()的静态局部变量a是%d\n",a);
  a+=2;
  printf("离开函数v()时，函数v()的静态局部变量a是%d\n",a);
}
void w(void)
```

```
{ printf("进入函数 w()时，全局变量 a 是%d\n",a);
  a+=3;
  printf("离开函数 w()时，全局变量 a 是%d\n",a);
}
```

【程序说明】 在以上程序中，全局变量 a 在定义时被初始化为 2。以后在程序块中如果用标识符 a 定义新的变量，都会将全局变量 a 隐藏起来。主函数定义局部变量 a，并初始化为 4，然后输出它的值。在主函数的程序块中又用 a 定义新的局部变量，并把它初始化为 8，该值的输出说明外层的局部变量 a 和全局变量 a 都被隐藏起来。在程序退出这内层程序块时，值为 8 的内层局部变量 a 已被自动撤销，然后再输出 a 是外层的局部变量。程序定义了 3 个没有形参没有返回值的函数。函数 u()定义了自动局部变量 a，a 的初值为 20。函数 u()输出 a 的值，然后将 a 的值增加 5 后再输出，结束函数。每次调用函数 u()都要将自动局部变量 a 重新建立和初始化为 20，函数输出 a 后，a 增加 5，再输出增加 5 后的 a，函数返回时将 a 撤销。函数 v()定义了静态局部变量 a，a 的初值为 30。函数 v()输出 a 的值，然后将 a 的值增加 2 后再输出，函数返回后，v()的 a 值 32 被保留。下一次再调用函数 v()，静态局部变量 a 的值是 32。函数输出 32 后，a 又增加 2，再输出增加 2 后的 a，函数返回后，a 的值 34 继续保留。函数 w()没有定义局部变量，使用的是全局变量 a。函数 w()输出全局变量 a，将 a 增加 3，然后再输出 a。最后，主函数输出局部变量 a。输出的值是 4，说明没有别的函数对这个局部变量 a 有修改。

运行上述程序，输出结果为：
主函数中，外层局部变量 a 的值是 4
主函数中，内层局部变量 a 的值是 8
程序从主函数的内层程序块退出
主函数中，外层局部变量 a 的值是 4
进入函数 u()时，函数 u()的局部变量 a 是 20
离开函数 u()时，函数 u()的局部变量 a 是 25
进入函数 v()时，函数 v()的静态局部变量 a 是 30
离开函数 v()时，函数 v()的静态局部变量 a 是 32
进入函数 w()时，全局变量 a 是 2
离开函数 w()时，全局变量 a 是 5
进入函数 u()时，函数 u()的局部变量 a 是 20
离开函数 u()时，函数 u()的局部变量 a 是 25
进入函数 v()时，函数 v()的静态局部变量 a 是 32
离开函数 v()时，函数 v()的静态局部变量 a 是 34
进入函数 w()时，全局变量 a 是 5
离开函数 w()时，全局变量 a 是 8
主函数中的局部变量 a 是 4

5.9 编译预处理命令简介

C 语言编译系统提供编译预处理的功能，对于编写大程序而言，这是一个非常实用的功能。所谓编译预处理是指，在对源程序进行编译（包括词法和语法分析、代码生成、优化等）之前，先对源程序中一些特殊的预处理命令进行解释，产生新的源程序，然后对新的源程序进行编译处理。

C 语言提供的预处理命令主要有宏定义、文件包含、条件编译和行控制等。在源程序中，为区别预处理命令和一般的 C 代码，所有预处理命令行都另起一行，并以字符 "#" 和预处理命令符开头作为标记。

1.　宏定义

宏定义有带参数和不带参数两种形式：

（1）不带参数的宏定义

不带参数的宏定义命令的一般形式为：

```
#define  标识符  字符序列
```

其中，标识符称为宏定义名，简称宏名。在编译预处理时，将源程序文件中随后出现的宏名均用其后的字符序列替换，这一过程称为宏展开。例如：

```
#define  TRUE   1
#define  FALSE  0
```

在定义它们的源程序文件中，凡出现宏名 TRUE 的地方都用 1 来替换，出现 FALSE 的地方用 0 来替换。

以下是经常使用的不带参数的宏定义例子：

```
#define  PI  3.1415926
#define  NL  printf("\n")
#define  EOF (-1)
```

在宏定义时，须要注意以下几点：

① 宏名建议用大写字母表示，以与变量名相区别。

② 宏定义不是语句，行尾一般不能加分号，否则，分号也作为字符序列的一部分被替换。例如：

```
#define PI 3.14159;
…
perimeter=2*PI*r;                /*计算圆周长*/
```

经过宏展开后，计算圆周长的语句变成：

```
perimeter=2*3.14159;*r;          /*计算圆周长*/
```

这就达不到计算圆周长的目的了。因为预处理程序在处理宏定义时，仅将宏名与字符序列做替换工作，不做任何句法单词识别处理。

③ 宏名的有效范围从宏定义命令开始到源程序文件的结束。因此，宏定义命令通常写在文件开始处，以便各函数都可使用。如果要终止宏定义的作用域，可以使用#undef命令。例如：

```
#define Macro 5                  /*宏 Macro 的定义*/
void main()
{  …
}
#undef Macro                     /*终止宏 Macro 的定义*/
int f()
{  …
}
```

在上述程序结构中，主函数可以引用宏名 Macro，而从函数 f()开始，Macro 已不再有早先定义的意义了。

④ 在新的宏定义中，可以引用前面已定义的宏名。例如：

```
#define R     5
#define PI    3.1416
#define AREA  PI*R*R
#define PERI  2*PI*R
```

在上述宏定义中，AREA 被展开为 $3.141\,6 \times 5 \times 5$，PERI 被展开为 $2 \times 3.141\,6 \times 5$。

⑤ 如果一个宏定义太长，一行写不下时可采用续行的方法。续行是先输入符号"\"，接着输入回车符，即回车符要紧跟在符号"\"之后，中间不能插入其他符号。例如：

```
#define SWAPXY { int t=x;x=y;\
                y=t;}
```

（2）带参数的宏定义

带参数的宏定义进一步扩充了不带参数宏定义的能力，在字符序列替换的同时还能进行参数替换。带参数宏定义命令的一般形式为：

```
#define  标识符(形参表)  字符序列
```

其中，形参表中的形参之间用逗号分隔，字符序列应包含形参。例如，有如下宏定义：

```
#define  MAX(A,B)  ((A)>(B)?(A):(B))
```

则宏调用 y=MAX(p+q, u+v); 被展开为 y=((p+q)>(u+v) ? (p+q):(u+v));。

对带形参的宏定义，需要注意以下几点：

① 在宏定义时，标识符与左圆括号之间不允许有空白符号，应紧接在一起，否则将空白字符之后的字符都作为字符序列的一部分，即变成了不带形参的宏定义。

② 在宏调用时，实参的个数必须与宏定义中的形参个数相同。

③ 在宏调用时，仅仅将实参表达式按原样替换形参，而不是将实参表达式的值传递给形参。例如，有如下宏定义：

```
#define SQR(x)  x*x
```

则宏调用 p=SQR(y)，被展开为 p=y*y。

但宏定义 q=SQR(u + v); 被展开为 q=u+v*u+v;。

显然，这个展开结果不是编程者所希望的。为能保持实参的独立性，应在宏定义中给形参加上括号"( )"。例如，SQR 宏定义改写为：

```
#define SQR(x)  (x)*(x)
```

如果要保证宏定义整体的完整性，还可以将宏定义中的字符序列加括号。如果 SQR 宏定义进一步改写为：

```
#define SQR(x)  ((x)*(x))
```

对于最后的宏定义，含宏调用的表达式 r=1.0/SQR(u+v)也能得到正确结果：

```
r=1.0/((u+v)*(u+v))
```

【例 5.21】使用宏定义，计算半径为 2、4、6、8、10 时圆的面积和圆的周长。

程序代码如下：

```
#include<stdio.h>
#define  PI  3.141592653
#define  AREA(R)  PI*(R)*(R)
#define  PERI(R)  2*PI*(R)
void main()
{  int r;
   for(r=2;r<=10;r+=2)
   {  printf("半径=%2d,圆面积=%f\t",r,AREA(r));
      printf("圆周长=%f\n",PERI(r));
   }
}
```

程序运行结果如下：

```
半径=2,圆面积=12.566371   圆周长=12.566371
```

半径=4,圆面积=50.265482　　圆周长=25.132741
半径=6,圆面积=113.097336　　圆周长=37.699112
半径=8,圆面积=201.061930　　圆周长=50.265482
半径=10,圆面积=314.159265 圆周长=62.831853

【程序说明】从上述例子来看，使用带参数的宏定义与使用函数似乎相同，但它们在本质上是有区别的。主要有：

① 函数调用时，先求出实参表达式的值，然后传递给形参；而宏调用是将实参表达式字符序列按原样直接替换形参，这样实参的独立性就不一定存在。例如，例 5.21 中计算圆面积的宏定义改为：

```
#define  AREA(R)  PI*R*R
```

同时宏调用改为：

```
a=AREA(r+1);
```

如果这样，因为在宏展开时不先计算实参表达式 r+1 的值，而是直接将实参表达式字符序列 r+1 替换 R。所以，在展开时变成了以下不正确的代码：

```
a=3.141592653*r+1*r+1;
```

② 函数调用是在程序运行时进行的，要为形参临时分配存储单元；而宏调用是在编译之前完成的，宏展开不需要为形参分配存储单元。

③ 函数调用的实参与函数定义的形参有类型匹配要求，而宏调用的实参与宏定义的形参之间没有类型的概念，只有字符序列的对应关系。

④ 每个宏调用，宏展开就会产生一段程序代码，使得目标程序变长；而函数调用，程序代码不会变长。

对于简短的表达式计算函数，为了提高程序的执行效率，避免函数调用时分配存储空间、保留现场、值传递等占用运行时间，可将这些函数定义改写成宏定义，但更好的方法是用 C++ 的内联函数，它既有宏定义一样的执行效率，又能进行参数类型匹配检查。

2．文件包含

文件包含是指将指定文件中的内容嵌入到当前源程序文件中。文件包含命令的一般形式为：

```
#include<文件名>
```

或

```
#include "文件名"
```

对于第 1 种用尖括号括住文件名的文件包含命令，告诉编译预处理程序，被包含的文件存放在 C 编译系统所在目录下，这种方式适用于嵌入 C 系统提供的头文件，因为 C 系统提供的头文件都存放在编译系统所在目录下。

对于第 2 种用双引号括住文件名的文件包含命令，预处理程序首先到当前文件所在的文件目录中查找被包含的文件，如果找不到，再到编译系统所在目录下查找；当然，也可以在文件名前给出路径，直接告诉预处理程序被包含文件所处的确切位置。

文件包含为组装大程序和程序复用提供了一种手段。在编写程序时，习惯将公共的常量定义、函数定义和全局变量的外部说明等构成一个源文件，作为以后被其他程序使用的头文件（扩展名一般用.h 表示）。其好处是：头文件中定义的对象如同工业上标准的零部件一样，被其他程序文件方便使用，减少重复定义的工作量，也使得编程人员能使用统一的数据结构和常量，保证程序的准确性、可修改性和可靠性。

【**例 5.22**】本例将宏定义存于头文件 format.h 中，在含主函数的程序文件 example.c 有包含头文件 format.h 的预处理命令。

① 文件 format.h 的内容：

```
#define  PR  printf
#define  NL  "\n"
#define  F   "%6.3f"
#define  F1  F NL
#define  F2  F F NL
#define  F3  F F F NL
```

② 文件 example.c 的内容：

```
#include<stdio.h>
#include "format.h"                /*将 format.h 文件中的代码放于此位置*/
int main()
{ double x,y,z;
  x=1.2;y=2.3;z=3.4;
  PR(F1,x);
  PR(F2,x,y);
  PR(F3,x,y,z);
  return 0;
}
```

在使用文件包含命令时，需要注意以下几点：

① 一个文件包含命令只能指定一个被包含的文件。如果要包含多个文件，就得用多个文件包含命令。

② 在有多个文件包含命令的情况下，文件包含命令出现的顺序会有一定的关系。例如，文件 file.c 包含文件 file1.h 和 file2.h，且文件 file1.h 要引用 file2.h 中定义或说明的对象，在 file.c 中的包含 file2.h 的命令应出现在包含 file1.h 的命令之前，即在 file.c 中正确的代码为：

```
#include  "file2.h"
#include  "file1.h"
```

【**例 5.23**】计算 x^y。

文件 file1.c 中的内容：

```
#include<stdio.h>
#include "d:\c\file2.h"           /*指明要包含文件 file2.c 的完整路径*/
int main()
{ int x,y;
  double power(int,int);          /*函数说明*/
  printf("请输入计算 x**y 的两个自然数: ");
  scanf("%d%d",&x,&y);
  printf("%d**%d=%.0f\n",x,y,power(x,y));
  return 0;
}
```

D 盘 C 目录下 file2.h 文件中的内容为：

```
double power(int m,int n)
{ int i;
  double y=1.0;
  for(i=1;i<=n;i++) y*=m;
```

```
        return y;
    }
```

程序运行结果为：

请输入计算 x**y 的两个自然数：2 10

2**10=1024

3. 条件编译

条件编译是指在编译一个源程序文件时，其中部分代码段能根据条件成立与否有选择地被编译，即编译程序只编译没有条件或条件成立的代码段，而不编译不满足条件的代码段。

条件编译为组装与环境有关的大程序提供有力的支持，能提高程序的可移植性和可维护性。通常，在研制程序系统时，设计者将所有与环境有关的内容编写成独立的程序段，并将它们配上相应的条件编译预处理命令。编译之前先设置与环境相应的条件，就能组装出适应环境要求的程序。

条件编译命令主要有 3 种相似的形式：

第 1 种：`#ifdef     标识符`
　　　　　　程序段 1
　　　　　`#else`
　　　　　　程序段 2
　　　　　`#endif`

其意义是当标识符已被定义（常用宏定义），则程序段 1 参与编译，程序段 2 不参与编译；否则，反之。其中的标识符只要求是否已被定义，与标识符被定义成什么是无关的。如果标识符只用于这个目的，常用以下形式的宏定义来定义这类标识符：

`#define   标识符`

即标识符之后为空，直接以换行结束该宏定义命令。

在上述一般形式中，如果程序段 2 为空，则可简写成如下一般形式：

`#ifdef  标识符`
　　程序段
`#endif`

条件编译的一种应用是提高程序的通用性。以下示意例子把不同类型的整型变量内部表示的差异描述成条件编译命令。

```
#ifdef  HOMEYWELL
    #define SHORT_SIZE  36
    #define INT_SIZE    36
    #define LONG_SIZE   36
#else
    #define SHORT_SIZE  16
    #define INT_SIZE    16
    #define LONG_SIZE   32
#endif
```

如在上述条件编译之前，不同计算机系统已各自定义了自己的系统名等信息于一个头文件中。例如，IBM_PC 有定义：

`#define  IBM_PC`

Honeywell 有定义：

`#define  HONEYWELL`

VAX_11 有定义：

```
#define  VAX_11
```

经预处理后，程序中的 INT_SIZE、SHORT_SIZE 和 LONG_SIZE 都被定义成与计算机相对应的值。这样，源程序未做任何修改就能用于不同类型的计算机系统。

条件编译另一种广泛的应用是在程序中插入调试状态下输出中间结果的代码。例如：

```
#ifdef  DEBUG
    printf("a=%d,b=%d\n",a,b);
#endif
```

程序在调试状态下与包含宏定义命令：

```
#define  BEBUG
```

的头文件一起编译；在要获得最终目标程序时，不与包含该宏定义命令的头文件一起编译。这样，在调试通过后，不必再修改程序，已获得了正确的最终程序。为了日后程序维护，将调试时使用的程序代码留在源程序中是专业程序员习惯采用的方法。因为这些代码的存在不影响最终目标码，但有助于日后修改程序时的调试需要。

第2种：
```
#ifndef  标识符
    程序段 1
#else
    程序段 2
#endif
```

这种条件编译形式与前面介绍的形式的唯一差异是第 1 行的 ifdef 改为 ifndef，其意义是：当标识符未被定义时，程序段 1 参与编译，程序段 2 不参与编译；否则，反之。这种条件编译形式与前面介绍的形式的用法是完全相同的，这里不再举例说明。在上述形式中，当程序段 2 不出现时，也可简写成：

```
#ifndef  标识符
    程序段
#endif
```

第3种：
```
#if  表达式
    程序段 1
#else
    程序段 2
#endif
```

其中，表达式为常量表达式，其意义是：当指定的表达式值为非零时，程序段 1 参与编译，程序段 2 不参与编译；否则，反之。

这种形式的预处理命令能使系统根据给定的条件确定哪个程序段参与编译，哪个程序段不参与编译。

在上述一般形式中，当程序段 2 不出现时，也可简写为：

```
#if  表达式
    程序段
#endif
```

条件编译与 if 语句有重要区别，条件编译是在预处理时判定的，不产生判定代码，其中一个不满足条件的程序段不参与编译，不会产生代码。if 语句是在运行时判定的，且编译产生判定代码和两个分支程序段的代码。因此，条件编译可减少目标程序长度，能提高程序执行速度，但条件编译只能测试常量表达式，而 if 语句能对表达式做动态测试。

条件编译预处理命令也可出现嵌套结构。特别是为了便于描述#else 后的程序段又是条件编译情况，引入预处理命令符#elif，它的意思就是#else #if。

例如，下面条件编译命令是测试宏名 SYSTEM，以决定包含哪一个头文件。

```
#if SYSTEM==sysv
    #define HDR "sysv.h"
#elif SYSTEM==BSD
    #define HDR  "bsd.h"
#elif SYSTEM==MSDOS
    #define HDR "msdos.h"
#else
    #define HDR "default.h"
#endif
    #include HDR
```

预处理命令还有其他一些实用命令，这里不再对它们进一步讨论，读者可参见有关系统的使用手册。

小　　结

函数是构建大程序的基础，能设计和编写函数是程序设计基本能力之一。

本章学习和应该掌握的内容如下：

① 函数的基本概念。

② 能熟练使用常用的库函数，每个标准函数库都有一个相应的头文件，头文件中包含库中所有库函数的函数说明，以及这些库函数所需的各种常量定义。

③ 能正确为函数设置形参，并能正确调用函数。函数是通过函数调用执行的，函数调用时，要提供函数执行所需的实参。传递给函数的实参个数、类型和顺序与函数定义时的形参匹配。

④ 函数调用时，实参向形参的值传递方式是把实参的值传递给形参，在函数中，直接对形参的修改不会影响实参的值。

⑤ 根据函数返回值的类型，正确使用 return 语句。

⑥ 函数说明给出了函数的原型，说明函数返回值的类型、函数名及调用函数要提供的参数个数、参数类型和参数顺序。编译程序能按照一个函数的原型检验对该函数调用的正确性。

⑦ 递归函数是直接或间接调用其自身的函数。如果用基本情况调用递归函数，函数只是立即返回结果，如果用较复杂的情况调用递归函数，函数先求解比原问题稍简单的问题的解，并由这个解综合得到原问题的解。因为简单问题的求解方法与原问题的求解方法类似，所以可用递归方法解决这个较小的问题。为使递归能够终止，求解过程必须逐步归结到基本情况。以后，函数会沿着调用顺序相反的次序返回，直至获得原始问题的解。正确了解递归与递推的区别，并能编写简单的递归函数。

⑧ 标识符具有存储类别、存储期、作用域等属性。C 语言提供 4 种存储类别，存储期是标识符在内存中的存在期间，作用域是程序中可引用该标识符的区域，了解存储类别的概念和作用，掌握作用域规则。

⑨ 能正确使用宏定义命令和文件包含命令。

⑩ 经上机实践训练，能编写函数求解本章习题要求的程序。

习　题

1. 编写一个函数，已知参数 n，在屏幕的中间显示一个用星号字符绘制的空心的三角形图案。例如，n=4，函数显示的图案为：

```
   *
  * *
 *   *
* * * *
```

2. 为低年级小学生编写一个两个整数乘法的测验程序。程序利用随机函数产生两个整数，并给出算式请小学生输入解答。程序对正确的解答给予鼓励；对不正确的解答给出正确的答案。另外，为了让程序更有实用性，输入整数的范围也可由用户指定，如一位数乘法、两位数乘法等。使用随机函数的程序有以下要求：

（1）在程序前面包含以下代码：

```
#include<stdlib.h>
#include<time.h>   /*有关时间库函数*/
```

（2）主函数先用以下代码为随机函数初始化：

```
srand(time(NULL));
```

（3）用以下代码随机取 1～9 的整数 k：

```
k=1+rand()%9;
```

为了提高小学生的学习兴趣，程序的回答也希望有所改变，如对正确的回答可以有多种选择，如"Very good!"、"Excellent!"、"Keep up the good work!"等。同样，对于错误的响应也可以有多种选择，如"No. Please try again."、"Wrong. Try once more."、"No. Keep trying."等。利用随机函数选择一种回答。

3. 编写一个玩猜数游戏的程序。程序随机产生某个范围内的正整数，让人猜这个整数。当猜中时输出鼓励信息；当未猜中时给出猜得太小或太大的提示信息。

4. 读程序，指出以下程序的功能。

程序 1：

```c
#include<stdio.h>
void main()
{ int c;
  if((c=getchar())!='\n')
  { main();   printf("%c",c);
  } else printf("\n");
}
```

程序 2：

```c
#include<stdio.h>
int mul(int,int);
void main()
{ int u,v,w;
  printf("Enter two integers!\n");  scanf("%d%d",&u,&v);
  if(v>=0)  w=mul(u,v);
  else w=-mul(u,-v);
  printf("The result is %d\n",w);
```

```
    }
    int mul(int a,int b)
    {   if(a==0||b==0) return 0;
        if(b==1) return a;
        return a+mul(a,b-1);
    }
```

5. 编写一个函数，用时间时、分和秒作为函数的 3 个形参，函数返回自 0 点钟到指定时间的秒数，并用这个函数计算同一天两个时间之间的秒数。

6. 如果一个整数（整数>1）的各因子（包括 1，但不包括整数自身）之和等于该整数，称这样的整数为完全数。例如，因为 6=1+2+3，所以 6 是完全数。编写一个已知整数判断其是否是完全数的函数，并用该函数输出 1 000 之内的所有完全数。

7. 编写判断已知正整数是否是质数的函数，并利用该函数输出 1 000 之内的所有质数。

8. 试按下面的定义编写求两整数最大公约数的递归函数 gcd()：

$$gcd(a, b)=\begin{cases} a & , a=b \\ gcd(a-b, b) & , a > b \\ gcd(a, b-a) & , a < b \end{cases}$$

要求函数 gcd()能输出形参值 a 和 b，以便能观察函数 gcd()的递归计算过程。

9. 试用递归函数，返回与所给十进制整数相反顺序的整数，如已知整数是 1 234，函数返回值是 4 321。

10. 试给出一种解决方案，能让函数知道自己被别的函数调用多少次。

11. 试分别指出以下数据对象的存储类别。

（1）x 是函数的整型形参。

（2）y 是某函数专用，并能保留函数前次调用结果的变量。

（3）z 只能让同一源程序文件中的函数共享的变量。

（4）d 是能让程序中许多函数共享的变量。

12. 试简要叙述以下宏定义的意义。

```
#define TwoRound(x) (int)((x)*100+0.5)/100.0
```

13. 写出判断某年为闰年的宏定义。

14. 写出从 3 个整数中找出最大数的宏。

15. 写出输出整数数组的宏定义，要求数组元素个数和一行输出多少个整数作为宏的形参。

16. 分别写出一行输出 1 个数据项、一行输出 2 个数据项和一行输出 3 个数据项的宏定义，然后将这些定义的正文组织成一个头文件，并要求该头文件具有不会让同一个源程序文件重复包含的能力。

第6章 指针和引用

在 C 语言中，指针是描述数据实体之间关系的有力工具。由于指针的内部实现就是程序对象在计算机内存中的存储地址，程序员能利用指针编写能充分发挥计算机性能的程序。所以，一个高水平的 C 程序员能非常熟练地使用指针编写程序。

C 语言给予指针一定的运算能力，让指针能顺序变化指向数组的各元素，以及函数可以设置指针类型的形参和函数指针形参，能让程序员利用指针编写出非常高效的程序。

在传统高级语言中，引用是函数的形参与实参结合的方式之一。C++把引用看做数据对象的一种标识，它不仅能用于说明形参与实参的结合方式，也可用于标识数据对象。

学习目标

* 掌握指针的基本概念；
* 掌握指向数组元素指针的用法；
* 了解指向数组指针的概念；
* 掌握指针形参的作用和用法；
* 了解返回指针的函数的用法；
* 了解函数指针的概念；
* 掌握引用的基本概念、引用形参的作用和用法；
* 了解返回引用函数的用法。

6.1 指针的基本概念

指针是系统程序设计语言的一个重要概念。指针在程序设计中有以下多方面的作用：

① 利用指针能间接引用指针所指的对象。

② 指针能用来描述数据之间的关系，以便构造复杂数据结构和处理动态数据结构问题。

③ 利用指针形参，能使函数间接引用调用环境中的变量。

④ 指针与数组结合，使访问数组元素的方式更加多样、手段更加灵活。

⑤ 正确熟练地应用指针能写出紧凑高效的程序。

1．变量、变量的地址及变量的值

程序用变量定义引入变量，指定变量的类型和变量名。变量的类型是供编译系统参考的，根据类型确定变量所需的内存块的字节数量和它的值的表示形式，检查程序对变量操作的合法性，对合法的操作翻译出正确的计算机指令。变量名是供程序引用变量的，程序用变量的名引用变量的值或变量的地址。程序在计算机上运行时，程序中的变量会在内存中占据由若干个字节组成的一个内存储块，用于存放变量的值，存储块的开始地址称为变量的地址。例如，有如下代码：

```
int x=1;
x=x+2;
```

在代码"x=x+2;"中，赋值号左边的 x 表示值的存储位置，赋值号右边的 x 表示引用变量 x 的值。该代码的意义是：完成取 x 的值，加上 2 的计算，并将计算结果存入变量 x 中。

源程序中按变量名引用变量，程序代码经编译后，在目标程序中，已被转换成按地址引用，即按变量地址取变量值，按变量地址将表达式值存储到分配给变量的存储块中。

2. 指针变量和它所指向的变量

在 C 语言中，程序为了求变量的地址，可以对变量进行取地址运算，取变量地址的运算符是 &。例如，表达式&x 的值就是变量 x 的地址。

在 C 语言中，变量的地址也是一种数据，也可存储和运算。如果变量 A 和 B 分别满足一定的类型要求，可以将变量 A 的地址存入变量 B（例如，B=&A）。存储程序对象地址值的变量称为指针变量，如果指针变量 B 存储着变量 A 的地址，则称指针变量 B 指向变量 A。

由于不同的变量有不同的类型，故不同类型的变量的地址也有不同的类型，从而存储地址值的指针变量也有不同的类型。

指针变量的类型由它能指向的程序对象的类型来区分。定义指针变量的一般形式为：

类型 *标识符;

其中标识符用做变量的名称，定义变量的类型是"类型*"，表示该变量的类型是一种指针类型。所以，上述一般形式定义的是指针变量。其中的"类型"表示该指针变量能取这种类型的程序对象的地址。例如，下面的代码：

```
int   *ip;
float *fp;
```

定义指针变量 ip 和 fp，ip 能取 int 类型变量的地址，fp 能取 float 类型变量的地址。习惯称指针变量 ip 的类型是 int*的，指针变量 fp 的类型是 float*的。

指针变量能存储它能指向的程序对象的地址值。例如，由以上指针变量定义，以下代码将整型变量 i 的地址赋值给指针变量 ip。

```
int i=2;
ip=&i;
```

这样的赋值使 ip 与 i 之间建立图 6-1 所示的关系，习惯称指针变量 ip 指向变量 i。

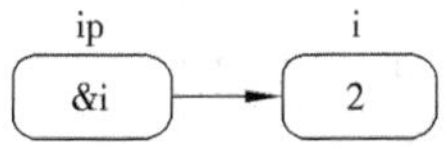

指针变量定义时也可指定初值。例如：

```
int j;
int *intpt=&j;
```

图 6-1　指针变量与它所指
变量关系图

在定义 int*类型指针变量 intpt 时，给它初始化为 int 类型变量 j 的地址，使它指向变量 j。

C 语言规定，当定义局部指针变量时，如果未给它指定初值，则它的值是不确定的。程序在使用它们时，应首先给它们赋值，让指针变量确实指向某个变量。误用值不确定的指针变量会引起意想不到的错误。为明确表示指针变量暂不指向任何变量，用 0（记为 NULL）表示这种情况。一个值为 NULL 的指针变量，习惯称它是空指针。例如，赋值语句：

```
ip=NULL;
```

让 ip 是一个空指针，暂不指向任何变量。对于静态的指针变量，如果在定义时未给它指定初值，系统自动给它指定初值为 0，让它暂时是一个空指针。

指针变量能指向的变量，只能是它定义时指定的那种类型的变量。例如，上述指针变量 ip 只能指向 int 类型的变量，只能给 ip 赋值 int 类型变量的地址，不能给 ip 赋值别的类型变量的地址。例如，有以下定义：

```
int i=100,j,*ip,*intpt;
float f,*fp;
```

并有

```
ip=&i;
```

以下都是不正确的赋值：

```
ip=100;            /*指针变量不能赋整数值*/
intpt=j;           /*指针变量不能赋整型变量的值*/
fp=&i;             /*能指向 float 型变量的指针变量，不能指向 int 型变量*/
fp=ip;             /*两种指向不同类型变量的指针变量不能相互赋值*/
```

而以下都是正确的赋值：

```
ip=&i;             /*使 ip 指向 i*/
intpt=ip;          /*使 intpt 指向 ip 所指变量*/
fp=&f;             /*使 fp 指向 f*/
ip=NULL;           /*使 ip 不再指向任何变量*/
```

3．引用指针变量所指的变量

程序除能按变量名引用变量外，也可利用变量的地址引用变量。按变量名引用变量习惯称为直接引用；如果指针变量 B 能指向变量 A，并存储着变量 A 的地址，借助于变量 B 引用变量 A 称为对 A 的间接引用。

当指针变量明确指向一个它能指向的对象时，即它的值不是 NULL 时，可以使用间接引用运算符"*"，间接引用指针变量所指向的对象。例如，以下代码：

```
ip=&i;             /*让 ip 指向变量 i*/
intpt=&j;          /*让 intpt 指向变量 j*/
```

让指针变量 ip 指向变量 i，让指针变量 intpt 指向变量 j，则代码*ip 表示间接引用 ip 所指变量 i，代码*intpt 表示间接引用 intpt 所指变量 j。

间接引用出现在赋值运算符的右边，表示引用变量的值。间接引用出现在赋值运算符的左边，表示向被引用变量赋值。例如，以下代码：

```
*intpt=*ip+5;      /*通过间接引用，将变量 i 的值加上 5 后赋值给变量 j*/
```

与代码：

```
j=i+5;
```

效果是等价的。

以下程序表明指针变量和它所指向变量之间的关系以及取地址运算符&和间接引用运算符*之间的关系，其中指针用十六进制形式输出。

【例 6.1】说明指针变量与它所指变量之间关系的示意程序。

```
#include<stdio.h>
int main()
{   int k;          /*一个整型变量*/
    int *kPtr;      /*一个整型指针变量*/
```

```
    k=7;
    kPtr=&k;        /*让指针变量 kPtr 指向变量 k*/
    printf("k 的地址是 %x\nkPtr 的值是 %x",&k,kPtr);
    printf("\nk 的值是 %d\n*kPtr 的值是 %d",k,*kPtr);
    printf("\n 以下表明运算符*和&是互逆的: \n&*kPtr=%x\n*&kPtr=%x\n",&*kPtr,*&kPtr);
    return 0;
}
```

【程序说明】在以上程序中，第 6 行代码将变量 k 的地址赋值给指针变量 kPtr，使 kPtr 指向变量 k。随后，第 1 个输出代码输出变量 k 的地址和指针变量 kPtr 的值。第 2 个输出代码输出变量 k 的值和指针变量 kPtr 所指变量的值。由于 kPtr 所指的是变量 k，所以，k 的地址值与 kPtr 的内容相同，k 的值就是 kPtr 所指变量的值。第 3 个输出代码表示&*kPtr 与*&kPtr 是一样的。运行以上程序，将输出：

```
k 的地址是 12ff7c
kPtr 的值是 12ff7c
k 的值是 7
*kPtr 的值是 7
```

以下表明运算符*和&是互逆的：

```
&*kPtr=12ff7c
*&kPtr=12ff7c
```

由上述程序的输出结果发现：变量 k 的地址和变量 kPtr 的值是相同的，确信变量 k 的地址赋值给了指针变量 kPtr。运算符&和*是互为相反的，当它们以不同的次序作用于指针变量时，得到相同的结果。注意，在不同系统上运行以上程序，输出的地址可能不同。

要特别注意两种不同赋值的区别：指针变量之间的赋值，指针变量所指向的变量之间的赋值。例如代码：

```
intpt=ip;
```

使两个指针变量 intpt 与 ip 指向同一个对象，或都不指向任何对象（如果 ip 的值为 NULL）。而代码：

```
*intpt=*ip;
```

实现将 ip 所指变量的值赋值给 intpt 所指变量，要求 ip 与 intpt 的值都不是 NULL。

通过指针变量间接引用，实际引用的是哪一个变量，取决于指针变量的值。改变指针变量的值，就是改变指针变量的指向，从而能实现用同样的间接引用代码，引用不同的变量。

指针变量最主要的应用有两个方面：一是让指针变量指向数组的元素，以便逐一改变指针变量的指向，遍历数组的全部元素；二是让函数设置指针形参，让函数体中的代码通过指针形参间接引用调用环境中的变量，或引用变量的值，或改变变量的值。

为正确理解和使用指针变量，指出以下 3 点注意事项：

① 定义指针变量与间接引用指针变量所指对象采用相似的标记形式（*指针变量名），但它们的作用与意义是完全不同的。在指针变量定义中（例如"int *ip;"），指针变量名之前的符号"*"说明其随后的标识符是指针变量名。如果指针变量定义时带有初始化表达式，例如：

```
int i,*ip=&i;
```

初始化表达式的地址是赋值给指针变量本身，而不是指针变量所指对象。实际上，在初始化之前，指针变量还未指向一个确定的对象。

② 通过某个指向变量 i 的指针变量 ip 间接引用变量 i 与按变量名 i 直接引用变量 i，效果是相同的，凡能可以按变量名引用变量的地方，也可以用指向它的某个指针变量间接引用它。例如，有代码：

```
int i,*ip=&i;
```

则凡变量 i 能使用的地方，*ip 一样能用。

　　③ 因单目运算符*、&、++和--是从右向左结合的，注意分清运算对象是指针变量还是指针变量所指对象。例如，有变量定义：

```
int i,j,*ip=&i;
```

代码：

```
j=++*ip;
```

先是*ip 间接引用 ip 所指向的变量（变量 i），然后对变量 i 做自增运算，并将运算结果赋值给变量 j，也就是说，++*ip 相当于++(*ip)，而代码：

```
j=*ip++;
```

是先求子表达式 ip++。ip++的值为原来 ip 的值，然后是 ip 自增。所以，表达式*ip++的值与*ip 相同，并在求出表达式值的同时，ip 增加了 1 个单位，相当于代码：

```
j=*ip;ip++;
```

经上述表达式计算后，ip 不再指向变量 i。这种情况常用在指针指向数组元素的情况，在引用数组某元素之后，自动指向数组的下一个元素，而代码：

```
j=(*ip)++;
```

则是先间接引用 ip 所指向的变量，取这个变量的值赋值给 j，并让该变量自增。

6.2　指向数组元素的指针

　　将数组元素的地址赋值给指针变量，就能使指针指向数组元素。设有以下变量定义：

```
int  a[100],*p;
```

　　C 语言规定，一维数组名表达式是数组首元素指针。所以，赋值运算 p=&a[0]，或 p=a，都使指针变量 p 指向数组元素 a[0]。

　　C 语言还规定，指向数组元素的指针能做有限的运算。用实例说明如下，设有以下代码：

```
int *p,*q,a[100];
p=&a[10];
q=&a[50];
```

　　① 两个指向同一个数组的元素的指针可以做关系比较（<、<=、==、>、>=、!=）。

　　如果两个指针变量 p 和 q 指向数组的同一个元素，则 p==q 为真；若 p<q 为真，表示 p 所指向的数组元素的下标小于 q 所指向的数组元素的下标。例如，对上述代码 p<q 为真。

　　② 指向数组元素的指针可与整数进行加减运算，使指针的指向在数组元素之间前后移动。

　　利用数组元素在内存中顺序连续存放的规定以及地址运算规则，表达式 a+1 为 a[1]的地址，a+2 为 a[2]的地址。一般的，表达式 a+i 为 a[i]的地址。把这个结论应用于指向数组元素的指针，同样成立。若指针变量 p 的值为 a[0]的地址，则表达式 p+i 的值为 a[i]的地址，或者说，表达式 p+i 指向 a[i]。若 p 指向数组元素 a[10]，则表达式 p+k 指向数组元素 a[10+k]，这里，k 是任意的整表达式，限制结果表达式所指的还应该是数组的某元素。

　　C 语言规定，当指针变量指向数组 a[]的元素时，不论数组元素的类型是什么，指针加减 k 运算，总是根据所指元素的字节长度 sizeof a[0]，对 k 放大，保证指针加减 k，使指针指向往前或往后移动 k 个元素。

　　③ 当两个指针指向同一个数组的某两个元素时，允许两个指针做减法运算。两个指针做减

法运算的绝对值等于两个指针所指的数组元素之间相差的元素个数。例如，对于上述的 p 和 q，表达式 q-p 的值为 40。

利用间接引用运算符'*'引用指针所指对象，*(a+i)表示引用 a+i 所指向的数组元素 a[i]，这样*(a+i)就是 a[i]。对于指向数组元素的指针变量 p，若 p 指向 a[10]，*(p+i)表示引用 p+i 所指向的数组元素 a[10+i]。

与用数组名和下标引用数组元素的标记法一致，指向数组元素的指针变量也可带下标引用数组的元素，即*(p+i)也可写成 p[i]，但若 p=&a[10]，则 p[i]引用的是 a[10+i]，p[-2]引用的是 a[8]。

综上所述，引用数组元素有以下 3 种形式：

① 用数组元素的下标引用数组元素。例如，a[5]。

② 利用一维数组名表达式的值是数组首元素指针的规定，可用数组名描述的指针表达式引用数组元素。例如，*(a+i)。

③ 利用指向数组元素的指针变量，可用指针变量描述的表达式引用数组元素。例如，*(p+i)或 p[i]。

这里要强调指出，数组名 a 单独使用只能表达数组元素 a[0]的指针，它是不可改变的，程序只能把它作为常量使用。用指向数组元素的指针变量 p 能表达数组任意一个元素的指针。例如，运算 p++能使 p 指向数组的下一个元素，运算 p--能使 p 指向数组的上一个元素。

利用以上所述的指针变量的简单运算能力，就能让指针变量从指向数组首元素开始，遍历数组。以下代码就是利用指针变量遍历数组的实例，分别是输入数组的全部元素、输出数组的全部元素、将已知数组复制到另一个数组。

```
int a[100],b[100],*p,*q;
for(p=a;p<a+100;)               /*利用指针遍历数组，输入数组的全部元素*/
    scanf("%d",p++);
for(p=a;p<=&a[99];p++)          /*利用指针遍历数组，输出数组的全部元素*/
    printf("*p=%d\t",*p);
printf("\n");
for(p=a,q=b;p<a+100;)           /*利用指针将已知数组复制到另一个数组*/
    *q++=*p++;
```

当指针变量指向字符串某字符时，习惯称这样的指针为字符串的字符指针。因为字符串存储于字符数组中，所以，指向字符串字符的指针也是指向数组元素的指针，但因字符串有字符串结束符，具体编写字符串处理程序时不再需要指定字符串的字符个数，而处理普通数组通常还需要指定数组的元素个数。为此，在这里另对字符串指针的用法做进一步讨论。

首先指出程序存储字符串常量有两种供选的方案：

① 把字符串常量存放在一个字符数组中。例如：

```
char s[]="I am a string.";
```

数组 s[]共有 15 个元素，其中 s[14]为'\0'.对于这种情况，编译程序根据字符串常量所需的字节数为字符数组分配存储单元，并把字符串常量填写到数组中，即对数组初始化。

② 字符串常量放在程序运行环境的常量存储区中。当字符串常量作为表达式出现时，编译系统将字符串常量放入常量存储区,而把表达式转换成该字符串常量存储区的第一个字符的指针。根据这个规定，程序代码可以用字符串常量赋值给字符指针变量。例如：

```
char *cp1,*cp2="I am a string";    /*用字符串常量初始化字符指针变量*/
cp1="Another string";              /*用字符串常量赋值给字符指针变量*/
```

请注意上例中的两个赋值运算，向字符指针变量赋值的是字符串常量的第一个字符的指针，而不是给指针变量赋字符串常量的全部字符。使字符指针变量 cp2 指向字符串常量"I am a string"的第一个字符 I，使 cp1 指向字符串常量"Another string"的第一个字符 A，以后就可通过 cp2 或 cp1 分别访问这两个字符串常量中的其他字符。例如，*cp2 或 cp2[0]就是'I'，*(cp1+3)或 cp1[3]就是字符't'。但是要强调指出，对于这种情况，企图通过指针变量修改存于常量区中的字符串常量是不允许的。

为了便于程序处理字符串，系统预定义了许多用于字符串处理的库函数，程序可以用字符串常量或指向某字符串的字符指针调用这些库函数。例如，调用库函数 strlen()求字符串常量的长度：

```
strlen("I am a string.")
```

该函数调用的结果是 14，表示这个字符串常量由 14 个有效字符组成。如果 s 是一个字符数组，已存有字符串，cp 是一个字符指针变量，它指向某个字符串的首字符：

```
char s[]="I am a string.",*cp="Another string.";
```

则代码：

```
printf("%s\n",s);    /*输出: I am a string.*/
```

输出存于字符数组 s 中的字符串，而代码：

```
printf("%s\n",cp); /*输出: Another string.*/
```

输出字符指针变量 cp 所指向的字符串。

以下是一些用字符指针变量处理字符串的代码。

【例 6.2】将一个已知字符串复制到一个字符数组，设 from 为已知字符串的首字符指针，to 为存储复制字符串的字符数组首元素的指针。若用下标引用数组元素标记法，完成复制的代码可写成：

```
k=0;
while((to[k]=from[k])!='\0') k++;
```

如采用字符指针描述有：

```
while((*to++=*from++)!='\0');
```

由于字符串结束符'\0'的值为 0，上述测试当前复制字符是不是字符串结束符的代码，"!= '\0'"是多余的，字符串复制更简洁的写法是：

```
while(*to++=*from++);
```

【例 6.3】将字符串 s 中的某个字符删去，假设要删去的字符与字符变量 c 中的字符相同。

【解题思路】程序可采用一边考察字符，一边复制不去掉的字符来实现。为此，引入两个字符指针 p 和 q，其中，p 指向当前正要考察的字符，若它所指的字符与 c 中的字符不相同，则应将它复制到新字符串中，否则，该字符不被复制，也就从新的字符串中不再出现；q 指向下一个用于存储复制字符的存储位置，每次复制一个字符后，q 才增加 1，每次考察了一个字符后，p 就增 1。实现上述要求的代码如下：

```
for(p=q=s;*p;p++)          /*p 指向字符串首字符,q 指向存储复制字符的存储位置*/
    if(*p!=c)  *q++=*p;  /*复制*/
*q='\0';                   /*重新构成字符串*/
```

6.3　指针形参

在 C 语言中，函数调用时，系统先为形参分配空间，接着实参向函数的形参传值，用实参初始化形参。在函数计算过程中，函数不能修改实参变量，但许多应用要求被调用函数能修改由实参指定的变量。C 语言的指针形参能实现这种特殊的要求。指针形参能够指向的对象的类型在形参说明时说明。例如，以下函数：

```
void divNum(int *intPt, int d);
```

其中，intPt 是一个指针形参，它能指向 int 类型的变量。

调用有指针形参的函数时，对应指针形参的实参必须是某个变量的指针。指针形参从实参处得到某变量的指针，使指针形参指向一个变量。这样，函数就可用这个指针形参间接访问被调用函数之外的变量，或引用其值，或修改其值。因此，指针类型形参为函数改变调用环境中的变量提供了手段。

【例 6.4】本例中的两个函数用于说明一般形参与指针形参的区别。函数 squreByValue()有一个整型形参 n，求得 n 的二次方幂返回。函数 squreByPoint()设有一个整型指针形参，该函数根据指针形参所指变量，将变量的值改成是它调用之前的二次幂。程序代码如下：

```
#include<stdio.h>
int squreByValue(int n)
{ return n*n;                      /*以 n 的平方为结果返回*/
}
void squreByPoint(int *nPtr)
{ *nPtr=(*nPtr)*(*nPtr);            /*将形参所指向的变量值平方，并存于该变量中*/
}
int main()
{ int m=5;
  printf("数 m 原来的值是 %d\n",m);
  printf("函数调用 squreByValue(m)的返回值是 %d\n",squreByValue(m));
  printf("函数调用后 m 的值是 %d\n",m); /*m 值没有因调用函数而改变*/
  printf("***************************************************\n");
  printf("数 m 原来的值是 %d\n",m);
  squreByPoint(&m);                /*m 值将因调用函数而改变*/
  printf("函数调用 squreByPoint(&m)后 m 的值是 %d\n",m);
  return 0;
}
```

【程序说明】图 6-2 是非指针形参函数调用过程示意图。

（a）主函数调用函数 aqureByValue()之前

（b）squreByValue() 接受调用后

（c）函数 squreByValue() 计算出形参的二次幂之后

（d）函数调用 squreByValue() 结束，返回主函数

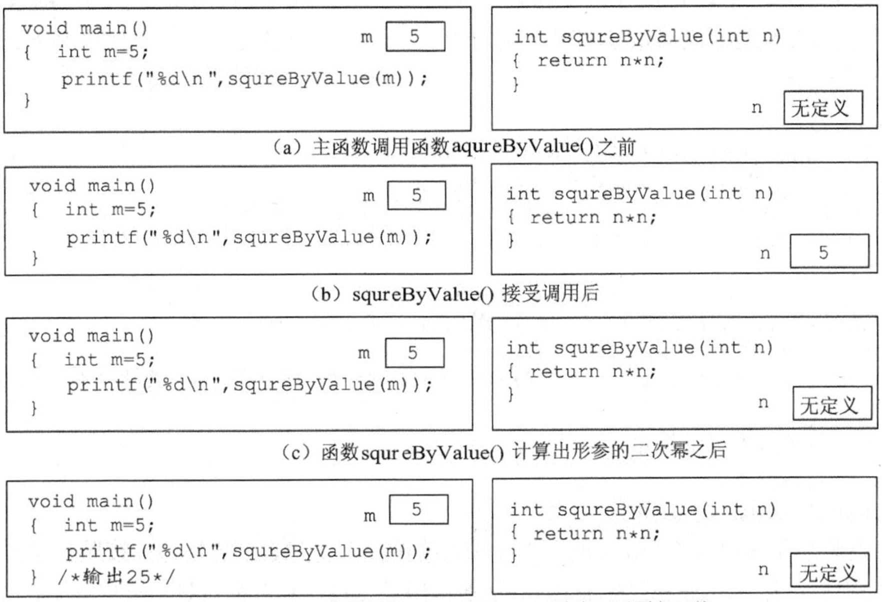

图 6-2　非指针形参函数调用过程示意图

图 6-3 是指针形参函数调用过程示意图。

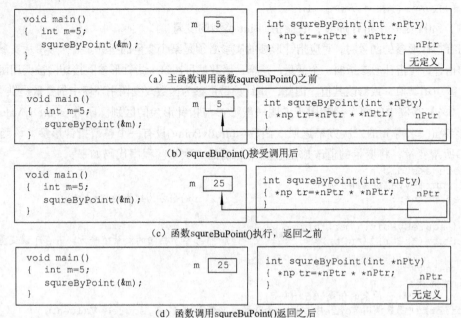

（a）主函数调用函数squreBuPoint()之前

（b）squreBuPoint()接受调用后

（c）函数squreBuPoint()执行，返回之前

（d）函数调用squreBuPoint()返回之后

图 6-3　指针形参函数调用过程示意图

图 6-3 所示说明函数调用时，指针形参 nPtr 得到实参变量 m 的指针后，指针 nPtr 指向变量 m。函数体通过 nPtr 间接引用 m，得到 m 的值，并将计算结果填入到变量 m 中。

【例 6.5】说明指针形参用法的示意程序。

【解题思路】本例程序中的函数 swap()的功能是交换两个整型变量的值，函数 swap()设置了两个整型指针形参。在函数 swap()中，用指针形参间接引用它们所指向的变量。调用函数 swap()时，提供的两个实参必须是要交换值的两个变量的指针，而不是变量的值。程序代码如下：

```c
#include<stdio.h>
int main()
{ int a=1,b=2;
  void swap(int*,int*);
  printf("调用 swap()函数之前:a=%d\tb=%d\n",a,b);
  swap(&a,&b);                /*以变量的指针为实参，而不是变量的值*/
  printf("调用 swap()函数之后:a=%d\tb=%d\n",a,b);
  return 0;
}
void swap(int *pu,int *pv)    /*函数设置两个指针形参*/
{ int t;
  t=*pu;*pu=*pv;*pv=t;        /*函数体通过指针形参，间接引用和改变调用环境中的变量*/
}
```

运行该程序将输出以下结果：

调用 swap()函数之前：　a=1　　　b=2
调用 swap()函数之后：　a=2　　　b=1

【程序说明】在调用函数 swap()时，两个实参分别是变量 a、b 的指针，按照实参向形参单向传递值的规则，函数 swap()的形参 pu 和 pv 分别得到了变量 a 和 b 的指针。函数 swap()利用这两个指针间接引用变量 a 和变量 b。显然，实参&a 和&b，即变量 a 和 b 的指针并没有因函数调用发生变化，但由于函数 swap()通过对形参的间接引用，使它们所指向的变量 a 和变量 b 的内容被读取，并被修改，最终使这两个变量的内容做了相互交换。对指针形参与非指针形参的不同作用进行比较，请考虑以下程序例子。

【例 6.6】调用非指针类型形参的函数，实参向形参传值，函数调用不能改变实参变量值的示意程序。

```c
#include<stdio.h>
void paws(int u,int v)
{ int t=u;
  u=v;v=t;
  printf("在函数 paws()中: u=%d\tv=%d\n",u,v);
}
int main()
{ int x=1,y=2;
  paws(x,y);
  printf("在主函数 main 中: x=%d\ty=%d\n",x,y);
  return 0;
}
```

【程序说明】上述程序运行时，函数调用 paws(x, y)将实参 x、y 的值分别赋值给函数 paws()的形参 u 和 v。函数执行时，形参 u 和 v 的内容被互换，因此在函数内输出：

在函数 paws 中: u=2   v=1

函数内形参值的改变与原先向它们传递值的实参变量无关。在主函数内，变量 x 和 y 的值依旧分别为 1 和 2，所以主函数输出：

在主函数 main 中: x=1   y=2

例 6.6 说明，只有实参向形参单向传递值，函数执行时，形参值的改变不会影响实参变量。

希望函数能按需要改变由实参指定的变量，需要在以下 3 个方面协调一致：

① 函数应设置指针形参。

② 函数体必须通过指针形参间接引用变量。

③ 调用函数时，必须以希望改变值的变量的指针为实参。

【例 6.7】程序中的函数 f1()、f2() 和 f3()能进一步说明非指针形参和指针形参的区别。

```c
#include<stdio.h>
void f1(int x,int y) {int t=x;x=y;y=t;}
void f2(int *x,int *y) {int t=*x;*x=*y;*y=t;}
void f3(int **x,int **y) {int *t=*x;*x=*y;*y=t;}
int main()
{ int x=1,y=2;
  int *xpt=&x,*ypt=&y;
  printf("First: x=%d\ty=%d\n",x,y);
  f1(x,y);
  printf("After call f1(): x=%d\ty=%d\n",x,y);
  x=1;y=2;    f2(&x,&y);
  printf("After call f2(): x=%d\ty=%d\n",x,y);
  x=1;y=2;
  printf("Befor call f3(): x=%d\ty=%d\n",x,y);
  printf("Befor call f3(): *xpt=%d\t*ypt=%d\n",*xpt,*ypt);
  f3(&xpt,&ypt);
  printf("After call f3(): x=%d\ty=%d\n",x,y);
  printf("After call f3(): *xpt=%d\t*ypt=%d\n",*xpt,*ypt);
  return 0;
}
```

【程序说明】函数调用 f1(x,y)不能改变 x 和 y 的值，函数调用 f2(&x,&y)能改变 x 和 y 的值，函数调用 f3(&xpt,&ypt)能改变指针变量 xpt 和 ypt 的值，从而能改变它们的指向。运行以上程序，输出结果如下：

```
First: x=1          y=2
After call f1(): x=1          y=2
After call f2(): x=2          y=1
Befor call f3(): x=1          y=2
Befor call f3(): *xpt=1 *ypt=2
After call f3(): x=1          y=2
After call f3(): *xpt=2 *ypt=1
```

6.4 数 组 形 参

为了能使函数处理不同的数组，函数应设置数组形参。对应数组形参的实参是数组某元素的地址，通常情况下是数组首元素的地址。由于数组名能代表数组首元素的地址，所以，常用数组名实参对应数组形参。例如，下面定义的函数 sum()用于求含 n 个元素的数组元素之和，这个函数正确地设置有两个形参，一个是数组形参，用于对应实在数组；另一个是整型形参，用于指定求和数组的元素个数。

```
int sum(int a[],int n)
{  int i,s;
   for(s=i=0;i<n;i++)  s+=a[i];
   return s;
}
```

利用以上定义的函数 sum()，如有以下变量定义：

```
int  x[]={1,2,3,4,5};
int  i,j;
```

则语句：

```
i=sum(x,5);
j=sum(&x[2],3);
printf("i=%d\nj=%d\n",i,j);
```

将输出：

```
i=15
j=12
```

函数调用 sum(x,5)将数组 x 的地址(&x[0])传送给数组形参 a，函数调用 sum(&x[2],3)将数组 x 中的 x[2]的地址(&x[2])传送给形参 a，而 x[2]的地址就是数组元素段 x[2]、x[3]、x[4]的开始地址。

对于数组类型的形参来说，函数被调用时，与它对应的实在数组有多少个元素是不确定的，可能会对应一个大数组，也可能会对应一个小数组，甚至会对应数组中的某一段。所以，在数组形参说明中，不必指定数组元素的个数。通常，为了正确指明某次函数调用实际参与计算的元素个数，应另引入一个整型形参来指定，就如函数 sum()那样设置形参。

因传递给数组形参的实参是数组段的开始地址，函数内对数组形参的访问就是对实参所指数组的访问。函数也可以改变实参所指数组元素的值。例如，以下 initArry()函数的定义：

```
void initArray(int x[],int n,int val)
{  int i;
   for(i=0;i<n;i++)  x[i]=val;
}
```

函数 initArray()是给数组元素赋指定值的。如果另有数组定义：

```
int a[10],b[100];
```

语句：

```
initArray(a,10,1);
initArray(b,50,2);
initArray(&b[50],50,4);
```

分别给数组 a[]的所有元素赋值 1，为数组 b[]的前 50 个元素赋值 2，后 50 个元素赋值 4。

数组形参也可以是多维数组。当数组形参是多维时，除数组形参的第一维大小不必指定外，其他维的大小必须明确指定。例如，下面的函数 sumAToB()，用于将一个 n×10 的二维数组各行的 10 个元素之和存另一个数组中。

```
void sumAToB(int a[][10],int b[],int n)
{ int i,j;
   for(i=0;i<n;i++)
      for(b[i]=0,j=0;j<10;j++) b[i]+=a[i][j];
}
```

在函数 sumAToB()的定义中，把形参 a 的说明写成 int a[ ][ ]是错误的。因二维数组的元素只是一行行存放，并不自动说明数组的列数（即每行元素个数）。如果在数组形参中不说明它的列数，就无法确定数组元素 a[i][j]的实际地址。

【例 6.8】给数组设置随机值的函数。

经常会遇到要为一个数组输入一组任意的初值工作，一个个数据输入也是很烦人的工作，下面的函数就能自动实现这个要求。

```
void randInitArray(int a[],int n,int range)
{   int k;long now;
    srand(time(&now));         /*用时间初始化随机数种子*/
    for(k=0;k<n;k++)           /*产生 n 个 0..range-1 以内的随机数*/
       a[k]=rand()%range;      /*调用随机函数*/
}
```

【程序说明】函数的参数 range 是初始值的范围，例如要为数组 b[]产生 200 个 0～1 000 范围的整数，可用以下代码调用该函数：

```
randInitArray(b,200,1000);
```

函数执行时，首先用当时的时间值初始化随机数的种子，接着产生 n 个指定范围内的整数存入指定的数组。

因函数的数组形参对应的实参可以是数组某元素的地址，即数组某元素的指针，所以数组形参也是一种指针形参，只是它要求对应的实参是数组某元素的指针，而不是一般变量的指针。所以任何数组形参说明：

```
类型  标识符[]
```

都可改写成：

```
类型  *标识符
```

其中，标识符是形参的名称。例如，前面的函数 sum()的定义可改写成如下形式：

```
int sum(int *a,int n)
{ int i,s;
   for(s=i=0;i<n;i++) s+=a[i];
   return s;
}
```

在以上函数 sum()的定义中，把形参 a 说明成"int *a"，或"int a[ ]"，效果是完全一样的。将 a 说明为数组，可能更明确说明函数的处理对象是一个数据表，不是指向一个独立的简单变量。不管是将形参 a 说明为数组形参或指针形参，函数体中对数组元素的访问都可采用数组元素标记法。

函数的形参也是函数的一种局部变量，包括函数的指针形参。所以，函数 sum()的定义又可改写成如下形式：

```
int sum(int *a,int n)
{ int s=0;
  for(;n--;) s+=*a++;
  return s;
}
```

如果将以上讨论的内容应用于字符串处理，由于字符串存储于字符数组中，所以有关指向数组元素的指针形参的用法都可应用于编写字符串处理函数。因字符串包含有字符串结束符的特殊性，表示数组元素个数的形参就可以省略。

处理字符串的函数有一个字符指针形参，对应的实参或者是字符数组某个元素的指针，或者是字符串的首字符指针。下面以常用字符串库函数的实现为例，讨论编写字符串处理函数的方法。

【例 6.9】字符串复制函数 strcpy()。

【解题思路】实现该函数功能的代码已在前面讨论过，这里要把它改写成函数。它是将一个已知字符串的内容复制到另一字符数组中。复制函数要有两个形参 from 和 to。from 为已知字符串的首字符指针，to 为存储复制的字符串首字符指针。函数定义如下：

```
void strcpy(char *to,char *from)
{ while((*to++=*from++)!='\0');
}
```

由于字符串结束符'\0'的 ASCII 码的值为 0，因此上述测试当前复制字符不是字符串结束符的代码"!='\0'"可以省略。函数可简写为：

```
void strcpy (char *to,char *from)
{ while(*to++=*from++);
}
```

【例 6.10】两字符串比较函数 strcmp()。

【解题思路】该函数的功能是比较两字符串的大小。strcmp()有两个形参 s 和 t，分别为两个要比较字符串的首字符指针。如果 s 所指的字符串小于 t 所指的字符串，函数返回值小于 0；如果 s 所指字符串大于 t 所指字符串，函数返回值大于 0；如果两个字符串相同，则函数返回 0。

函数以 s 和 t 为两字符串的顺序考察工作指针，用循环比较 s 和 t 所指的两个字符，直至两个字符不相等结束比较循环。循环过程中要判断字符串是否结束，如果字符串已结束，则两字符串相同，函数返回 0；否则，两字符指针分别加 1，继续后两个字符相比较。当两字符不相等结束循环时，函数可直接以两字符的差返回。函数定义如下：

```
int strcmp(char *s,char *t)
{ /*return<0,if s<t;0,if s==t;>0,if s>t*/
  while(*s==*t)                /*对应字符相等循环*/
  { if(*s=='\0') return 0;
    s++;  t++;
  }
  return *s-*t;                /*返回比较结果*/
}
```

6.5 指向二维数组一整行的指针

程序也可定义指向二维数组一整行的指针变量，这种指针变量增减 1 个单位，指针变量就会向前或向后移一整行。要定义指向二维数组一整行的指针变量，用以下形式的代码：

```
int(*p)[4];
```

定义指针变量 p 能指向一个由 4 个 int 型元素组成的数组。在以上定义中，圆括号是必需的。如果把代码写成：

```
int *q[4];
```

是定义一个指针数组 q（参见 6.6 节），数组 q 有 4 个元素，每个元素是一个指向整型变量的指针。

前面定义的指针变量 p 不同于早先介绍的指向数组元素的指针。在那里，指针变量指向数组的某个元素时，指针增减 1 运算，表示指针指向数组的下一个或前一个元素。在这里，p 是一个指向由 4 个整型元素组成的数组，对 p 做增减 1 运算，就表示 p 向前或向后移 4 个元素。不妨假设有以下变量定义：

```
int a[3][4]={{1,2,3,4},{5,6,7,8},{9,10,11,12}};
int (*p)[4];
```

则赋值：

```
p=a;
```

使 p 指向二维数组 a[][] 的第 1 行，表达式 p+1 的指针值为指向二维数组 a[][] 的第 2 行，表达式 p+i 指向二维数组 a[][] 的第 i+1 行。

对于二维数组和指向二维数组一整行的指针，在引用二维数组元素时，另有一些特别的表示形式。继续以上述二维数组 a[][] 和指向二维数组一整行指针 p 为例。从行的方向看数组 a[]，数组 a[] 有 3 个元素，分别为 a[0]、a[1]、a[2]。它们又分别是一个一维数组，各有 4 个元素。例如，a[0] 所代表的一维数组为：a[0][0]、a[0][1]、a[0][2]、a[0][3]。

与一维数组名可看做数组的第 1 个元素（下标为 0）的地址规定相一致，二维数组名 a 可以看做 a[ ] 的首元素一维数组 a[0] 的地址，即表示二维数组 0 行的首地址。一般的，a+i 可以看做数组 a[ ] 的元素一维数组 a[i] 的地址，即二维数组 i 行的首地址。

同时，a[0] 能表示一维数组 a[0] 的首元素 a[0][0] 的地址；a[1] 能表示一维数组 a[1] 首元素 a[1][0] 的地址。一般的，a[i] 能表示一维数组 a[i] 首元素 a[i][0] 的地址。

注意：对于二维数组 a，a+i 与 a[i] 的意义（类型）不同，a+i 表示整个一维数组 a[i] 的开始地址，a[i] 表示一维数组 a[i] 首元素 a[i][0] 的地址。另外，因 a[i] 可写成 *(a+i)，所以 a+i 与 *(a+i) 也有不同意义。a[i] 或 *(a+i) 表示二维数组 a 的元素 a[i][0] 的地址，即 &a[i][0]。根据地址运算规则，a[i]+j 即代表数组 a 的元素 a[i][j] 的地址，即 &a[i][j]。因 a[i] 与 *(a+i) 等价，所以 *(a+i)+j 也与 &a[i][j] 等价。

二维数组元素 a[i][j] 有以下 3 种等价表示形式：*(a[i]+j)、*(*(a+i)+j)、(*(a+i))[j]。

特别是 a[0][0]，它的等价表示形式还有 *a[0] 和 **a。

二维数组元素 a[i][j] 的地址也有 3 种等价的表示形式：a[i]+j、*(a+i)+j、&a[i][j]。

以上关于由二维数组名引用二维数组中的行和二维数组中的元素的规定，也一样可用于指向二维数组一整行的指针。如果有 p=a+1，则 a[i+1][j] 有以下 3 种等价的表示形式：*(p[i]+j)、*(*(p+i)+j)、(*(p+i))[j]。

在以上同样假定下，以下 3 种形式都表示数组元素 a[i+1][j] 的地址：p[i]+j、*(p+i)+j、&p[i][j]。

下面的程序说明指向数组元素的指针和指向二维数组一整行的指针的区别。

【例6.11】说明指向数组元素的指针和指向数组的指针的区别示意程序。

```
#include<stdio.h>
int main()
{ int a[3][4]={{1,3,5,7},{9,11,13,15},{17,19,21,23}};
  int i,*ip,(*p)[4];
  p=a+1;                    /*p 指向二维数组 a[][]的第 2 行*/
  ip=p[0];                  /*ip 指向二维数组元素 a[1][0]*/
  for(i=1;i<=4;ip+=2,i++)   /*ip 的指向是每次向后移 2 个元素位置*/
     printf("%d\t",*ip);
  printf("\n");
  p=a;                      /*p 指向二维数组 a[][]的首行*/
  for(i=0;i<2;p++,i++)      /*p 的指向是每次向后移一整行*/
     printf("%d\t",*(*(p+i)+1)); /*访问 a[1][0],访问 a[2][1]*/
  printf("\n");
  return 0;
}
```

程序运行后，将输出：

```
9      13      17      21
3      19
```

【程序说明】在程序中，开始时 p 指向二维数组 a 的第 2 行，p[0]或者*p 是 a[1][0]的地址，ip 指向 a[1][0]。在第 1 个循环中，每次循环后修改 ip，使 ip 增加 2。在第 2 个循环中，每次对 p 的修改，使 p 指向二维数组的下一行，而*(*(p+i)+1)引用后 i 行的第 2 列元素。其中：*(*(p+i)+1)也可写成*(p[i]+1)。

6.6　指　针　数　组

当数组元素类型为某种指针类型时，该数组就是一个指针数组。定义指针数组的一般形式为：

类型说明符　*标识符[常量表达式];

其中，标识符是变量的名称，标识符首先与后面的方括号结合，说明标识符是数组，再与前面的字符"*"结合，说明数组的元素类型是一种指针类型，所以，定义的变量是一个指针数组。类型说明符表明数组元素能指向的对象的类型。数组名之前的"*"是必需的，由于它出现在数组名之前，使该数组成为指针数组。例如：

```
int  *p[10];
```

定义数组 p 的元素类型是 int*，即元素的类型是指针类型。所以，数组 p 是一个有 10 个元素的指针数组。

在指针数组的定义形式中，由于"[]"比"*"的优先级高，使数组名先与"[]"结合，形成数组的定义，然后再与数组名之前的"*"结合，表示此数组的元素是指针类型。注意，在"*"与数组名之外不能加上圆括号，否则变成 6.5 节所述的指向数组的指针变量。例如：

```
int  (*q)[10];
```

是定义指向由 10 个 int 型元素组成的数组的指针。

引入指针数组的主要目的是便于统一管理同类的指针。例如，利用指针数组能实现对一组独立的变量以数组的形式对它们做统一处理。如果有以下定义：

```
int a,b,c,d,e,f;
int *ap[]={&a,&b,&c,&d,&e,&f};
```
下面的循环语句能顺序访问独立的变量 a、b、c、d、e、f：
```
for(k=0;k<6;k++)
  printf("%d\t",*ap[k]);                  /*其中*ap[k]可写成**(ap+k)*/
```
　　下面的两个程序为一组相互独立的变量顺序输入值，给它们排序后输出。前一个程序排序时，交换变量的值；后一个程序排序时，不交换变量的值，而是交换指向它们的指针。

【例 6.12】交换变量的值实现排序的程序。
```
#include<stdio.h>
#define  N sizeof ap/sizeof ap[0]
int a,b,c,d,e,f;
int main()
{ int *ap[]={&a,&b,&c,&d,&e,&f};
  int k,j,t;
  printf("输入 a,b,c,d,e,f.\n");
  for(k=0;k<N;k++) scanf("%d",ap[k]);   /*其中 ap[k]可写成*(ap+k)*/
  for(k=1;k<N;k++)
    for(j=0;j+k<N;j++)
      if(*ap[j]>*ap[j+1])                  /*交换变量的值*/
      { t=*ap[j];*ap[j]=*ap[j+1];*ap[j+1]=t;
      }
  for(k=0;k<N;k++) printf("%d\t",*ap[k]);
  printf("\n");
  return 0;
}
```

【例 6.13】不交换变量的值，交换变量的指针实现排序的程序。
```
#include<stdio.h>
#define  N sizeof ap/sizeof ap[0]
int a,b,c,d,e,f;
int main()
{ int *ap[]={&a,&b,&c,&d,&e,&f};
  int k,j,*t;
  printf("输入 a,b,c,d,e,f.\n");
  for(k=0;k<N;k++) scanf("%d",ap[k]);
  for(k=1;k<N;k++)
    for(j=0;j+k<N;j++)
      if(*ap[j]>*ap[j+1])   /*交换变量的指针*/
      { t=ap[j];ap[j]=ap[j+1];ap[j+1]=t;
      }
  for(k=0;k<N;k++) printf("%d\t",*ap[k]);
  printf("\n");
  return 0;
}
```
　　当排序的元素包含的信息量比较大时，如对字符串排序，排序时交换字符串就不是很合理。这就可利用指针数组对字符串进行排序，让指针数组的元素分别指向一个字符串的首字符，用简单的指针交换代替复杂的字符串交换。

　　请注意，用指针交换替代数据交换情况，排序后，各数据元素的存储位置并没有变更，如果直接从数据存储顺序访问数据，则与未排序之前的顺序是一样的。

　　当指针数组的元素分别指向二维数组各行首元素时，也可用指针数组引用二维数组的元素。

以下代码说明指针数组引用二维数组元素的方法。设有以下代码：

```
int a[10][20],i;
int *b[10];
for(i=0;i<10;i++)      /*b[i]指向数组元素 a[i][0]*/
    b[i]=&a[j][0];
```

则表达式 a[i][j] 与表达式 b[i][j] 引用同一个元素。从指针数组来看，因为 b[i] 指向元素 a[i][0]，*(b[i]+j) 或 b[i][j] 就引用元素 a[i][j]。

当指针数组的元素指向不同的一维数组元素时，也可通过指针数组，把它们当做二维数组来使用。假如有以下代码：

```
char w0[]="Sunday",w1[]="Monday",w2[]="Tuesday",w3[]="Wednesday",w4[]="Thursday",
w5[]="Friday",w6[]="Saturday";
char *wName[]={w0,w1,w2,w3,w4,w5,w6};
```

则语句：

```
for(i=0;i<7;i++) printf("%s\n",wName[i]);
```

输出星期的英文名称。代码 wName[2][4] 引用字符 w2[4]，其值为字符'd'。

【例 6.14】 以下程序把一维数组 p[] 分割成不等长的段，从指针数组 pt 方向来看，把 p[] 当做二维数组来处理。

```
#include<stdio.h>
#define N 8
int p[N*(N+1)/2],i,j,*pt[N];
int main()
{  for(pt[0]=p,I=1;i<N;i++)
      pt[i]=pt[i-1]+i;
   for(i=0;i<N;i++)
   {  pt[i][0]=pt[i][i]=1;
      for(j=1;j<i;j++) pt[i][j]=pt[i-1][j-1]+pt[i-1][j];
   }
   for(i=0;i<N;i++)
   {  printf("%*c",40-2*i,' ');
      for(j=0;j<=i;j++) printf("%4d",pt[i][j]);
      printf("\n");
   }
   return 0;
}
```

程序输出如下形式的二项式的系数三角形：

```
                    1
                  1   1
                1   2   1
              1   3   3   1
            1   4   6   4   1
          1   5  10  10   5   1
        1   6  15  20  15   6   1
      1   7  21  35  35  21   7   1
```

6.7 多 级 指 针

当指针变量 pp 所指的变量 ip 也是一种指针时，pp 是一种指向指针的指针，称指针变量 pp 是一种多级指针。

定义指向指针的指针变量的一般形式为：

类型　　＊＊标识符；

其中，标识符是变量的名称，由于字符＊自右向左结合，先是"＊标识符"，表示这个标识符命名的是一个指针变量，再有"＊＊标识符"，表示该指针变量能指向的是某种指针类型的对象。所以，以上形式的代码定义的是指向指针的指针变量。例如代码：

```
char **cp;
```

表示指针变量 cp 能指向的是一种类型为字符指针的数据对象。例如代码：

```
int **pp,*ip,i;
ip=&i;
pp=&ip;
```

定义 pp 是指向指针的指针变量；它能指向的是这样一种指针对象，该指针对象是能指向 int 类型的指针变量。上述代码让 pp 指向指针变量 ip，ip 又指向整型变量 i。

多级指针也与指针数组有密切的关系。如果有如下定义的指针数组：

```
char *lines[]={"ADA","ALGOL","C","C++","FORTRAN","PASCAL"};
```

则 lines[]指针数组的每个元素分别指向以上字符串常量的首字符。数组名 lines 可以作为它的首元素 lines[0]的指针，lines+k 是元素 lines[k]的指针，由于 lines[k]本身也是指针，所以，表达式 lines+k 的值是一种指针的指针。用前面定义的指针变量 cp，可让 cp 指向数组 lines[]的某元素。例如，cp=&lines[k]。这样，cp 就是指向指针型数据的指针变量。在这里，cp 是指向字符指针的指针变量。赋值表达式 cp=&lines[1]求值，让 cp 指向 lines[1]，则*cp 引用 lines[1]，它也是一个指针，指向字符串"ALGOL"的首字符。这样，**cp 就是引用 lines[1][0]，其值是字符'A'。下面的代码实现顺序输出指针数组 lines[]各元素所指字符串：

```
for(cp=lines;cp<lines+6;cp++) printf("%s\n",*cp);
```

设数组 a[ ]和指针数组 pt[ ]有以下代码所示的关系：

```
int a[]={2,4,6,8,10};
int *pt[]={&a[3],&a[2],a+4,&a[0],&[1]};
int **p;
```

下面的代码利用指针数组 pt[ ]和指针的指针 p，访问数组 a[ ]，依次输出 8、6、10、2、4：

```
for(p=pt;p<pt+5;p++) printf("%d\t",**p);
```

上例说明指针的指针与指针数组有密切关系，指向指针数组元素的指针即为指针的指针，如以上代码中的指针变量 p。上述代码首先让它指向指针数组的首元素，然后循环让它顺序遍历指向指针数组的各元素，表示*p 能引用 p 所指的数组元素，**p 能引用 p 所指数组元素所指的变量。程序中用**p 访问数组 a[ ]的元素。

6.8　函　数　指　针

许多应用要求函数设置函数形参，使函数被调用时，函数进一步要调用的函数可由实参指定。二分法求连续实函数实根的函数（设为 biRoot()）是典型例子之一。调用函数 biRoot()时，需要指定一个要求根的函数，这使函数 biRoot()能对指定范围内有实根的连续实函数方程都能求出它的根。C 语言为实现这个要求，引入函数指针、函数指针类型、函数指针变量、利用函数指针调用它所指向的函数和函数指针形参等概念，函数能利用实参提供的函数指针调用实参函数指针所指的函数。

1. 函数指针

程序装入内存时，对应函数的执行代码有一个入口地址，调用这个函数就从这个入口地址开始执行。在 C 语言中，函数的入口地址被抽象成函数指针，并用函数名标识它。例如，6.4 节中定义的数组求和函数 sum()，它的函数指针就用标识符 sum 标识。函数指针也能复制和存储。

2. 函数指针类型

函数的返回值类型、函数形参的顺序及形参的类型被抽象成函数指针类型。例如，能指向函数 sum() 的函数指针类型是：函数返回值类型是 int，有两个形参，第 1 个形参的类型是 int*，第 2 个形参的类型是 int。函数指针类型可以用类型定义命名，定义函数指针类型的一般形式是：

```
typedef 类型(*标识符)(形参类型表);
```

由于是 typedef（类型定义，参见 7.8 节），其中，标识符被定义为一个类型名称。括号让该标识符先与字符*结合，说明它是一种指针类型，再与后面的圆括号结合，说明这种指针所指的是一种函数。所指函数的形参要求由括号内的形参类型表指明，所指函数的返回值的类型由前面的类型指明。用如此形式定义的标识符就是一种函数指针类型。例如代码：

```
typedef  int(*sumPtType)(int *,int);
```

定义的 sumPtType 是一种函数指针类型。由定义 sumPtType 函数指针类型的代码知道，它代表的是这样一类函数：有两个形参，第 1 个形参的类型是 int*，第 2 个形参的类型是 int，并且函数返回 int 类型值。前面提及的函数 sum() 就是具有这样类型的函数。所以，可以认为函数名 sum 的类型也是 sumPtType 函数指针类型。

3. 函数指针变量

函数指针变量是存储函数指针值的变量，函数指针变量能作为结构化数据的成分，也能作为调用函数的实参。当函数指针变量存储某个函数的指针时，就称它指向这个函数，程序就可利用这个函数指针变量间接调用它指向的函数。

函数指针变量的类型用函数指针类型来描述，由函数指针类型来判断函数指针变量指向某个函数的合理性。函数指针变量只能指向与它的类型要求一致的函数。定义函数指针变量有两种方法。由早先定义的函数指针类型，定义函数指针变量。例如代码：

```
sumPtType  sumPt;
```

定义函数指针变量 sumPt，它能指向的函数是：函数返回值的类型是 int 的，有两个形参，第 1 个形参的类型是 int* 的，第 2 个形参的类型是 int 的。

也可以直接指定函数指针变量的类型特性：函数各形参的类型以及函数返回值的类型，用这种方式定义函数指针变量的一般形式为：

```
类型(* 标识符)(形参类型表);
```

其中，标识符用做变量的名称，括号让该标识符先与字符*结合，说明定义的是一种指针变量，再与后面的圆括号结合，说明这种指针变量能指的是一种函数。所指函数的形参要求由括号内的形参类型表指明，所指函数的返回值的类型由前面的类型指明。例如代码：

```
int(*fp)(int,double);
```

定义 fp 是这样一个函数指针变量，它能指向的是这样一类函数，函数的返回值类型是 int 类型的，函数有 int 和 double 类型两个形参。注意，上述代码中，*fp 两侧的括号是必需的，表示 fp 先与*结合，定义它是一个指针变量，然后与随后的()结合，表示指针变量 fp 是指向函数的。圆括号中的 int 和 double 表示所指函数有两个形参，一个是 int 类型的形参，另一个是 double 类型的形参；所指向的函数的返回值的类型是 int 类型。

如果将上述代码写成"int *f(int, double)"，因标识符 f 先与后面的圆括号结合，就变成说明一个函数 f()，该函数的返回值是指向 int 类型变量的指针（参见 6.9 节）。

函数指针变量能存放函数指针，程序能向函数指针变量赋值满足类型要求的函数指针，让它指向某函数，即函数的入口地址。例如代码：

```
sumPt=sum;
```

使函数指针变量 sumPt 指向函数 sum()。如果有函数说明：

```
int fac(int,double);
```

由于函数 fac() 的函数指针类型与前面定义的函数指针变量 fp 的类型相同，以下代码使函数指针变量 fp 指向函数 fac()。

```
fp=fac;
```

4．利用函数指针调用函数

一般形式的函数调用是：

函数名(实参表)

改用指向函数的指针变量间接调用函数，要写成：

(*函数指针变量名)　(实参表)

例如，直接调用函数 sum() 的代码是：

```
int x[]={1,2,3,4,5},z;
z=sum(x,5);
```

让函数指针变量 sumPt 指向函数 sum()，再利用它间接调用函数 sum() 的代码是：

```
sumPt=sum;
z=(*sumPt)(x,5);
```

在上述最后一行代码中，赋值号右边的第 1 对圆括号是必需的，代码（*sumPt）是让 sumPt 先与 *结合，对 sumPt 做间接引用，即间接调用 sumPt 所指向的函数。如果没有这对圆括号，写成：

```
z=sumPt(x,5);
```

将使 sumPt 与右边的括号结合，变成一般的函数调用。由于 sumPt 不是函数，这样的写法在早先的 C 语言系统中是一种错误，但是在现代许多 C++系统中，允许这样的写法。

下面是用函数指针变量调用它所指函数的示意程序。

【例 6.15】 使用函数指针变量调用函数的示意程序。

```
#include<stdio.h>
int main()
{   int (*fp)(int,int),x,y,z;
    int min(int,int),max(int,int);
    printf("Enter x,y: ");
    scanf("%d%d",&x,&y);
    fp=min;                 /*让 fp 指向函数 min()*/
    z=(*fp)(x,y);           /*调用 fp 所指函数*/
    printf("MIN(%d,%d)=%d\n",x,y,z);
    fp=max;                 /*现在更改 fp，使它指向函数 max()*/
    z=(*fp)(x,y);           /*调用 fp 所指函数*/
    printf("MAX(%d,%d)=%d\n",x,y,z);
```

```
    return 0;
}
int min(int a,int b)
{ return a<b?a:b;
}
int max(int a,int b)
{ return a>b?a:b;
}
```

【程序说明】 在函数定义之前，程序要以函数名作为该函数的指针使用，程序必须在引用函数指针之前对函数进行说明。例如，在上述程序中，用 min 引用函数 min() 的指针在前面，而函数 min() 的定义在后面。程序在用 min 作为函数 min() 的指针之前，先给出函数 min() 的说明。对 max() 函数也是一样，也先要对它进行说明。

5. 函数指针作为函数的形参

函数要设置函数指针形参，只要指明形参是函数指针类型即可。例如，以下程序中，函数 afun() 有一个 double 数组形参 a，一个 int 类型形参 n，另有一个函数指针形参 fpt。fpt 的类型是一个函数指针类型，能指向的函数有两个形参，第 1 个形参是 double 数组形参，第 2 个形参是 int 类型形参。以下代码：

```
double afun(double a[],int n,double(*fpt)(double *,int))
```

能正确说明上述要求。

下面用实例介绍函数设置函数指针形参的方法。

【例 6.16】 对给定的函数表，求它的最大值、最小值和平均值。

【解题思路】 程序有 3 个函数 max()、min() 和 ave()，分别用于求函数表的最大值、最小值和平均值。为了说明函数指针形参的用法，程序另设一个函数 afun()。主函数不直接调用上述 3 个函数，而是调用函数 afun()，并提供数组、数组元素个数和求值函数指针。由函数 afun() 根据主函数提供的函数指针调用实际函数，程序代码如下：

```
#include<stdio.h>
#define  N sizeof a/sizeof a[0]
double max(double a[],int n)
{ int i;double r;
  for(r=a[0],i=1;i<n;i++)
    if(r<a[i]) r=a[i];
  return r;
}
double min(double a[],int n)
{ int i;double r;
  for(r=a[0],i=1;i<n;i++)
    if(r>a[i]) r=a[i];
  return r;
}
double ave(double a[],int n)
{ int i;double r;
  for(r=0.0,i=0;i<n;i++)  r+=a[i];
  return r/n;
}
double afun(double a[],int n,double(*fpt)(double *,int))
{ return (*fpt)(a,n);
```

```
}
int main()
{ double a[]={1.0,2.0,3.0,4.0,5.0,6.0,7.0,8.0,9.0};
  printf("\n结果是:\n  ");
  printf("最大值=%f",afun(a,N,max));
  printf("\t最小值=%f",afun(a,N,min));
  printf("\t平均值=%f\n",afun(a,N,ave));
  return 0;
}
```

【程序说明】上述例子只是为了说明函数指针形参的用法。实际编写程序时,不另设函数 afun(),由主函数直接调用函数 max()、min()和 ave()会更简洁。

6. 函数指针数组

当许多函数有相同的返回值类型,并有相同的形参设置,如果程序又需要能随机地调用其中的某个函数,可将这些函数的指针存于一个数组中,这种数组称为函数入口表。例如,以下代码:

```
double(*fpt[])(double*,int)={ max,min,ave };    /*函数指针数组*/
```

定义了函数指针数组 fpt[],并用函数指针对它初始化。将函数 max()、min()和 ave()的函数指针填写在函数指针数组 fpt[]中,使数组 fpt[ ]成为这 3 个函数的函数入口表。

在编写应用程序时,函数指针数组是非常有用的,它能使程序的抽象层次更高,便于编写非常通用的程序。例如,在交互系统的界面设计中,常常是提供一组菜单供用户选择,根据用户的选择结果执行相应的函数。可以这样设计一个通用的菜单处理函数,除其他有关菜单位置、大小、颜色等信息作为形参之外,另设两个数组形参。一个数组的元素为指向菜单项字符串的指针;另一个数组的元素为指向对应处理函数的指针。这样,这个菜单处理函数可以用来完成各种菜单的显示、选择及执行等基本处理工作。

【例 6.17】这里的程序是例 6.16 的改写。程序的主函数从 fpt[]中取出函数指针,并以此函数指针调用它所指向的函数。实现上述程序同样功能的主函数可修改成如下形式,而其余函数均与上例程序中的相同。

```
#include<stdio.h>
#define  N sizeof a/sizeof a[0]
double max(double *,int),min(double *,int),ave(double *,int);
int main()
{ double a[]={1.0,2.0,3.0,4.0,5.0,6.0,7.0,8.0,9.0};
  double(*fpt[])(double *,int)={max,min,ave};  /*定义函数指针数组*/
  char *title[]={"最大值","最小值","平均值"};
  char *menuName[]={"求最大值","求最小值","求平均值",""};
  int ans,k;
  while(1)
  { printf("请选择以下菜单命令。\n");
    for(k=0;menuName[k][0] !='\0';k++)
    printf("\t%d:%s\n",k+1,menuName[k]);
    printf("\t其他选择结束程序运行。\n");
    scanf("%d",&ans);
    if(ans<1||ans>k) break;
    printf("\n结果是: \t%s=%f\n",title[ans-1],(*fpt[ans-1])(a,N));
  }
  return 0;
}
```

【程序说明】在上述程序中，主函数 main()显示菜单让用户选择，输入用户选择存于变量 ans。用户选择 1、2、3 中的某一个，主函数就按函数指针 fpt[ans−1]调用相应的函数。

6.9 返回指针值的函数

函数也可以返回指针值，可以是某变量的指针，或是某函数的指针。

1. 返回变量的指针的函数

说明返回变量指针的函数的一般形式为：

类型 *标识符(形参类型表);

定义返回变量指针的函数头的一般形式为：

类型 *标识符（形参说明表）

其中，类型是某种数据类型，标识符是函数名。在标识符的两侧分别为*运算符和()运算符，而()的优先级高于*，标识符先与()结合，说明该标识符是一个函数名。在函数名之前的*，表示此函数返回指针类型的值。例如代码：

    int *f(int,int);

说明函数 f()返回指向 int 类型变量的指针。以下用实例说明返回变量的指针值的函数的用法。

【例 6.18】编写在给定的字符串中找特定字符的第 1 次出现。如果找到，返回找到的字符的指针；如果没有找到，则返回 NULL 值。

【解题思路】设函数名为 searchCh，函数应设两个形参，指向字符串首字符的指针和待寻找的字符。查找过程是一个循环，函数从首字符开始，在当前字符还不是字符串结束符，并且当前字符不是要查找字符情况，继续考察下一个字符。待查找循环结束，如果当前字符不是字符串结束符，则找到，返回当前字符指针；否则，就是没有找到，函数返回 NULL。定义函数 searchCh()的代码如下：

```
char *searchCh(char *s,char c)
{  while(*s&&*s!=c)  s++;
    return *s?s:NULL;
}
```

2. 返回函数指针的函数

当函数返回函数指针时，这个函数就是返回函数指针的函数。返回函数指针的函数定义或说明的一般形式为：

类型 (*标识符(形参类型表))(形参类型表);

定义返回函数指针的函数头的一般形式为：

类型 (*标识符(形参说明表))(形参类型表)

首先，标识符与后面的圆括号结合，说明该标识符是函数名，圆括号中的形参表列出该函数的各个形参的类型，形参说明表列出该函数的各个形参的类型和名称，是这个函数的形参说明；接着再与前面的星号结合，说明函数返回指针类型的值。最后的圆括号说明函数返回的是函数指针，圆括号中的形参类型表列出所指函数的各个形参的类型。代码最前面的类型是指针所指函数的返回值的类型。下面的程序例子说明返回函数指针函数的定义方法和用法，其中代码：

    double(*menu(char **titptr))(double*,int)

首先是 menu(char **titptr)，标识符 menu 同圆括号结合，说明 menu 是函数名，有一个字符指针数组形参。随后是(*menu(char **titptr))，函数名同它前面的字符*结合，说明函数返回指针。接着是(*menu(char **titptr))(double*,int)，与最后面的圆括号结合，表示返回的是指向函数的指针，所指向的函数有 double*类型和 int 类型两个形参。最后是 double (*menu(char **titptr))(double*,int)，说明指向的函数的返回值类型是 double 类型。

函数 menu()是一个菜单函数，它接受用户选择，返回相应处理函数的指针。主函数调用 menu()函数，并利用函数 menu()返回的函数指针调用相应的处理函数。

【例 6.19】 函数返回函数指针的示意程序。

```c
#include<stdio.h>
#define  N sizeof a/sizeof a[0]
double max(double *,int),min(double *,int),ave(double *,int);
double(*fpt[])(double *,int)={max,min,ave,NULL};  /*函数指针数组*/
char *menuName[]={"求最大值","求最小值","求平均值",""};
double a[]={1.0,2.0,3.0,4.0,5.0,6.0,7.0,8.0,9.0};
/*函数max()、min()和ave()的代码应放在这里，它们与例6.16的相同，所以没有列出*/
double(*menu(char **titptr))(double *,int) /*函数返回函数的指针*/
{ int ans,k;
  printf("请选择以下菜单命令。\n");
  for(k=0;menuName[k][0]!='\0';k++)
    printf("\t%d:%s\n",k+1,menuName[k]);
  printf("\t 其他选择结束程序运行。\n");
  scanf("%d",&ans);
  if(ans<1||ans>3) return NULL;
  *titptr=menuName[ans-1]+2;         /*函数带回说明功能的字符串*/
  return fpt[ans-1];                 /*返回函数指针*/
}
int main()
{ double(*fp)(double *,int); char *titstr;
  while(1)
  { if((fp=menu(&titstr))==NULL) break;
    printf("\n 结果是: %s=%f\n",titstr,(*fp)(a,N));
  }
  return 0;
}
```

【程序说明】 上述程序中的 menu()函数的功能是：显示菜单，接受用户的选择，对于正确的选择，函数将菜单功能字符串指针利用主函数提供的实参指针赋给主函数的字符指针变量，并且返回菜单项对应处理函数的函数指针。主函数调用 menu()函数时，提供存储菜单命令字符串指针 titstr 的指针，并把 menu()函数返回的函数指针存于函数指针变量 fp。当 menu()函数正确返回函数指针时，就间接调用函数指针 fp 所指向的函数，输出函数的返回值。

6.10　引　　用

在 C 语言中，函数的形参是函数的一种局部变量。对于非指针类型的形参来说，函数调用时，实参的值单向传递给形参，函数在执行过程中，改变形参的值，不会影响与它对应的实参。对于指针类型的形参来说，函数调用时，实参向形参传递变量的指针，函数能借助形参，采用间接访问的手段，读取形参所指向的变量的值，也可以修改形参所指向的变量。

C++语言在 C 语言的基础上，增设了一种更简洁的形参类别，即引用类别的形参。函数调用时，引用类型形参成为对应实参的引用，直接标识实参，函数对形参的访问，实际上是直接对实参变量的访问。

1. 引用的基本概念

已学习了两种标识对象的方法：用对象的名标识对象和用指向对象的指针间接标识对象。这里要介绍另一种标识对象的方法，就是用对象的引用标识对象。引用虽是一种类型，但不是值，只能用它标识另一个对象。从理论意义上说，引用是一种映射，把一个标识符映射到一个对象上。从直观意义上说，引用是用一个标识符给一个对象起了一个别名，用引用标识对象，就是用一个别名标识对象。

如果有类型为 T 的变量 x，要用标识符 r 引用 x，声明 r 为 x 的引用的代码写成：

```
T &r=x;
```

以后，程序就可用 r 标识变量 x。可以说标识符 r 映射到 x，也可以说 r 是 x 的别名。例如，代码 r=5，或 y=r，或&r 等，这里所有的 r，实际都是 x。

引用不是值，因此不占存储空间，声明引用后，存储状态不会改变。一般的，如果有引用 r 标识对象 x，而对象 x 的类型为 T，则称 T 是 r 的基类型。说明引用的一般形式为：

类型 &标识符(左值表达式) 或 *类型 &标识符=左值表达式*

其中，左值表达式是指能对应到存储空间的表达式。例如，变量有存储空间，所以是一个左值表达式；而一个常数，只表示一个值，不对应到存储空间，所以数值不是左值表达式。

上述说明形式在标识符与左值表达式所标识的对象之间建立了一个映射关系。为了确保引用是某个对象的别名，程序在声明引用时，必须对它初始化，让它与目标之间建立了一种映射关系。任何对引用的赋值，就是对目标的赋值。以下程序说明引用的意义。

【例 6.20】说明引用是一种映射的例子。

```
#include<stdio.h>
int main()
{  int a[]={0,2,4,6,8},j;
   printf("Enter j ");   scanf("%d",&j);
   int &ref=a[j];
   ref=44;
   printf("%d\n",ref);
   return 0;
}
```

【程序说明】如果程序运行时，输入的是整数 2，则 ref 被映射到对象 a[2]上。ref 标识对象 a[2]后，代码 ref=44，就是更新 a[2]。对一个引用的初始化，与对它赋值，是完全不同的。除了外表形式之外，实际上，根本就没有能对引用本身进行操作的运算符。例如，如下代码：

```
int x;
int &r1=x;   int &r2=r1;
r2=1;
```

其中，r1 和 r2 都标识变量 x，使 x 被设置为 1。代码：

```
int k=0;   int &rk=k;
rk++;
int *pt=&rk;
```

都是合法的，但是 rk++并没有对引用本身做增量操作；运算++是应用到变量 k 上。同样，&rk 也是引用 k 的地址。因此，一个引用在初始化之后就不可以改变，它总是引用它在初始化时所指定的那个对象。

引用与指针有很大的差别，指针是个变量，任何时候可以向它赋值某个符合要求的变量地址，而建立引用时必须初始化，并且不会再映射到其他变量，直至引用不再有效为止。

2. 引用的对象

如果一个标识符被声明为 T&的引用时，它必须用 T 类型的变量给这个引用初始化。除各种基本类型的变量能被引用之外，由于指针变量也是一种变量，所以也可以有指针变量的引用。例如，以下代码：

```
int *p;
int *&q=p;                /*标识符 q 是对 p 的引用*/
int y=9;
q=&y;                     /*由于 q 是指针变量 p 的别名，将 y 的地址赋值给指针 p*/
```

不能有常数和 void 类型的引用。例如：

```
void &r=5;                /*出错*/
```

因为 void 只在语法上相当于一个类型，但没有一个类型为 void 的变量。

数组名能表示该元素集合空间的开始地址，数组是某种数据类型元素的集合，数组的元素可被引用，但数组不能被引用。例如代码：

```
int a[5];
int &ra[5]=a;             /*出错*/
```

C++语言规定，不能给引用定义引用，也不可以定义指向引用的指针。

```
int x;
int &rx=x;
int &*p=&rx;              /*企图定义一个引用的指针，出错*/
```

引用不能用类型来初始化。例如代码：

```
int &rt=int;              /*出错*/
```

因为只有变量有引用，而不能是类型的引用。

有空指针，没有空的引用。例如，以下代码是没有意义的。

```
int &er=NULL;            /*没有任何意义*/
```

3. 引用形参

C++语言引入引用的主要目的是让函数能设置引用形参。函数调用时，引用形参成为实参的别名，函数体中形参的出现就是实参。这样，函数中对以形参标识的对象的引用就是对实参变量的引用，可以访问实参变量，也可以修改实参变量。

【例 6.21】函数设置引用形参，修改例 6.5 中的函数 swap()，使对该函数的调用不要提供指针实参，直接写上要交换值的变量即可。

```
#include<stdio.h>
int main()
{   int a=1,b=2;
    void swap(int&,int&);
    printf("调用 swap()函数之前:a=%d\tb=%d\n",a,b);
    swap(a,b);                  /*直接以变量为实参，对应函数的引用形参*/
    printf("调用 swap()函数之后:a=%d\tb=%d\n",a,b);
    return 0;
}
void swap(int &u,int &v)        /*采用 C++句法定义，为函数设置两个引用形参*/
{   int t;
    t=u;u=v;v=t;                /*函数体通过引用，直接访问和改变调用环境中的变量*/
}
```

运行该程序将输出以下结果：

```
调用 swap()函数之前：  a=1      b=2
调用 swap()函数之后：  a=2      b=1
```

【程序说明】 函数调用 swap(a,b)，使形参 u 成为 a 的别名，使形参 v 成为 b 的别名，这次函数调用使函数体中的 u 就是 a，v 就是 b。从而实现 a 和 b 两变量的值完成交换。在大多数情况下，函数设置引用形参都是出于类似本例的目的。

4．用常量作为引用形参的实参

如果引用要标识的对象类型与它的基类型不相同，但编译程序知道如何将要标识的对象的类型转换为引用的基类型；或引用要标识一个常对象，则程序在运行时能建立一个类型为引用的基类型的匿名对象，引用是标识这个匿名对象。

【例 6.22】 常量实参对应引用形参的例子。

```
#include<stdio.h>
int h(const int &r)              /*const 声明函数不会对引用的对象有修改*/
{ return r;
}
int main()
{ printf("%d\n",h(4));
  return 0;
}
```

【程序说明】 函数 h 被调用时，将在 main()函数的运行环境中建立一个值为 4 的匿名对象，使函数 h()的形参 r 标识这个匿名对象。在函数 h()的定义中，形参 r 之前标上 const 是必须的，表示形参 r 只能引用常对象，在这样表示下，调用时，提供常数实参才是可以的。

5．返回引用的函数

函数返回值时，系统要生成一个值的副本。函数的返回值也可以是引用，而函数返回引用时，不生成引用的副本。函数返回引用能使函数调用可以写在赋值表达式等号的左边。

【例 6.23】 函数返回引用的例子。

```
#include<stdio.h>
int &f(int a[],int index)
{ return a[index];
}
int main()
{ int i,s[]={0,2,4,6,8};
  i=f(s,3);                    /*函数返回引用，保存引用所标识的变量的值*/
  f(s,3)=22;                   /*函数返回引用，对引用所标识的变量赋值*/
  printf("%d\n",f(s,3));       /*函数返回引用，输出引用所标识的变量的值*/
  return 0;
}
```

【程序说明】 以上程序在执行函数 f()时，形参数组 a[]是实参数组 s[]，a[index]就是 s[3]。当函数返回时，返回 s[3]的引用到函数调用处。这样，函数调用表达式的标识对象就是 s[3]，程序置 s[3]为 22。

由于函数的自动变量在函数返回时被释放，所以函数不能返回对自动变量的引用。例如：

```
int &g(int a[],int index)
{ int r=a[index];
  return r;
}
```

因为当函数 g()返回时，自动变量 r 已不存在，不能返回对 r 的引用。

小　　结

在程序中，对程序对象访问方式有多种，按照对象的名称访问对象是最直接的，其缺点是不能用同样代码访问不同的程序对象。指针是表达间接访问程序对象的方式之一，能实现同样的代码访问不同的对象。指针的另一个重要应用是能表示程序对象之间存在着的关系，并允许这种关系是可以被改变的。在 C 语言中，指针还被赋予程序对象在内存中的地址的意义，并让指针具有简单的运算能力，使当指针指向数组的元素时，能编写出非常精巧的程序代码。

在程序语言中，引用有不同的解释。C++的引用是用变量的名称访问变量的一个补充，某变量的引用是该变量的一个别名，并能用变量的别名访问该变量。特别是在函数定义时，被声明为引用的形参与实参变量结合时，引用形参名被认为是当时实参变量的别名。从而在函数执行时，函数内对形参的访问，就是对实参变量的访问。

本章学习和应该掌握的内容如下：

① 指针变量（简称指针）是取其他变量或函数的地址值的变量，指针的基本概念，声明指针变量的句法，通过指针访问它所指变量的句法。

② 能熟练为函数设置指针类型参数，为能使函数修改环境变量的值，函数可以设置指针形参，函数内通过形参间接访问环境变量，函数调用时，要提供环境变量的指针作为实参。

③ 因数组名能表示数组首元素的地址，所以数组形参也是一种指针形参，调用时，数组名也可以作为实参，函数内对形参数组元素的访问就是对实参数组元素的访问。为了便于用指针间接处理整个数组，C 语言允许对指向数组元素的指针能与整数做加减运算，这样的运算是表示指针在数组元素之间的前后移动。

④ 能用指向字符串的字符指针处理字符串。

⑤ 指向函数的指针是函数执行代码在内存中驻留的开始地址，函数可以设置函数指针形参，对应的实参是函数的指针，通常是用函数名。能正确表达通过函数指针间接调用指针所指函数。能理解返回函数指针的函数。

⑥ C++引用的基本概念，函数设置引用参数的句法。调用函数时，与引用参数对应的实参是变量名，实参与引用形参结合的方式称为引用传递，函数中对形参的访问直接表示为对实参变量的访问。

⑦ 经上机实践训练，能编写本章习题要求的程序。

习　　题

1. 举例说明什么是指针？如何让指针指向一个变量？
2. 举例说明指针的定义和引用指针及引用指针所指变量的方法？
3. 举例说明指针与数组名之间的联系与区别。
4. 试指出让一个字符指针指向字符串的首字符与用数组存储一个字符串的区别。
5. 指针赋值应注意哪些问题？
6. 什么情况下需要为函数设置指针形参？

7. 函数指针有何作用？

8. 如何使用函数指针？

9. 试指出以下代码的意义：

（1）int a[10];

（2）int b[][3]={{1},{},{},{4,2}};

（3）int *p[];

（4）int (*q)[];

（5）int (*u)(int,int);

（6）int *v(int,int);

（7）int *(*w)(int,int);

10. 有若干个学生，每人考 4 门课程，设用二维数组存储学生的成绩，二维数组的一行对应一个学生的成绩，每行的第一个数是学生的学号。试以此数据结构为基础，编写两个函数：一个是已知成绩表和学号，返回该生成绩表的函数；另一个是已知某个学生表，输出学生学号和成绩的函数。要求两个函数采用指针编写。

11. 用指针编写在数组中查找指定值指针的函数。

12. 用指针编写删除字符串中重复字符的函数。

13. 分别编写 4 个函数，计算两个整数的和、差、积、商。主函数提供一个菜单，能让使用者指定运算，主函数根据用户的指定选取函数的指针，并以函数指针为实参调用计算函数 execute() 完成计算。

14. 写出以下函数的功能。

```c
char *strpos(char *s,char *t)
{ char *j,*k;
  for(;*s;s++)
  { for(j=s,k=t;*k&&*j==*k;j++,k++);
    if(k!=t&&*k=='\0')  return s;
  }
  return NULL;}
```

15. 写出以下程序的输出结果。

```c
#include<stdio.h>
int a=2,c=4;
f(int a,int *x)
{ int b=10;
  static int c=20;
  b+=a++;   c+=a+b;   *x=c+2;
}
void main()
{  f(a,&c);    printf("In main(1): a=%d,c=%d\n",a,c);
   f(3+c,&a);  printf("In main(2): a=%d,c=%d\n",a,c);
}
```

16. 编写输入，输出和排序 3 个函数。3 个函数都以指针数组和数组元素个数为形参，分别实现将一组离散的变量顺序输入、输出和从小到大排序。

17. 用指针描述以下计算：

（1）将方阵的上三角元素与下三角对应元素交换，使方阵沿着主对角线转 180°。

（2）字符串中的字符个数。

（3）将字符串 s2 中的前 n 个字符复制到字符数组 s1[]。

（4）将字符串 s2 中的字符复制连接在字符数组 s1[]中字符串之后，使它存有更长的字符串。

（5）将字符串 s 中的小写英文字母改写成大写英文字母。

（6）整理字符串，将字符串中前导和后随的空白符删除，字符串中间连续的多个空白符只保留一个，去掉多余的空白符。

18. 试分别指出以下代码的正确性，如果正确，说明其意义；如果不正确，说明其原因。

（1）int x; int &rx=x;

（2）int y; int &ry=y;
　　int &*p=&ry;

（3）int *p;
　　int *&q=p;
　　int u=9;
　　q=&u;

（4）void &r=3;

（5）int b[10];
　　int &rb[10]=b;

（6）int &f(int a[],int index)
　　{ int r=a[index]
　　　return r;
　　}

19. 编写用引用形参实现两个字符串交换的函数。例如，调用函数前有：
　　char *s1="Shanghai";　　char *s2="Beijing";

以 s1 和 s2 为实参调用函数后，有：
　　s1 指向字符串"Beijing";　　s2 指向字符串"Shanghai";

20. 写出以下程序的输出结果。

```
#include<stdio.h>
#include<string.h>
char str[]="ABC";
pp(char *s,int k)
{ int i;char c;
  if(k==0)printf("%s\n",s);
  else for(i=k-1;i>=0;i--)
  { c=s[k-1];s[k-1]=s[i];s[i]=c;
    pp(s,k-1);
    c=s[k-1];s[k-1]=s[i];s[i]=c;
  }
}
void main()
{ pp(str,strlen(str));
}
```

第 7 章 | 结构和链表

在实际应用中，常常要处理由多项不同类型的数据成员组成的复杂数据结构。例如，表示一个学生基本信息的数据有学号、姓名、性别、家庭地址等多项数据成员。由于学生基本信息的成员数据类型各不相同，一个学生的基本信息不能用单个数组表示，也不宜用多个独立的变量分别表示学生的各项属性，因为这样将失去一个学生基本信息的整体性。

一种称为结构或结构体（structure）的数据类型可以解决上述问题，因为结构允许有多个成员数据，并且每个成员的数据类型可以不同。

本章将介绍处理结构数据的程序设计技术，包括结构类型、结构变量、结构数组、结构形参和结构指针形参、链接存储线性表的概念和基本操作，以及联合、位域、枚举等数据类型，还综述类型定义、变量定义等语言设施的完整句法。

学习目标

- 掌握结构数据类型、结构变量和结构指针的定义，结构成分的引用方法；
- 掌握结构数组的定义和使用方法；
- 掌握编写有结构形参、结构指针形参以及返回结构的函数的方法；
- 掌握链接存储线性表的概念和基本操作；
- 了解联合、位域、枚举数据类型的概念和使用方法；
- 掌握类型定义和变量定义的方法。

7.1 结构类型和结构变量

应用问题常要处理这样一种数据对象，它们由多项成员组成，并且各成员的数据类型常常不同。C 语言引入结构类型描述这类数据，并用结构变量（也称共用体）表示这样的数据。

1. 结构类型

定义一个结构类型的一般形式为：
```
struct 标识符
{ 成员说明表
};
```
其中，关键字 struct 引出了结构类型的定义，与标识符一起组成结构类型的标记。花括号内的代码是结构类型的全体成员说明表，指明该结构类型的各成员的数据类型和名称，每个成员的说明形式为：
```
类型 标识符;
```
其中，标识符用做结构成员的名称。一个结构会有多个成员，同一个结构的成员不能重名。

成员的类型可以是基本数据类型、数组、指针或其他已经定义的结构类型。例如，某个应用程序的学生基本信息的结构为：

成员名称	数据类型	
学号(number)	整型	(int)
姓名(name)	字符串	(string)
性别(sex)	字符型	(char)
家庭地址(address)	字符串	(string)

用 C 语言描述以上学生基本信息的结构类型，可用以下代码表示：

```
struct  student
{ int  number;        /*学号*/
  char name[20];      /*姓名，设姓名少于20个字符*/
  char sex;           /*性别*/
  char address[40];   /*家庭地址*/
};
```

上述代码定义结构类型名为 struct student，该结构类型有 number、name、sex 和 address 共 4 个成员，各成员的数据类型分别为整型、字符数组、字符型和字符数组。

在 C 语言中，引用上述形式定义（除非用类型定义 typedef）的结构类型要以 struct 引导。例如，struct student。在 C++中，如果不会引起混淆（例如，结构类型与结构变量同名），引用结构类型可以不用 struct 引导。例如，student。建议采用 C++句法编写程序。

当结构类型中的某个成员又是另一个结构类型时，这种结构类型是一种嵌套的结构类型。例如，给上述学生信息增加出生日期，并将出生日期定义为一种包含日、月、年 3 项信息的结构类型，则更完整的学生信息类型就被定义成嵌套的结构类型。参见下面的代码：

```
struct Date            /*说明一个日期*/
{ int  day;            /*日*/
  int  month;          /*月*/
  int  year;           /*年*/
};
struct  student
{ int  number;         /*学号*/
  char name[20];       /*姓名*/
  char sex;            /*性别*/
  Date birthday;       /*采用C++句法，birthday的类型是结构类型Date，如果采用C句法，
                          则在Date之前用struct引导*/
  char address[40];    /*家庭地址*/
};
```

上述代码先定义 Date 结构类型，由 day、month 和 year 3 个成员组成，然后在定义 student 结构类型时，将成员 birthday 指定为 Date 结构类型，使类型 student 是一个嵌套的结构类型。在实际应用中，为表示复杂的数据结构，常常用到这种嵌套的结构类型。在结构类型中有数组和结构成员，数组的元素又是结构，结构中又有结构，嵌套层次会有许多层。

2. 结构变量

在结构类型定义中，详细列出了结构类型所包含的每个成员的名称及其类型。实际上，结构类型定义只是表明一类实体其数据属性的"模式"，并不定义一个特定的数据实体，因此不要求分配存储单元。

程序如果要实际使用结构类型所描述的数据信息，就必须定义结构变量。结构变量要占用存

储单元，能存放如结构类型所描述的具体数据。对结构类型和结构变量，可以简单地理解为：结构类型是表示数据框架的描述文本，结构变量才能存放实际数据。

定义结构变量主要有以下两种方法。

（1）先定义结构类型，再声明结构变量

一般形式为：

```
struct 结构类型名  标识符表;      /*C 语法*/
结构类型名  标识符表;            /*C++语法*/
```

其中，标识符表是一个或多个用逗号分隔的标识符，每个标识符是结构变量的名称。例如，利用前面定义的结构类型 student，可以用下列代码声明结构变量：

```
struct student st1,st2;        /*采用 C 句法定义结构变量，结构类型用 struct 引导*/
student st3,st4;               /*采用 C++句法定义结构变量，不用 struct 引导*/
```

其中，student 为结构类型名，st1、st2、st3 和 st4 为结构变量。结构变量声明后，每个结构变量的成员名称、成员个数和各成员的数据类型与结构类型定义中的成员名称、成员个数和各成员的数据类型相一致。

系统参照变量的类型为变量分配内存单元，表 7-1 所示列出了结构变量 st1 和 st2 占用内存的情况（在 Visual C++运行环境中，由于 int 型占 4 B，因此结构变量 st1 和 st2 各占 77 B）。

表 7-1 结构变量 st1 和 st2 占用内存情况

变 量 名	number	name	sex	birthday			address
				day	month	year	
st1	10001	Zhang ping	M	20	11	1985	15 Nanjing Rd
st2	10002	Li ying	F	08	04	1986	100 Beijing Rd

（2）在定义结构类型的同时定义结构变量

结构变量也可与结构类型一起定义，这种定义方式的一般形式为：

```
struct  标识符
{  成员说明表
}标识符表;
```

其中，struct 后的标识符是结构类型的名称，标识符表中标识符是结构变量的名称。例如：

```
struct  stuSType
{ int  number;               /*学号*/
  char name[20];             /*姓名*/
  int score;                 /*成绩*/
}stuS;
```

标识符 stuSType 是结构类型名，标识符 stuS 是结构变量名。结构变量 stuS 的类型为结构类型 stuSType，有学号、姓名和成绩 3 个成员。

在结构变量与结构类型一起定义时，如果只是一次性定义几个结构类型变量，还可以省略 struct 后的结构类型名。例如：

```
struct
{ char  name [20];           /*产品名称*/
  int number;                /*产品编号*/
  float price;               /*价格*/
  float quantity;            /*数量*/
} part;                      /*库存产品*/
```

良好的编程风格建议为每个结构类型命名，便于以后定义同样结构类型的结构变量。

在定义结构变量的同时给它赋初值，称为结构变量的初始化。结构变量初始化时，要按结构类型定义中成员的顺序逐一给出各成员的初值。例如：

```
struct  Point                        /*说明绘图程序的坐标类型*/
{  int  x;
   int  y;
} p1={20,50},p2;                     /*p1 的 x 值为 20，p1 的 y 值为 50*/
Point p3={10,40},p4={20,50};         /*采用 C++句法定义变量*/
```

关于结构类型、结构变量和结构指针变量，有几点需要说明：

① 要注意结构类型名和结构变量名的区别。不能对结构类型名进行赋值、存取或运算，因为类型不占用存储空间，而结构变量会占用存储空间，定义时可以赋初值，定义后可引用。

② 结构变量初始化的时间。静态结构变量初始化遵守其他静态变量初始化相同的规则，即静态的和全局的结构变量初始化在程序执行之前完成，静态的结构变量未指定初值时，结构变量的每个成员的值自动置二进制代码为全 0 的值。局部结构变量初始化是程序控制每次进入它所属辖域时创建并初始化，未指定初值的局部结构变量其初值是不确定的。

③ 可以定义指向结构的指针变量，结构指针变量简称结构指针。设有结构变量 s 和能指向该结构的指针变量 p，当把 s 所占据的存储块的开始地址赋值给 p 时（p=&s），就说结构指针 p 指向结构变量 s。定义结构指针的方法与定义一般指针变量一样，当类型区分符是结构类型时，所定义的指针变量即为结构指针。例如：

```
Date  *pd,date3;                     /*采用 C++句法定义变量*/
pd=&date3;
```

定义结构指针 pd 和结构变量 date3，并使结构指针 pd 指向结构变量 date3，即结构指针 pd 的内容为结构变量 date3 所占据的存储块的首地址。

3．结构变量的引用

结构变量被定义后，就可引用该结构变量和结构的成员变量。

（1）引用结构变量

引用结构变量有两种方法：用结构变量名直接引用结构变量和指向结构变量的指针间接引用结构变量。程序引用结构变量有以下多种应用：

① 相同类型的结构变量相互赋值。

② 让结构指针指向结构变量。

③ 将结构变量作为实参调用带结构形参的函数。

例如：

```
student st3={10005,"Zhang xiao wen",'F',{20,11,1985},"15 Nanjing Rd"},st4;
```

可以直接把一个结构变量赋值给同类型的另一个结构变量。例如：

```
st4=st3;                             /*将结构变量 st3 整体赋值给结构变量 st4*/
```

假设前面已定义了一个结构类型 student 和结构变量 st1，可以将结构变量 st1 所占据的存储块的首地址赋值给结构指针变量。例如：

```
student *stp=&st1;                   /*定义指向结构变量 st1 的结构指针 p1*/
```

上述代码定义结构指针变量 stp，并让它指向结构变量 st1。

将结构变量作为实参调用带结构形参的函数的例子见 7.3 节。

（2）引用结构成员

引用结构成员有以下 3 种方法：

① 使用结构变量和成员运算符。

② 使用结构指针和指针运算符。

③ 使用结构指针和成员运算符。

使用结构变量和成员运算符引用结构成员的一般形式为：

结构变量名.成员名

这里，点符号"."是结构的成员运算符，是优先级最高运算符之一。

假设有前面定义的类型为 stuSType 的结构变量 stuS，可以用代码 stuS.name 引用 stuS 结构变量的 name 成员。引用结构变量的成员主要是对该成员进行输入/输出、赋值、运算等操作。例如，以下代码的意义如代码后的注释所示。

```
printf("学号: %d 姓名: %s 成绩: %d\n",
stuS.number,stuS.name,stuS.score);        /*输出学生 stuS 的信息*/
stuS.score+=5;                            /*更新学生 stuS 的成绩*/
strcpy(stuS.name,"Li ming");              /*设置学生 stuS 的姓名*/
```

使用结构指针和指针运算符引用结构成员的一般形式为：

指针变量名->成员名

其中，双字符"->"是指针运算符，它是由减号"-"和大于号">"两个字符组成（注意：中间不能有空格符），其优先级与成员运算符"."一样，也是最高优先级的运算符。

继续使用前面定义的结构变量 stuS，可以使用结构指针间接引用 stuS 结构变量的成员。例如：

```
stuSType *sp=&stuS;          /*定义指向结构变量 stuS 的结构指针 sp*/
sp->number=10002;
sp->score=95;
```

使用结构指针和成员运算符引用结构成员的一般形式为：

(* 指针变量名).成员名

其中，圆括号是必要的，若省略，由于成员运算符"."优先级高于"*"，将会导致编译错误。例如：

```
stuSType *sp=&stuS;            /*采用 C++句法，定义结构指针 sp 指向结构 stuS*/
(*sp).score=95;               /*与代码 sp->score=95; 等价*/
```

而以下是错误的代码：

```
*sp.score=95;                  /*错误的写法，变成 *(sp.score)=95;*/
```

在结构变量或结构成员引用时，需要注意以下两点：

① 不能直接对结构变量进行输入或输出，只允许对结构变量的成员变量进行输入和输出。例如，对于早先定义的类型为 student 的结构变量 st1，以下分别是错误和正确的代码：

```
printf("%s",st1);            /*错误，st1 是结构变量不能直接输出*/
printf("%s",st1.name);       /*正确，仅输出 st1 变量的 name 成员*/
```

② 如果结构中的成员本身也是一个结构类型，在引用该成员的成员时须使用多个成员运算符"."，将嵌套的结构成员一级一级地连续指定。例如，想引用早先定义的结构变量 st1 中成员 birthday 的成员 year，正确的写法是：

```
st1.birthday.year
```

【例 7.1】利用结构变量，输入 3 个学生的姓名、语文成绩和数学成绩，然后计算每个学生的平均成绩并输出。

```
#include<stdio.h>
struct stuScore
```

```
{   char name[20];
    int chinese;
    int math;
};
void main()
{   double aver1,aver2,aver3;
    stuScore st1,st2,st3;                    /*采用 C++句法，定义 3 个结构变量*/
    printf("请输入 3 位学生的姓名、语文成绩、数学成绩\n");
    scanf("%s%d%d",st1.name,&st1.chinese,&st1.math);
    scanf("%s%d%d",st2.name,&st2.chinese,&st2.math);
    scanf("%s%d%d",st3.name,&st3.chinese,&st3.math);
    aver1=(st1.chinese+st1.math)/2.0;        /*计算平均成绩*/
    aver2=(st2.chinese+st2.math)/2.0;
    aver3=(st3.chinese+st3.math)/2.0;
    printf("姓名\t 语文\t 数学\t 平均成绩\n");
    printf("%s\t%4d\t%4d\t%6.2f\n",st1.name,st1.chinese,st1.math,aver1);
    printf("%s\t%4d\t%4d\t%6.2f\n",st2.name,st2.chinese,st2.math,aver2);
    printf("%s\t%4d\t%4d\t%6.2f\n",st3.name,st3.chinese,st3.math,aver3);
}
```

程序运行时，首先输出：

请输入 3 位学生的姓名、语文成绩、数学成绩

如果输入：

```
Zhang    80   85
Li       85   90
Wang     90   70
```

程序的输出结果为：

姓名	语文	数学	平均成绩
Zhang	80	85	82.50
Li	85	90	87.50
Wang	90	70	80.00

7.2 结 构 数 组

从例 7.1 中可以看出，一个结构变量只能存放一个学生的基本信息。如果要描述两个学生的信息需要有两个结构变量，依此类推，当要描述一个班级的学生时，独立定义同样类型的许许多多结构变量的方法显然是不可取的。在 C 程序设计中，一般用结构类型描述个体的信息结构，用数组表示个体的集合。当数组的元素是结构时，这种数组就称为结构数组。例如，用结构数组表示一个班级学生，数组的元素存储一个学生的有关信息。这样能充分反映班级的整体性，程序处理也变得更为方便和简洁。

1. 结构数组的定义

定义结构数组与定义结构变量的方法类似，也有两种方法：

（1）先定义结构类型，再定义结构数组

以下代码先定义结构类型 stuScore，然后用这个结构类型定义结构数组：

```
struct stuScore
{   char name[20];
```

```
    int chinese;
    int math;
};
stuScore  st[3];            /*采用 C++句法，定义有 3 个元素的结构数组*/
```
（2）在定义结构类型的同时定义结构数组

以下代码实现与前面代码同样的效果，在定义结构类型 stuScore 的同时定义结构数组：
```
struct stuScore
{   char name[20];
    int chinese,math;       /*相同类型的成员可以一起定义*/
}st[3];
```
与结构变量初始化相仿，在定义结构数组时，也可给结构数组赋初值。例如：
```
struct stuScore
{   char name[20];
    int chinese,math;
}st[3]={{"Zhang",80,85},{"Li",85,90},{"Wang",90,70}};
```
表 7-2 所示列出了结构数组 st[]的逻辑结构。

表 7-2　结构数组 st[]的逻辑结构

st[]	name	chinese	math
st[0]	Zhang	80	85
st[1]	Li	85	90
st[2]	Wang	90	70

2. 结构数组的引用

结构数组的引用实际上是对每个元素中的成员进行引用。与引用结构成员类似，也有以下 3 种方法：

（1）使用结构数组元素和成员运算符

使用结构数组元素和成员运算符引用结构数组元素成员的一般形式为：

结构数组名[元素下标].结构成员名

例如：printf("%s",st[0].name);   /*输出第 1 个学生的姓名，即 Zhang*/

（2）使用结构指针和指针运算符

使用结构指针和指针运算符引用结构数组元素成员的一般形式为：

指针变量名->成员名
```
例如：stuScore *sp=st;              /*定义结构指针 sp,指向结构数组 st 首元素*/
      printf("%s\n",sp->name);      /*输出第 1 个学生的姓名，即 Zhang*/
      printf("%s\n",(sp+1)->name);  /*输出第 2 个学生的姓名，即 Li*/
```
（3）使用结构指针和成员运算符

使用结构指针和成员运算符引用结构数组元素成员的一般形式为：

(* 指针变量名).成员名
```
例如：stuScore *spt=st;         /*定义 stuScore 结构指针 spt,指向结构数组 st 首元素*/
      printf("%s\n",(*spt).name);     /*输出学生 st[0]的姓名，即 Zhang*/
      printf("%s\n",(*(spt+1)).name); /*输出学生 st[1]的姓名，即 Li*/
```
【例 7.2】利用结构数组，输入 3 个学生的姓名、语文成绩和数学成绩，然后计算每个学生的平均成绩并输出（即使用结构数组替换例 7.1 中的结构变量）。

```
#include<stdio.h>
struct stuScore
{  char name[20];
   int chinese;
   int math;
};
void main()
{  int i;
   double aver[3];
   stuScore st[3];                      /*定义结构数组，含 3 个元素*/
   printf("请输入 3 位学生的姓名、语文成绩、数学成绩\n");
   for(i=0;i<3;i++)  scanf("%s%d%d",st[i].name,&st[i].chinese,&st[i].math);
   printf("姓名\t 语文\t 数学\t 平均成绩\n");
   for(i=0;i<3;i++)
   { aver[i]=(st[i].chinese+st[i].math)/2.0;/*计算平均成绩*/
      printf("%s\t%4d\t%4d\t%6.2f\n",st[i].name, st[i].chinese,st[i].math,aver[i]);
   }
}
```

程序运行时，首先输出：

请输入 3 位学生的姓名、语文成绩、数学成绩

如果输入：

```
Zhang    80    85
Li       85    90
Wang     90    70
```

程序的输出结果为：

姓名	语文	数学	平均成绩
Zhang	80	85	82.50
Li	85	90	87.50
Wang	90	70	80.00

请读者修改例 7.2 的程序，使程序能处理 n（n≤100）位学生的情况。

7.3　结构与函数

在 C 语言中，函数的形参可以是变量、指针、数组，也允许是一个结构。将一个结构传递给函数有 3 种方式：传递单个成员、传递整个结构、传递指向结构的指针。传递单个成员或整个结构给函数，在 C 语言中认为是值调用，即在被调用的函数中尽管修改了形参的值，但不会改变调用函数时提供的实参变量的值。

1. 结构成员作为函数参数

将结构成员作为实参传递给一个函数，实际上和其他基本数据类型的传递方法相同。

【例 7.3】日期转换程序，根据输入的年月日，输出是该年中的第几天。

```
#include<stdio.h>
int dayTable[][12]={{31,28,31,30,31,30,31,31,30,31,30,31}, /*平年*/
                    {31,29,31,30,31,30,31,31,30,31,30,31}};/*闰年*/
```

```
struct Date                              /*定义一个 Date 结构类型*/
{ int  day,month,year,yearDay;           /*相同类型的成员可以一起定义*/
}date;                                   /*定义一个 Date 结构类型的结构变量*/
int dayofYear(int d,int m,int y)         /*计算年中第几天函数*/
{  int  i,leap,day=d;
   leap=(y%4==0&&y%100)||y%400==0;       /*计算是否闰年*/
   for(i=0;i<m-1;i++) day+=dayTable[leap][i];
   return day;                           /*返回计算的结果*/
}
void main()
{  int leap,days;
   printf("Date Conversion Program\n");
   printf("Year=");
   scanf("%d",&date.year);               /*输入年份*/
   for(;;)                               /*输入月份,并检查是否在 1~12 之间*/
   {  printf("Month=");
      scanf("%d",&date.month);
      if(date.month>=1&&date.month<=12) break;
      printf("输入的月份必须在 1 到 12 之间\n");
   }
   /*leap=1 是闰年, leap=0 不是闰年*/
   leap=(date.year%4==0&&date.year%100)||date.year%400==0;
   days=dayTable[leap][date.month-1];
   for(;;)                               /*输入日期,并检查是否输入正确*/
   {  printf("Day=");
      scanf("%d",&date.day);
      if(date.day>=1&&date.day<=days) break;
      printf("输入的天必须在 1 到 %d 之间\n",days);
   }
   /*调用 dateofYear()函数, 实参为结构 date 的 3 个成员*/
   date.yearDay=dayofYear(date.day,date.month,date.year);
   printf("The days of the year are: %d\n",date.yearDay);
}
```

程序运行时，输入的数据与输出的结果如下：

```
Data Conversion Program
Year=2013
Month=6
Day=29
The days of the year are:180
```

【程序说明】在上述主函数中，调用 dayofYear()函数使用了 date 结构的 3 个成员 day、month 和 year 作为实参，在 dayofYear()函数中用 3 个形参 d、m 和 y 与之对应，并将最后的计算结果通过执行"return day;"语句返回给主函数，并赋值给 Date 结构类型变量的 yearDay 成员。

2. 结构作为函数参数

使用结构作为实参传递给一个函数，实际上将这个结构的所有成员都传递给了被调用函数的形参。

以例 7.3 为例，在主函数中对函数 dayofYear( )的调用，原来使用表示日、月、年的 3 个结构成员作为实参改为用一个结构变量 date 作为实参，即将代码：

```
date.yearDay=dayofYear(date.day,date.month,date.year);
```
改写成：
```
date.yearDay=dayofYear(date);
```
当然，对应的 dayofYear() 函数也要做如下修改：
```
int dayofYear(Date d)              /*计算年中第几天函数,没有结构形参*/
{ int  i,leap,day=d.day;
    leap=(d.year%4==0&&d.year%100)||d.year%400==0;    /*计算是否闰年*/
    for(i=0;i<d.month-1;i++)  day+=dayTable[leap][i];
    return day;                     /*返回计算的结果*/
}
```

在主函数中，对 dayofYear() 函数的调用直接使用了 date 结构变量作为实参，因此在 dayofYear() 函数中必须用结构形参 Date d 与之对应。由于 C 语言规定，结构变量或结构成员作为实参传递给函数形参是值传递，因此，dayofYear() 函数只能把计算结果返回给主函数，而不能简单地将计算结果直接赋值给形参的 yearDay 成员。

3. 结构指针作为函数参数

使用结构变量作为函数的形参，程序既直观又容易理解，但是在函数调用时，系统要为结构形参分配存储单元，并为实参结构向形参结构完成值传递的工作等。为了减少系统开销并提高效率，C 语言也允许指向结构的指针作为函数的形参。实参可以是结构的地址，也可以是指向结构的指针变量。

仍以例 7.3 为例，在主函数中对函数 dayofYear() 的调用，由使用结构变量 date 作为实参现改为用结构变量 date 的地址作为实参。即将代码：
```
date.yearDay=dayofYear(date);
```
改写成：
```
dayofYear(&date);
```
对应的 dayofYear() 函数也要做如下修改：
```
void dayofYear(Date *dp)     /*计算年中第几天函数, 设有结构指针形参, 无返回值*/
{ int i,leap,day=dp->day;
    /*确定是闰年或平年*/
    leap=(dp->year%4==0&&dp->year%100)||dp->year%400==0;
    for(i=0;i<dp->month-1;i++)  day+=dayTable[leap][i];
    dp->yearDay=day;             /*计算结果回填到 yearDay 成员, 没有 return 语句*/
}
```

在主函数中，对 dayofYear() 函数的调用使用 date 结构变量的地址作为实参，因此在 dayofYear() 函数中必须用结构指针形参 Date *dp 与之对应。被调用函数 dayofYear() 通过结构指针形参引用所指向的结构成员，并将计算结果存放到所指结构的相应成员 yearDay 中，不必再返回结果。

下面对结构、结构成员与结构指针作为函数参数做一个总结：

① 结构或结构成员作为函数参数是值传递方式,在被调用函数 dayofYear() 中必须用 return 语句返回结果。如果不用 return 语句，写成 "d.yearDay=day;"，主函数不能获得函数结果。因为函数的形参是函数的局部变量，函数调用时，将结构 date 的各成员值依次送给形参 d 的各成员中，以后函数对 d 做任何改变均与 date 无关，如图 7-1 所示。

② 使用结构地址或结构指针作为函数的参数，函数调用时，虽只传递结构的地址给结构指针形参，但通过该结构指针形参间接引用所指向的结构变量。因此，函数既可以引用结构指针形参所指向结构的成员，也可把计算结果存储于结构指针形参所指向结构的成员中，如图 7-2 所示。

图 7-1　结构作为函数参数　　　　　　图 7-2　结构地址作为函数参数

4．函数返回结构类型值

在 C 语言中，还允许函数返回结构类型值。继续改写函数 dayofYear()，让它返回结构类型的值如下：

```
Date dayofYear(Date d)
{ int i,leap;
  d.yearDay=d.day;
  leap=(d.year%4==0&&d.year%100)||d.year%400==0;    /*计算是否闰年*/
  for(i=0;i<d.month-1;i++) d.yearDay+=dayTable[leap][i];
  return d;                                          /*返回结构类型*/
}
```

经上述改动后，主函数调用 dayofYear( )函数后，需要把返回的结构赋值给结构变量 date，调用语句也做相应的修改。即将代码：

```
date.yearDay=dayofYear(date);
```

改写成：

```
date=dayofYear(date);
```

调用带有结构类型形参的函数时，实参结构的各成员的值需要复制给结构形参的相应成员，既费时间又费空间。一般情况下，使用传递结构地址或指针，实现的效率会高一些。

7.4　链　　表

本节将介绍链表的处理技术，内容包括链表的概念、动态变量的生成与释放、链表的基本操作及程序设计方法等。

1．链表的概念

在例 4.10 中，n 个人站成一个圆圈，有可能是几个人，也有可能是几十个人，限定最多情况是 100 人。为此，给表示圆圈的数组限定 100 个元素。

许多类似例 4.10 的应用要求程序能处理任意的 n 个人，不必限制小于 100 人，即能按 n 自动设定数据对象的个数。

　　另外，最好还能由数据对象中的某个成员表示某个元素之后是哪一个元素。在例 4.10 中，当 n 个人站成一个圆圈时，位于 A 之后的是 B，最好在表示 A 的数据中有一个指针成分（如 next）指向 B。如果 B 离开圆圈，位于 A 之后变成 C，则 A 的后继也能随之改变成 C。这样，圆圈中就不会再有对应已出列人的数据，程序处理报数过程的效率也会提高。

　　链表就是一种能适应上述两项要求的一种数据结构。链表的元素个数可按需要任意增删，链表元素的后继元素也能由元素中的成分指定，并可让程序更改。具有类似链表这样特性的数据结构称为动态数据结构，链表是最简单的动态数据结构。在链表上，可以非常方便地增加一个表元（或称元素、结点）或删除一个表元。图 7-3（a）所示列出了只有 3 个表元的单链表结构。

　　从图 7-3（a）中可以看到，单链表首先有一个"头指针"，图中用 head 来表示，存放的是一个地址，指向链表的第 1 个表元。链表中的每个表元都包含两部分内容：表元的实际数据信息和指向后继表元地址的指针。

　　链表一环扣一环地将多个表元链接在一起，即头指针 head 指向第 1 个表元，第 1 个表元又指向第 2 个表元，……，直到链表的最后一个表元。我们一般称链表的第 1 个表元为"首表元"，链表的最后一个表元为"尾表元"（尾表元的后继指针一般为"NULL"，表示链表不再有后继表元）。当链表中没有一个表元时称为空链表，此时链表头指针为"NULL"，如图 7-3（b）所示。

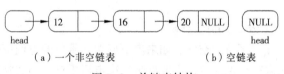

（a）一个非空链表　　　　　　（b）空链表

图 7-3　单链表结构

　　图 7-3 所示的链表结构是单向的，即每个表元只存储它的后继表元的位置，而不存储它的前驱表元的位置，这种形式的链表称为单链表。在单链表中，一个表元的后继表元位置存储在它所包含的某个指针成员中，单链表的每个表元在内存中的存放位置是可以任意的。如果某个算法要对链表做某种处理，必须从链表的首表元开始、顺序处理链表的表元。

　　在某些应用中，要求链表的每一个表元都能方便地知道它的前驱表元和后继表元，这种链表的表元需要包含两个指针，分别指向它的前驱表元和后继表元，这种链表称为双向链表，如图 7-4 所示。在双向链表中，插入或删除一个表元比单向链表更为方便，但结构也较为复杂。常见的链表还有循环链表，在循环链表中，链表尾表元的后继指针指向链表的首表元。限于篇幅，在这一节中仅介绍单链表的基本操作。

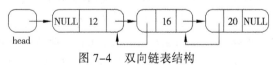

图 7-4　双向链表结构

　　链表与数组相比较，主要有以下几个方面的区别：

　　① 数组的元素个数在数组定义时指定，元素个数是固定的；链表表元的存储空间是在程序执行时由程序动态向系统申请的，链表的表元个数可按需要增减。

　　② 数组的元素顺序关系由元素在数组中的下标确定，链表表元顺序关系由表元的指针成员实现。

　　③ 在数组中插入或删除表元，要移动部分表元的存储位置。在链表中插入或删除表元，不

要移动表元，仅改变表元的指针指向即可。

2. 动态变量

动态数据结构中的数据对象是一种结构变量，它除有一些成员存储数据信息外，还有存储指针的成员。最简单情况是结构包含有指向与自己同样结构的指针。例如：

```
struct intNode              /*整数链表表元类型*/
{ int value;                /*存放整数*/
  intNode *next;            /*存放后继表元的指针，采用 C++定义成分的方法*/
};
```

在上述定义的结构类型 intNode 中有两个成员，它们是 int 类型的成员 value 和指向后继表元的指针成员 next。其中，指针成员 next 能指向的结构类型就是正在定义的 intNode，这种结构又称自引用结构。利用指针成员 next，可把一个 intNode 类型的结构与另一个同类型的结构链接起来，用于描述动态数据结构中两个数据对象之间的关系。在这种有成员引用自身的结构类型定义中，允许引用自身的成员只能是指针类型。

动态数据结构中的变量称为动态变量，动态变量能由程序调用库函数，显式地随意生成和释放（消去）。在 C 语言中，有 malloc()和 calloc()两个库函数用于生成动态变量，另有一个库函数 free()用于释放动态变量。

（1）malloc()函数

格式：`void *malloc(unsigned size)`

功能：向系统申请 size 个字节的空间。如果申请成功，函数的返回值是分配的连续空间的指针；如果因动态存储区域内存余量太少，不能满足这次申请要求，函数将返回 0（NULL）值。

说明：由于 malloc()函数的返回值是 void 类型（无类型）的指针值，程序需将该返回值强制转换成某种特定的指针类型。

例如：
```
intNode *p;
      p=(intNode *)malloc(sizeof(intNode));
```
实现向系统申请能存储类型为 intNode 的一个结构的存储空间，并将该结构的指针存于指针变量 p 中。动态变量没有名字，只能通过指针引用它。

（2）calloc()函数

格式：`void *calloc(unsigned n,unsigned size)`

功能：向系统申请 n 块 size 个字节的连续空间（即 n×size 个字节）。如果申请成功，函数的返回值是分配的连续空间的指针；如果申请不成功，则返回 NULL 值。

说明：calloc()与 malloc()函数一样，返回值是一个无类型的指针值，程序须将该返回值强制转换成某种特定的指针类型。函数 calloc()与函数 malloc()比较，除多一个参数外，在功能上，函数 calloc()还给分配的空间完成清 0 的工作，而函数 malloc()不另外做清 0 的工作。

例如：申请能存储 100 个整数的存储块。
```
int *p;
p=(int *)calloc(100,sizeof(int));
```
也可以使用 malloc( )函数实现，例如：
```
p=(int *)malloc(100*sizeof(int));
```

利用上述函数返回的存储块的首地址，就能如同普通数组一样，访问这存储块中 100 个元素，习惯称这样的数组为动态数组。例如，以下代码设置这个动态数组的值为 1～100 的整数：

```
for(int k=0;k<100;k++) p[k]=k+1;
```

（3）free()函数

格式：`void free(void *ptr)`

功能：释放由 ptr 所指向的存储块。

说明：ptr 的值必须是调用函数 malloc()或 calloc()时的返回值，即为动态申请内存得到的一块连续存储空间的指针。

以上 3 个函数中，形参 n 和 size 为 unsigned 类型，ptr 为指针类型。函数 malloc()和 calloc()返回的是系统分配的连续存储空间的指针，其类型为 void *，程序将这个返回值强制转换成某种指针类型后，赋值给某个指针变量，然后用这个指针变量间接引用存储空间的相应成员。

3. 单链表上的基本操作

单链表的基本操作主要包括建立空的单链表、创建一个表元、遍历单链表、查找指定值的表元、往单链表中插入一个表元、从单链表中删除一个表元等。

下面以学生单链表为例，说明链表各种基本操作的实现算法。假定一组学生信息用单链表存储，链表的每个表元存储一个学生信息，该单链表的表元类型定义如下：

```
struct stuS                    /*学生链表表元结构类型*/
{ int  number;                 /*学号*/
  char name[20];               /*姓名*/
  int  score;                  /*成绩*/
  stuS *next;                  /*指向后继表元的指针*/
};
stuS *head,*p,*p1,*p2;         /*head 是链表的头指针，其余是工作指针*/
```

（1）建立空链表

单链表的建立过程是从空链表（没有链表表元）开始，逐步插入新表元的过程。要建立空链表首先应让"头指针"为空，即设置变量 head 为 NULL。例如代码：

```
head=NULL;
```

就建立了以 head 为链表头指针的空单链表。

（2）创建一个表元

假设要创建一个新的学生，输入该学生的学号、姓名和成绩信息。程序应首先向系统申请对应该学生的表元的存储空间，然后将该学生的信息存入这个表元。例如：

```
p=(stuS *)malloc(sizeof(stuS));              /*p 指向申请到的存储块*/
scanf("%d%s%d",&p->number,p->name,&p->score); /*输入并存储表元的值*/
p->next=NULL;                                 /*后继表元地址为空*/
```

函数调用 malloc()的实参表达式 sizeof(stuS)是单链表上一个表元所需的字节数。malloc()函数的返回值是一个新的动态变量的指针，返回值进行强制类型转换（stuS*），使返回的（void *）无类型指针转换成 struct stuS *类型的指针，并将该指针赋给指针变量 p。这时，就可以使用 p->number、p->name、p->score 和 p->next 间接引用动态变量的成员 number、name、score 和 next。

【例 7.4】编写创建一个学生单链表表元的函数。

【解题思路】设学生的学号、姓名和成绩由函数的形参指定，函数返回新表元的指针。函数首先调用 malloc()申请新表元的空间，空间所需的字节数为 sizeof(stuS)，然后将形参值存入新表元的相应成员中，最后，函数返回新表元的指针。

```
stuS *createStudent(int num,char *name,int s)
{ stuS *p=(stuS *)malloc(sizeof(stuS));
  p->number=num;        strcpy(p->name,name);
  p->score=s;           p->next=NULL;
  return p;
}
```

（3）遍历链表

遍历链表就是顺序访问链表中的表元，对各表元做某种处理。例如，顺序输出链表各表元的数据。遍历链表的过程是一个循环，遍历单链表须从链表的首表元开始，沿着表元的链接顺序逐一访问链表的每个表元，直至链表结束。

【例 7.5】编写遍历学生单链表的函数。

【解题思路】函数应设学生链表的头指针为形参。函数首先检查链表是否为空，如果是空链表，输出链表中没有学生信息的字样后返回；否则，函数从链表的第一个表元开始，顺序输出每个学生的信息。

假设用工作指针 p 遍历整个链表，p 的初值应该是链表的头指针，循环条件是指针 p 还指向某个表元，即 p 不等于 NULL。循环要做的工作包括输出 p 所指向的表元的值和让 p 指向下一个表元（用 p=p->next 实现）。

```
void travelStuLink(stuS *head)
{ stuS *p=head;
  if(head==NULL)
  { printf("\n目前在链表中没有学生信息\n");
    return;
  }
  printf("\n目前在链表中的学生如下: \n");
  while(p!=NULL)
  { printf("%d\t%s\t%d\n",p->number,p->name,p->score);
    p=p->next;  /*让p指向下一个表元*/
  }
}
```

（4）在链表中查找表元

在链表中查找指定值的表元可能有以下几个目的：

获取该表元的详细信息，或对找到的表元进行修改，或将查到的表元删除，或在查到的表元之前插入一个新表元等。

查找过程的实现又可分两种情况：一种是无序链表上的查找；另一种是有序链表上的查找。

① 无序单链表上的查找。无序单链表上的查找要从链表的首表元开始，顺序访问链表各表元，当访问表元的值等于指定值时，返回表元的指针，当访问表元的值不等于指定值时，就访问下一个表元。

【例 7.6】编写无序学生单链表上的查找函数 searchSLink()。

【解题思路】函数应设两个形参：学生链表的头指针和要寻找的学生的学号。函数的寻找过程是一个循环，设循环工作变量为 v。v 的初值是链表的头指针，循环条件是 v!=NULL && v->number !=num。循环体的工作是让 v 指向下一个学生。查找循环结束后，函数返回 v。如果找到，v 指向找到的表元；如果未找到，v 的值是 NULL，恰好表示链表中没有要找的学生。

```
stuS * searchSLink(stuS *h,int num)
```

```
{  stuS *v=h;
   while(v!=NULL&&v->number!=num)  v=v->next;
   return  v;
}
```

② 有序单链表上的查找。如果单链表的表元是按表元值从小到大顺序链接的，在顺序考查链表表元的查找循环中，当发现还有表元，并且该表元的值比寻找值小时，应继续查找，准备去考查下一个表元；当不再有表元，或当前表元值不比寻找值小时，就结束查找。查找循环结束后，仅当还有当前表元，并且当前表元的值与寻找值相等情况下，才算找到，函数返回当前表元的指针；否则，链表中没有要寻找的表元，函数应该返回 NULL。

【例 7.7】编写学号从小到大有序学生链表上查找指定学号表元的函数 searchSOLink()。

【解题思路】与函数 searchSLink() 一样，也应设链表的头指针和要寻找的学号两个形参。函数的寻找循环也是从链表的首表元开始，循环条件是还有表元，且表元的值小于寻找值。循环体要做的工作是准备考查下一个学生。寻找循环结束后，还有当前表元，且当前表元的值是要寻找值情况下，函数才返回当前表元的指针；否则，函数返回 NULL。

```
stuS * searchSOLink(stuS *h,int key)
{  stuS *v=h;
   while(v!=NULL&&v->number<key)  v=v->next;
   return  v!=NULL&&v->number==key?v:NULL;
}
```

（5）在链表中插入新表元

在单链表中插入一个表元是建立单链表的主要操作之一，它又可按表元插入在单链表中的位置不同分 3 种情况：插在链表的最前面（作为首表元）、最后面（作为尾表元）和插在指定的表元之后。

为了叙述和示意简便，以整数链表为例，说明在链表上各种基本操作的实施步骤。

① 在首表元之前插入新表元。在原来的首表元之前插入一个新表元，插入的表元将成为链表新的首表元。这个工作包括将链表原来的首表元接在新插入的表元之后，并修改链表的头指针，使链表的头指针指向新插入的表元。设指针 p 指向新申请到的表元，实现这个功能的代码如下：

```
p->next=head;    /*使原首表元成为新表元的后继表元*/
head=p;          /*头指针指向新表元，使新表元成为首表元*/
```

执行了上述代码后，原链表的首表元接在新表元的后面，而链表头指针 head 指向了新表元。图 7-5 所示为在首表元之前插入新表元，程序执行的代码和链表插入前后的状态变化。

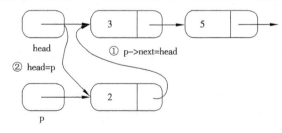

图 7-5　在首表元之前插入新表元链表状态变化图

② 在指定的表元之后插入新表元。对于单链表，一个表元的前驱表元不是直接可引用的，所以一般要求新表元插在某表元之后。假设指针 w 指向指定的表元（w 不为 NULL），指针 p 指向

要插入的表元。

图 7-6 所示为在 w 所指表元之后插入 p 所指新表元，程序执行的代码和链表插入前后的状态变化。插入前，表元联结用有向直线段表示；插入后，表元联结用有向弧线表示。插入工作包含两个基本动作：

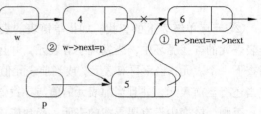

图 7-6　表元之后插入新表元链表状态变化图

- 将 w 所指向的表元的后继表元指针复制给 p 所指向的表元的后继指针域，即原先 w 所指向表元的后继表元成为 p 所指向表元的后继表元，用代码 p->next=w->next 实现。

- 将 p 的值复制给 w 所指表元的后继指针域，即让 p 所指的表元成为 w 所指表元的后继表元，用代码 w->next=p 实现。这样，以下两行代码就能实现在 w 所指的表元之后插入 p 所指的表元的操作：

```
p->next=w->next;
w->next=p;
```

【例 7.8】编写在学生单链表中，在指定学号表元之后插入一个代表新学生表元的函数。

【解题思路】函数有一个表示学生链表头指针的形参 head 和指定学生学号的形参 num。函数首先在链表中寻找指定学号的表元，如果链表中没有指定学号的表元，则不做插入工作，直接返回；如果有指定学号的表元，函数申请存储新学生信息的空间，输入新的学生信息，并完成插入工作。

```
void insert(stuS *head,int num)        /*num 为要查找的学号*/
{  stuS *w=head,*p;
   while(w!=NULL&&w->number!=num)
     w=w->next;                         /*后移一个表元*/
   if(w==NULL)                          /*未找到*/
   { printf("学号%d没有找到!\n",num);
     return;
   }
   /*找到，w 指向找到的表元*/
   p=(stuS *)malloc(sizeof(stuS));      /*p 指向新申请的表元*/
   printf("请输入学号、姓名、成绩: ");
   scanf("%d%s%d",&p->number,p->name,&p->score);
   p->next=w->next;                     /**w 的后继表元作为*p 的后继表元*/
   w->next=p;                           /**p 作为*w 的后继表元*/
}
```

③ 在链表末尾添加新表元。设要插入的新表元由指针 p 所指，将 p 所指表元添加到链表末尾的操作可由以下 3 个操作步骤完成：

- 从首表元开始依次往后，找到末表元，让指针 w 指向末表元。
- 将指针 p 所指表元成为指针 w 所指的表元的后继表元，用代码 w->next=p 实现。
- 将新表元的后继表元设置为空，用代码 p->next=NULL 实现。

图 7-7 所示为在末表元之后插入新表元，程序执行的代码和链表插入前后的状态变化。

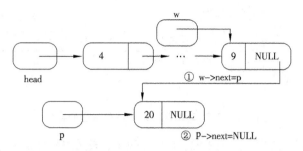

图 7-7 在末表元之后插入新表元链表状态变化图

【例 7.9】编写在学生链表的末尾接上一个新学生表元的函数。

【解题思路】函数设有一个表示学生链表头指针的形参 head。函数首先申请存储学生信息的空间，并输入新的学生信息，函数在发现原链表是空时，简单地将新表元指针作为链表的头指针返回；否则，用循环寻找链表的末尾表元，然后将新表元接在末尾表元之后，返回原链表的头指针。

```
stuS *append(stuS *head)
{ stuS *w=head,*p;
  p=(stuS *)malloc(sizeof(stuS));        /*p2 指向新申请的表元*/
  printf("请输入学号、姓名、成绩: ");
  scanf("%d%s%d",&p->number,p->name,&p->score);
  p->next=NULL;                          /*p 为最后一个表元*/
  if(head==NULL) return p;               /*原链表是空链表，直接返回新表元指针*/
  while(w->next!=NULL)                    /*非空链表，顺序向后找尾表元*/
     w=w->next;                          /*后移一个表元，直到 w 指向尾表元*/
  w->next=p;                             /**p 作为 w 的后继表元*/
  return head;                           /*返回头指针*/
}
```

（6）从链表中删除表元

要将一表元从链表中删除，首先要在链表中查找该表元，若未找到，则不用做删除工作。在删除时还要考虑两种不同的情况：如果删除的是链表的首表元，则要修改链表的头指针；如果删除的表元不是链表的首表元，是首表元之后的某个表元，则要更改删除表元的前驱表元的后继指针。

① 删除单链表的首表元。单链表的首表元删除后，首表元的后继表元成为新的首表元。假设从单链表删除下来的表元由指针变量 p 指向它。图 7-8 是单链表删除首表元之前和删除首表元之后的状态变化示意图，有向线段表示删除之前表元之间的连接关系，有向弧线表示删除后的表元连接关系。删除时，首先将首表元的指针保存到 p。如果单链表不是空链表，继续要做的工作包括让链表的头指针指向首表元的后继表元，使这个后继表元成为单链表新的首表元。最后，将从单链表删除下来的表元的后继指针设置成 NULL，使它与原单链表脱离联系。实现这样删除功能的代码是：

```
p=head;                    /*将首表元的指针保存到某指针变量*/
if(p)
{ head=head->next;         /*让链表的头指针指向首表元的后继表元*/
  p->next=NULL;            /*删除表元与原单链表的其他表元脱离联系*/
}
```

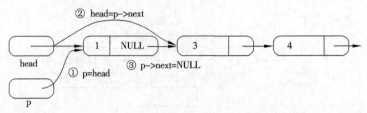

图 7-8　删除链表首表元，链表状态变化图

② 删除单链表首表元之后的某个表元。在单链表中，表元的前驱表元是不能直接引用的，但要删除一个表元必须更新它的前驱表
元的后继指针。所以一般情况下，在
表元删除前，必须知道该表元的前驱
表元指针。假设要删除表元的前驱表
元的指针是 w，如图 7-9 所示，欲删
除值为 5 的表元，删除后由指针 p 指
向它。删除前的表元连接关系用有向
直线段表示，删除后的表元连接关系

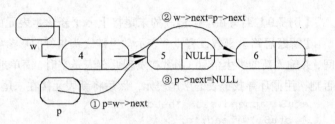

图 7-9　删除链表 w 所指表元的后继表元状态变化图

用有向弧线表示。删除时，先让指针 p 指向值为 5 的表元，接着让 w 所指表元（值为 4 的表元）
的后继表元更改为值为 6 的表元，最后值为 5 的表元的后继指针改为 NULL。完成这样的删除操
作，可用以下代码实现：

```
p=w->next;
w->next=p->next;
p->next=NULL;
```

表元从链表删除后，对删除的表元可以有两种不同的处理：一种是回收删除表元所占的存储
空间，这可调用函数 free(p) 来实现；另一种是将删除表元插入到其他链表中。

【例 7.10】编写在学生链表中删除指定学号表元的函数。

【解题思路】删除特定的表元必须先做查找的工作。在查找过程中，必须记住当前表元的前驱
表元，待查找结束时，不仅找到了要删除的表元，同时得到删除表元的前驱表元。设以 p 为查找
循环的工作指针，它的初值是链表的头指针，循环条件是还有当前表元，且当前表元的学号不等
于要查找的学号。循环体由两条语句组成。让当前表元的指针保存于变量 w（w=p），当前表元指
针指向下一个表元（p=p->next）。其中，先把当前表元指针保存于某个变量是必须的，否则当查
找循环结束时，没有当前表元的前驱表元指针就不能做删除操作。

```
stuS *delStu (stuS *head,int num)        /*num 为要删除表元的学号*/
{ stuS *w,*p;
  if(head==NULL) return NULL;
  p=head;                                /*让 p 指向链表的首表元*/
  while(p!=NULL&&p->number!=num)
  { w=p;
    p=p->next;/*让 w 指向当前表元，p 指向下一个表元，继续保持 w 和 p 的前后关系*/
  }
  if(p!=NULL)                            /*找到*/
  { if(p==head) head=p->next;           /*删除的是首表元，修改链表头指针*/
    else  w->next=p->next;              /*修改前导表元的后继指针*/
    printf("学号%d 已被删除\n",num);
```

```
        free(p);                                   /*释放被删表元的存储空间*/
    }
    else printf("学号%d找不到! \n",num);
    return head;                                   /*返回头指针*/
}
```

下面给出在单链表上操作的主函数定义:

```
#include<stdio.h>
#include<string.h>
#include<malloc.h>
struct stuS
{   int number;                                    /*学号*/
    char name[20];                                 /*姓名*/
    int score;                                     /*成绩*/
    stuS *next;
};                                                 /*其他函数应插在主函数之前*/
void main()
{   stuS *head=NULL;
    char *menu[]={"1  在链表末尾添加新表元","2  在指定表元之后插入新表元","3  显示链表
    中所有表元","4  删除链表中指定表元",""};
    int i,ans,number;
    while(1)
    {   printf("\n请选择下列菜单命令: \n");
        for(i=0;menu[i][0]!='\0';i++)              /*显示在链表上操作的菜单*/
            printf("\t%s\n",menu[i]);
        printf("\t 其他选择(非 1~4), 结束本程序运行!\n");
        scanf("%d",&ans);
        switch(ans)
        {   case 1: head=append (head);break;
            case 2: printf("请输入要插入的学生的学号: ");
                    scanf("%d",&number);
                    insert(head,number);  break;
            case 3: travelStuLink(head); break;
            case 4: printf("请输入要删除的学生的学号: ");
                    scanf("%d",&number);
                    head=delStu(head,number);  break;
            default: return;
        }
    }
}
```

在前面的叙述中, 插入新表元要特别考虑插入在首表元之前的情况, 删除表元也要特别考虑删除首表元的情况, 因为这两种情况都需要修改链表头指针。在某些安全性特别重要的程序系统中, 修改链表头指针是不允许的。为了避免判断是否是链表的首表元和修改链表头指针, 这类程序中的单链表通常增设一个辅助的表元, 它出现在链表有效表元的首表元之前, 如图 7-10 所示。辅助的表元的值往往比较特殊, 以便能与其他有效表元相区别。

在带辅助表元的单链表上, 插入或删除表元的操作总是在辅助表元之后进行, 不再需要判断是否是单链表的首表元, 也不会对链表头指针做修改。读者可修改以上讨论过的函数, 使它们适应带辅助表元单链表的情况。

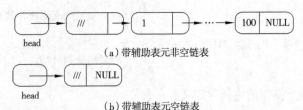

（a）带辅助表元非空链表

（b）带辅助表元空链表

图 7-10　带辅助表元链表结构示意图

4．单链表程序设计实例

举若干个程序例子，进一步说明单链表的用法。

【例 7.11】编写函数，输入 n 个整数，并按整数的输入顺序建立一个整数单链表。

【解题思路】实现问题要求有多种不同的解法，这里采用的算法思想是：从空单链表开始，每输入一个整数，就向系统申请一个表元的存储空间，将输入整数存入新表元，并将新表元接在单链表末尾。链表生成后，函数返回生成的单链表的头指针。

为使新表元能方便地接在单链表的末尾，另引入一个指针变量 tail 总是指向单链表的末尾表元。建立空链表时，头指针 h 和末尾表元指针 tail 都置 NULL。将新表元接在链表末尾的工作要分两种情况：一是原单链表为空单链表；二是原单链表有表元。图 7-11 所示是在非空单链表末尾表元之后接入一个由指针 p 所指新表元的示意图，图中表元的整数用于区别不同表元。接入新表元，首先是让 tail 所指的尾表元的后继指针由 NULL 改为指向 p 所指的新表元，接着是让 tail 指向新的尾表元，这两项改动可用代码 tail=tail->next=p 实现。

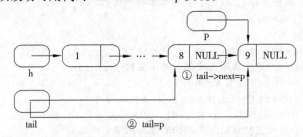

图 7-11　在链表末尾表元之后接新表元，链表状态变化图

假设链表表元类型为前面说明的 intNode 类型，按上述算法写成函数如下：

```c
intNode *createList(int n)
{   intNode *h,                    /*链表的头指针*/
           *tail,                  /*链表末尾表元的指针*/
           *p;
    int  k;
    h=tail=NULL;
    printf("Input data.\n");
    for(k=0;k<n;k++)
    {  p=(intNode *)malloc(sizeof(intNode));
       scanf("%d",&p->value);
       if(h==NULL) h=tail=p;
       else  tail=tail->next=p;
    }
    if(tail) tail->next=NULL;           /*末表元的后继表元指针为空*/
    return h;
}
```

上述函数 createList()定义将新表元接在链表末尾。在有些情况下，对新表元放在单链表中的位置没有要求，最简单的办法是将新表元插在单链表首表元之前，即让新表元作为新单链表的首表元。若要对函数 createList()定义做这种改写，其中的变量 tail 就不再需要了。

以下是一个可以用于测试上述函数的主函数：

```
#include<stdio.h>
#include<malloc.h>
struct intNode
{ int value;
  intNode *next;                          /*采用 C++句法，定义结构成员*/
};
/*建立正整数链表的函数可以放在这里*/
void main()
{ intNode *p,*q;                          /*采用 C++句法，定义结构指针*/
  int n;
  printf("输入链表的表元个数!\n");    scanf("%d",&n);
  q=createList(n);                        /*当函数返回时，q 为头指针*/
  while(q)
  { printf("%d\n",q->value);             /*依次显示链表中的表元值*/
    p=q->next;                            /*保存后继表元指针*/
    free(q);                              /*删除当前表元*/
    q=p;                                  /*后继表元成为当前表元*/
  }
}
```

【例 7.12】编写函数，输入 n 个整数，建立一个按值从小到大顺序链接的链表。

【解题思路】输入整数构建有序链表的过程是一个循环。这里采用以下算法思想：

① 要构建的链表的初始状态为空链表，即头指针 head 为 NULL。

② 构建有序链表循环每次要完成以下工作：

• 输入一个整数，申请新表元的存储空间并让指针 p 指向它，将输入的整数存入新表元。

• 寻找新表元插入位置。

• 将新表元插入在插入处的前面。

链表生成后，函数返回生成的单链表的头指针。

寻找插入位置是一个循环，从链表的首表元开始查找，与输入的整数比较，如果输入整数大于当前表元的值，需要继续考查下一个表元；否则，新表元插在当前表元之前。由于单链表上无法简单地完成插在某表元之前的工作，寻找循环引入指向当前要考查的表元的指针变量 v 和指向当前要考查的表元前一个表元的指针变量 u；插入在 v 所指表元之前，改为插入在 u 所指表元之后。细节见以下函数 createSortList()。

```
/*建立有序的正整数链表的函数*/
intNode *createSortList(int n)
{ intNode *u,*v,*p,*head=NULL;          /*u 指向考查表元前一个表元，v 指向考查表元*/
  int  k;
  printf("Input data.\n");
  for(k=0;k<n;k++)
  { p=(intNode *)malloc(sizeof(intNode)); /*申请新表元的存储空间*/
    printf("请输入一个整型数据: ");
    scanf("%d",&p->value);               /*输入的整数存入新表元*/
    v=head;                              /*从首表元开始寻找插入位置*/
    while(v!=NULL&&p->value>v->value)    /*寻找要插入的位置*/
```

```
        {u=v;v=v->next;}             /*保存前驱表元指针，并考察下一个表元*/
        if(v==head)  head=p;         /*新表元插在首表元之前*/
        else u->next=p;              /*新表元插在 u 所指表元之后，v 所指表元之前*/
        p->next=v;
    }
    return head;                     /*返回链表的头指针 head*/
}
```

【例 7.13】 编写函数，实现将已知单链表的表元链接顺序颠倒，即使单链表的第 1 个表元变为最后一个表元，第 2 个表元变为倒数第 2 个表元，……，最后一个表元变为第 1 个表元。

【解题思路】 依旧设链表为整数链表，且设链表是带辅助表元的。图 7-12 所示为链表颠倒前和颠倒后的链表状态。

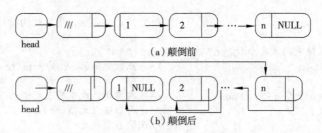

图 7-12　链表颠倒示意图

完成颠倒操作是一个循环过程。假设从第 1 个表元开始颠倒，每循环一次颠倒一个表元的链接关系，直至颠倒了最后一个表元，如图 7-13 的所示。假设某次循环前已颠倒了前（i-1）个表元，这些颠倒好的部分链表的头指针为 v1，那些还未颠倒的部分链表的头指针为 v2，其中，有向线段表示前（i-1）个表元颠倒之后和 i 表元之后那些还未颠倒表元之间的连接状态。本次循环要颠倒第 i 个表元的链接关系，这次颠倒要完成的连接关系用有向弧线表示。为实现从颠倒前的状态变为颠倒后的状态，可用以下 4 个赋值操作实现：

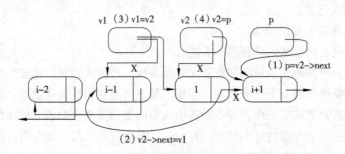

图 7-13　第 i 个表元颠倒前、后链表状态变化图

① p=v2->next;   /*保护 v2 所指表元的后继指针*/
② v2->next=v1;   /*使 v2 所指表元的后继表元是 v1 所指表元*/
③ v1=v2;   /*调整 v1*/
④ v2=p;   /*调整 v2*/

颠倒循环开始前，指针 v1 的值为 NULL，表示已颠倒的部分链表为空，指针 v2 指向单链表的首表元，表示未完成颠倒的是整个链表。细节见函数 reverse() 的定义：

```
void reverse(intNode *h)
{   intNode *p,*v1,*v2;
```

```
    v1=NULL;                        /*开始颠倒时，已颠倒部分为空*/
    v2=h->next;                     /*v2 指向链表的首表元*/
    while(v2!=NULL)                 /*还未颠倒完，循环*/
    { p=v2->next;v2->next=v1;
      v1=v2;v2=p;
    }
    h->next=v1;
    return;
}
```

如果颠倒的单链表没有辅助表元，则函数应返回颠倒后的链表头指针，单链表颠倒函数可以改写如下：

```
intNode *reverse (intNode *h)
{ intNode *p,*v1,*v2;
    v1=NULL;                        /*开始颠倒时，已颠倒部分为空*/
    v2=h;                           /*v2 指向链表的首表元*/
    while(v2!=NULL)                 /*还未颠倒完，循环*/
    { p=v2->next;v2->next=v1;
      v1=v2;v2=p;
    }
    return v1;
}
```

【例 7.14】设有顺序编号为 1～n 的 n 个人，按顺时针站成一个圆圈。首先从第 1 个人开始，从 1 开始顺时针报数，报到第（m≤n）个人，令其出列，然后再从出列的下一个人开始，从 1 顺时针报数，报到第 m 个人，再令其出列，……如此下去，直到圆圈不再有人为止。求这 n 个人出列的顺序。图 7-14 所示是 n=8，m=3，由 8 个人站成圆圈，从第 1 个人开始报数，每次第 3 人出列的示意图。

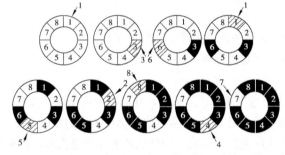

图 7-14　由 8 个人站成圆圈，每报数到第 3 人出列的示意图

【解题思路】程序首先输入 n 和 m，接着构造一个由 n 个表元组成的循环链表。下面的程序将构造循环链表的工作交由函数 makeLoop()完成，函数返回循环链表的首表元指针。主函数的主要工作是一个循环，每次循环完成报数和出列的工作。为了控制报数到第 m 人出列，报数循环只能重复向前 m-2 次，直至第 m-1 人报数，第 m-1 人的下一个人出列，出列时要考虑到最后一个人出列时，循环链表变成空链表。细节见下面的程序：

```
#include<stdio.h>
#include<malloc.h>
struct Node
{ int num;
  Node *next;
};
/*构造含 n 个表元的循环链表，函数返回循环链表的末表元指针*/
```

```
Node *makeLoop(int n)
{ Node *h,*tail,*p;
  int i;
  for(h=tail=NULL,i=1;i<=n;i++)
  { p=(Node *)malloc(sizeof(Node));
    p->num=i;                              /*生成第 i 号表元*/
    if(h==NULL) h=tail=p;                  /*插入首表元*/
    else tail=tail->next=p;                /*第 i 号表元接在链表末尾*/
  }
  tail->next=h;                            /*构成循环链表*/
  return h;                                /*返回首表元指针*/
}
void main()
{ int n,i,m;
  Node *h,*p,*t;
  printf("Enter n & m\n");    scanf("%d%d",&n,&m);
  if(m==1)
  { for(i=1;i<=n;i++) printf("%4d",i);
    return;
  }
  p=h=makeLoop(n);
  while(p)
  { for(i=1;i<m-1;i++) p=p->next;          /*向前 m-2 次，报数 m-1 人*/
    t=p->next;                             /*下一个表元出列*/
    printf("%4d",t->num);
    p=p->next=t->next;
    if(p==t) p=NULL;                       /*最后一个表元出列，变成空链表*/
    free(t);                               /*释放出列表元的空间*/
  }
  printf("\n");
}
```

【例 7.15】编写用链表表示的两个多项式相加的函数。

一个 n 次多项式 $p_n(x)$ 可写成以下形式：

$p_n(x)=a_nx^n+a_{n-1}x^{n-1}+a_{n-2}x^{n-2} + \cdots + a_1x^1+a_0$

【解题思路】当多项式的幂次很高，且系数为 0 的项所占比例较高时，多项式可用一个单链表来表示。例如，$p(x)=3 \times x^3-x^1+5$ 用图 7-15 所示的带辅助表元的单链表表示，其中表元是由幂次、系数和后继表元指针 3 个成员组成的结构。单链表的表元按幂次降序的顺序链接，系数为 0 的项在单链表中不表示。编写用这种形式表示的两个多项式相加的函数 addPoly()。

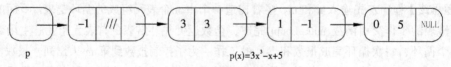

图 7-15　多项式的链表表示

假设函数 addPoly() 实现：

l(x)+k(x)=>l(x)

利用两个多项式链表的表元由幂次从高到低链接的性质，顺序查找两个多项式的项，对 l(x) 多项式链表进行修正。如果 l(x) 的当前项幂次与 k(x) 的当前项幂次相等，则将 k(x) 的当前项的系数加到 l(x) 的当前项的系数上。如果它们的系数和为零，结果多项式 l(x) 的当前项应从链表中删除。

当 l(x)链表已结束，或当 l(x)当前项的幂次小于 k(x)当前项的幂次，说明 l(x)中没有 k(x)当前项那样的项，在 l(x)中应插入 k(x)这样的项。以上顺序处理过程直至 k(x)多项式链表结束。

由于对 l(x)单链表有表元插入和删除，引入 3 个指针变量 lpt、kpt 和 p，分别指向 l(x)单链表和 k(x)单链表的当前项(*lpt)、(*kpt)和(*lpt)的前驱表元(*p)。

综上所述，完成求和运算是一个从高幂次项到低幂次项，逐一参照 k(x)项的循环，直至多项式 k(x)的项参照完，结束循环。每次循环要做的工作是：

如果(*lpt)的幂次大于(*kpt)的幂次，则(*lpt)不变，继续考查 l(x)的下一项。如果(*lpt)的幂次小于(*kpt) 的幂次，则在 l(x)的单链表中插入一项，其幂次与系数均与(*kpt)的相同。如果(*lpt)的幂次等于(*kpt)的幂次，则计算它们的系数和，当和不为 0 时，用和修改(*lpt)项的系数；当和为 0 时，则将表元(*lpt)从 l(x)单链表中删除。细节见下面的程序：

```c
#include<stdio.h>
#include<stdlib.h>
#define EPSILON 1.0e-5
#include<math.h>
struct Node
{ int power;
  double  coef;
  Node *link;
};
void addPoly(Node *l,Node *k)          /*多项式相加函数*/
{ Node *p,*lpt,*kpt,*q;
  p=l;
  lpt=l->link;kpt=k->link;
  while(kpt)
  { if(lpt==NULL||lpt->power<kpt->power)
    { q=(Node *)malloc(sizeof(Node));
      q->power=kpt->power;q->coef=kpt->coef;
      q->link=lpt;p->link=q;
      p=q;kpt=kpt->link;
    }
    else if(lpt->power==kpt->power)     /*等幂次项系数相加*/
    { lpt->coef+=kpt->coef;
      if(fabs(lpt->coef)<=EPSILON)
      { p->link=lpt->link;free(lpt);
      }
      else p=p->link;
      lpt=p->link;
      kpt=kpt->link;
    }
    else       /*lpt->power>kpt->power,跳过 (*lpt)*/
    { p =lpt;
      lpt=lpt->link;
    }
  }
}
/*以下是输入多项式的幂次和系数，构建多项式的单链表函数: */
Node *createPoly()                 /*输入多项式函数*/
{ Node *u,*w,*p,*h;
  int n;
  h=(Node *)malloc(sizeof(Node));  /*建立空的带辅助表元的单链表*/
  h->link=NULL;
```

```
        printf("输入多项式：幂次和系数对，幂次小于 0 输入结束\n");
        scanf("%d",&n);                    /*输入幂次*/
        while(n>=0)
        { double coef;
            p=(Node *)malloc(sizeof(Node));
            p->power=n;
            scanf("%lf", &coef);           /*输入系数*/
            p->coef=coef;
            w=h;    u=h->link;             /*以下寻找当前项的插入位置*/
            while(u!=NULL && n<u->power)
            { w=u;    u=u->link;
            }
            w->link=p;    p->link=u;
            scanf("%d",&n);                /*输入下一项的幂次*/
        }
        return h;
}
void writePoly(Node *q)            /*输出多项式函数*/
{ if((q=q->link)==NULL) return;
    printf("%.2fx↑%d",q->coef,q->power); /*多项式的首项*/
    q=q->link;
    while(q)                       /*输出和多项式的其余项*/
    { printf("%+.2fx↑%d ",q->coef,q->power);
        q=q->link;
    }
    printf("\n");
}
void main()
{ Node *h1,*h2,*p,*q;
    h1=createPoly(); writePoly(h1);
    h2=createPoly(); writePoly(h2);
    addPoly(h1,h2);   printf("和多项式: \n");  writePoly(h1);
    q=h1;                          /*删除多项式多项式h1*/
    while(q)
    { p=q->link;free(q);q=p;
    }
    q=h2;                          /*删除多项式多项式h2*/
    while(q)
    { p=q->link;free(q);q=p;
    }
}
```

7.5 联　　合

联合类型和结构类型类似，都可以有不同类型的成员数据，但在联合类型中，所有成员是共享同一个存储空间。一个联合类型的变量，某个时刻只存储其中一个成员。因此，联合也被称为共用体。联合的目的是表达某种数据在不同时刻取不同类型的值。

1. 联合类型与联合变量的定义

定义联合类型与定义结构类型非常相似，一般形式为：

```
union  标识符
{   成员说明表
};
```

其中，标识符是联合类型名。例如：

```
union  Data
{  int ival;
   char chval;
   float fval;
};
```

定义一个名为 Data 的联合类型，这种类型的变量能存储整型、字符型或浮点型，这 3 种类型数据中的一种。

定义联合变量也与定义结构变量一样，可以先定义联合类型再定义联合变量，也可以在定义联合类型的同时定义联合变量。例如，利用已定义的联合类型 Data，再定义联合变量如下：

```
union Data x,y;            /*采用 C 语言句法*/
Data a,b;                  /*采用 C++语言句法*/
```

当然也可以联合类型与联合变量一起定义。例如：

```
union  Data
{  int ival;
   char chval;
   float fval;
}u,v;
```

2. 联合变量中成员的引用

联合变量被定义后，程序就可以引用联合变量的成员。引用联合变量成员的一般格式如下：

联合变量名.成员名

例如，对于 Data 联合类型变量 x、y，下面的代码是对联合变量成员的正确引用：

```
x.ival=5;                  /*引用联合变量 x 的成员 ival*/
y.chval='a';               /*引用联合变量 y 的成员 chval*/
```

注意：只引用联合变量是错误的。例如：

```
printf("%d",x);            /*错误的引用*/
```

这是因为联合变量中存储的是某个成员的值，不存储联合的所有成员。

使用联合变量时要注意以下几点：

① 一个联合可以存放不同类型的数据，但实际上只存储其中的一个数据，而不是同时存放着多个数据。存于联合中的值是最近一次存入的值。存入新值后，原有的值就全部或部分被新值所覆盖。例如：

```
x.ival=1;
x.fval=2.0;
x.chval='?';
```

完成以上 3 个赋值后，只有 x.chval 是有效的，而 x.ival 和 x.fval 中的值已经变得没有意义。

② 联合类型变量定义时可以初始化，但只能对该变量的第 1 个成员置初值。例如：

```
Data x={1};                      /*将数值 1 赋给 x 的 ival 成员，注意花括号是必须的*/
```

下面的写法是错误的。

```
Data x={1,2.0,'?'};        /*不能同时给 3 个成员赋值*/
```

③ 联合变量的开始地址和它的成员变量的开始地址相同。例如，&x、&x.ival、&x.fval、&x.chval

都是同一地址值。

利用联合所有成员都从同一地址开始存储的规定，可实现长数据的自然分拆。例如：

```
union
{ char s[4];
  long lint;
}u;
long n=-5L;
u.lint=n;                    /*给联合变量u赋一个long型值*/
```

则 u.s[0]、u.s[1]、u.s[2]、u.s[3]是对 long 类型值按字节的分拆。

④ 函数的形参类型不能是联合类型，函数的结果类型也不能是联合类型，但指向联合的指针可以作为函数形参，函数也可以返回指向联合的指针。

⑤ 联合可出现在结构类型中，联合也可包含结构和数组。引用结构中的联合，或联合中的结构与引用嵌套结构成员的书写形式完全一样。

7.6　位　　域

在某些应用中，需要标志一组对象的状态或特征，可以用一个机器字中的一位二进制位或连续若干二进制位代表一个属性的状态，并用一个或多个机器字表示一组属性。例如，某台计算机配置的磁盘机中的控制状态寄存器的字长为 16 位（自右至左，第 0～15 位），设其中一些位的意义如下：

第 15 位：置 1 表示数据传送发生错误。

第 7 位：置 1 表示设备已准备好，可传送数据。

第 6 位：置 1 允许响应中断。

第 2 位：置 1 表示读。

第 1 位：置 1 表示写。

实现上述要求可以给对应字中的某些二进制位定义一系列表示特征的代码。通常，代码用八进制数表示。例如：

```
#define  ERROR   0100000        /*对应第 15 位错误标志*/
#define  READY   0200           /*对应第 7 位准备好*/
#define  IENABLE 0100           /*对应第 6 位允许中断*/
#define  READ    04             /*对应第 2 位读*/
#define  WRITE   02             /*对应第 1 位写*/
```

包括编译程序在内的许多系统程序不用上述方法。在编译程序处理符号表时，为了区分每个标识符的类别属性，如变量名、函数名、类型名及全局的、静态的等。描述类别属性的最简单方法是把表示类别属性的字符或整数中的某些二进制位作为标志位使用。例如：

```
#define  VARIABLE 01            /*第 0 位表示变量名*/
#define  FUNCTION 02            /*第 1 位表示函数名*/
#define  TYPE     04            /*第 2 位表示类型名*/
#define  EXTERNAL 010           /*第 3 位表示外部的*/
#define  STATICAL 020           /*第 4 位表示静态的*/
```

通常称这种表示法为字位标志法，所有的数字必须是 2 的若干次幂。对这些位可以进行移位、屏蔽、求补等运算，就能实现对属性值的测试，存储等。例如语句：

```
flg=VARIABLE|EXTERNAL|STATICAL;
```

表示将 flg 设置成变量、全局、静态的。而语句：

```
flg&=~(VARIABLE|EXTERNAL|STATICAL);
```

将 flg 设置成非变量、非全局、非静态的。

除上述这种使用方法外，C 语言还提供了位域机制，能直接定义和存取字中字段的能力。字段是机器字存储单元中的一串连续的二进制位。字段的定义和存取的方法建立在结构基础上。字段是一种特殊的结构成分，说明这种成分只要在成分名之后附上冒号 ":" 后随一个数字，此数字用来指出该字段有几个二进制位。例如，上面所述的符号表中标识符的类别属性可定义成以下结构类型：

```
struct  id_atr
{ unsigned  variable  :1;
  unsigned  function  :1;
  unsigned  type      :1;
  unsigned  external  :1;
  unsigned  statical  :1;
};
```

设有变量定义：

```
struct  id_atr  flg;
```

flg 包含 5 个字段，其中，每个字段的长度均为 1。为特别强调它们是无正负号的量，定义它们是 unsigned 型。又如，用字段把某台计算机的指令字定义为：

```
struct  ins_type
{ unsigned  op  :6;              /*操作码占前 6 位*/
  unsigned  flg :2;             /*特征码占 2 位*/
  unsigned  operand1  :4;       /*第 1 操作数占 4 位*/
  unsigned  operand2  :4;       /*第 2 操作数占 4 位*/
} instruction ;
```

引用字段的方法类似于引用结构的成分，如 flg.variable、instruction.op 分别表示引用 flg 的 variable 字段和引用 instruction 的 op 字段。另外，字段可以认为是一个无符号整数，像其他整数一样可出现在算术表达式中。例如：

```
flg.variable=flg.external=flg.statical=1;
```

将 flg 的相应位设置成 1。在以下形式的 if 语句中，条件：

```
if(flg.extermal==0&&flg.statical==0)…;
```

是测试 flg 的相应位是否都为 0。

一个字段只能在同一个整数字中，即限制字段不能跨越整数字的边界。如果剩余的位太少不够下一个字段时，下一个字段将占用下一个整数字。另外，字段可以不命名，称为无名字段，无名字段用于填充。定义无名字段时，只有冒号和占用的位数。特别地，当无名字段的位数为 0 时，表示下一字段占用下一个整数字，与整数字边界对齐。使用字段时，要注意具体机器分配字段的方向，有的从左向右，也有的从右向左。另外，规定字段值无符号和字段无地址，不能对字段进行地址运算（&）。

7.7 枚 举

在现实世界中，除数字、文字信息之外，还有专用名称信息。例如，反映电梯运行状态的有上（UP）、下（DOWN）、停（STOP），又如表示星期几的名称等。为提高程序描述问题时的直观性，C 语言引入枚举类型，将一个枚举类型变量可取的值（名称）一一列举出来，表示该枚举类型变量只取列举出来的值之一。

1. 枚举类型和枚举变量的定义

定义枚举类型一般形式为：

```
enum 标识符{枚举常量表};
```

其中，标识符是枚举类型名。例如：

```
enum COLOR{RED,GREEN,BLUE};
enum Weekday{SUN,MON,TUE,WED,THU,FRI,SAT};
```

定义枚举类型 COLOR 和 Weekday。其中，类型为 COLOR 的变量可取 RED、GREEN 和 BLUE 这 3 个值之一；类型为 WeekDay 的变量可取 SUN、MON、TUE、WED、THU、FRI 和 SAT 这 7 个值之一。

上述枚举常量表中的枚举常量都是标识符，都表示一个有意义的值，但对程序本身来说，这些标识符并不自动代表什么含义。例如，并不因为写成 RED 就自动表示"红色"，SUN 并不自动表示星期天。标识符的字面意义的唯一好处是提高程序的可读性。编译系统将枚举类型中的标识符作为常量处理，因此，在程序中不能对枚举常量赋值。例如：

```
SUN=0
```

或

```
SAT=6
```

都是错误的。

为了便于处理枚举类型，系统内部将每个枚举常量与一个整数相联系，即枚举常量在内部被视为一个整数，值的大小由它们在枚举类型中出现的顺序确定，依次为 0，1，2，…。例如，在上面的定义中，SUN 为 0，MON 为 1，……，SAT 为 6。

枚举常量的对应整数也可在定义枚举类型时直接指定。例如：

```
enum weekday{SUN=7,MON=1,TUE,WED,THU,FRI,SAT};
```

指定 SUN 为 7，MON 为 1，后面未指定对应整数的枚举常量所代表的整数，是前一个枚举常量代表的整数加 1。所以，在上述定义中，TUE 为 2，……，SAT 为 6。

枚举变量的定义有以下两种形式：

① 先定义枚举类型，再定义枚举变量。例如，有以上定义的枚举类型，就可以定义枚举变量：

```
enum  Weekday today,yesterday,tomorrow;  /*C 语言句法*/
Weekday today,yesterday,tomorrow;         /*C++语言句法*/
```

表示枚举变量 today、yesterday、tomorrow 取上述类型定义列举的 SUN 等 7 个值之一。例如：

```
today=SUN;
tomorrow=MON;
```

```
yesterday=SAT;
```

② 定义枚举类型同时定义枚举类型变量。例如：

```
enum direction{X,Y,Z} d;
```

其中，d 是枚举变量，能取 X、Y 或 Z 之一的值。例如：

```
d=Y;                 /*给枚举变量赋值*/
```

因枚举常量代表一个整数，同一枚举类型的两个变量，或一个枚举变量与一个枚举常量或整数可以做关系比较。比较时，以它们所代表的整数为基础。例如：

```
if(today==SUN)  yesterday=SAT;
```

如果有赋值语句：

```
today=SUN;
```

使变量 today 的值为 0。

2. 枚举变量的使用

枚举变量与整型变量的使用方法相同，但为了强调枚举变量值的特别含义，当一个表达式的值赋值给枚举变量之前，应插入类型强制转换，将整数值转换成枚举常量后再赋值。

【例 7.16】输出枚举常量值和变量值。

```c
#include<stdio.h>
void main()
{   int i=2,j=1;
    enum  en{RED=5,GREEN,BLUE}x,y,z;
    x=(enum en)(i-j);
    y=(enum en)(j+i);
    z=(enum en)(j-i);
    printf("Red=%d,Green=%d,x=%d,y=%d,z=%d\n",RED,GREEN,x,y,z);
}
```

输出结果为：Red=5,Green=6,x=1,y=3,z=-1

【例 7.17】输入每个月的收入金额，求出年收入总金额。

```c
#include<stdio.h>
void main()
{   enum WeekDay{Jan=1,Feb,Mar,Apr,May,Jun,Jul,Aug,Sep,Oct,Nov,Dec}month;
    int  yearEarn,monthEarn;
    printf("请输入每个月的收入金额: \n");
    for(yearEarn=0,month=Jan;month<=Dec; month=(enum WeekDay)(month+1))
                                /*枚举变量作为循环控制变量使用*/
    {   switch (month)
        {   case Jan:printf("January: "); break;
            case Feb:printf("February: "); break;
            case Mar:printf("March: "); break;
            case Apr:printf("April: "); break;
            case May:printf("May: "); break;
            case Jun:printf("June: "); break;
            case Jul:printf("July: "); break;
            case Aug:printf("August: "); break;
            case Sep:printf("September: "); break;
            case Oct:printf("October: "); break;
```

```
            case Nov:printf("November: ");break;
            case Dec:printf("December: ");break;
        }
        scanf("%d",&monthEarn);
        yearEarn+=monthEarn;
    }
    printf("\n年收入总金额为: %d\n",yearEarn);
}
```

7.8 类 型 定 义

类型定义的作用是让一个标识符标识某个数据类型，这个标识符称为类型名称，以便用类型名称表示它标识的数据类型，以后就可用这个类型名称定义变量，或定义新的数据类型。类型定义的一般格式如下：

typedef 类型 标识符；

其中，typedef 表示类型定义的关键字，必须写在最前面。类型可以是基本类型或程序已经定义的类型名称，或者是一个新的完整的类型说明，标识符则是用户自定义的新的类型名称。类型定义的作用或是给已有类型定义别名，或是给新类型一个适合自己习惯的类型名称。

先来看给已有类型定义一个别名的一些例子，例子分别给出代码和说明。

typedef float MyFloat;
MyFloat f,c;

说明：第 1 行代码定义 MyFloat 为 float 类型名。第 2 行代码表示，经过类型定义后，MyFloat 就像类型 float 一样，可将变量 f 和 c 定义成 MyFloat 类型，即 float 类型。

```
typedef  int  INTEGER;
typedef  float  REAL;
INTEGER  i,j;                    /*等价于int  i,j;*/
REAL  a,b;                       /*等价于float  a,b;*/
```

说明：可以使熟悉 FORTRAN 语言的用户也能用 INTEGER 和 REAL 来定义变量。

再来看给某个新的类型命名的例子：

```
typedef  int  ARRAY[100];
ARRAY  x,y,z;                    /*等价于int  x[100],y[100],z[100];*/
```

说明：当有多个数组变量类型相同，元素个数也相同时，先用 typedef 定义一个数组类型，然后再定义数组变量就比较方便、简洁。

```
typedef  struct
{ int  number;
  char  name[20];
  int   score;
} STDTYPE;                       /*定义结构类型 STDTYPE*/
STDTYPE  std1,std2;              /*定义类型为 STDTYPE 的两个结构变量*/
```

　　说明：先定义代表结构类型的名称 STDTYPE（注意：这里的 STDTYPE 不是结构变量而是新定义的类型名），再用 STDTYPE 定义结构变量。

```
typedef  char  *CharPt;
CharPt  p,q[5];                    /*p为字符指针变量，q为字符指针数组*/
```

　　说明：先定义 CharPt 为字符指针类型，然后可以用 CharPt 来定义字符指针变量和字符指针数组。

　　下面对使用 typedef 类型定义给出以下 5 点说明和建议：

　　① 用 typedef 定义的数据类型习惯上用大写字母表示，以便与系统提供的数据类型标识符相区别。

　　② 若程序中某些变量仅用于某一个方面，使用 typedef 定义比较直观，比较容易理解变量的作用。例如：

```
typedef  int  COUNT;
COUNT  i,j;
```

将变量 i 和 j 定义为 COUNT 类型，可以一目了然地知道 i 和 j 这两个变量是用于计数的。

　　③ 提高程序的通用性和移植性。例如，A 计算机系统的 int 型数据用 2 B 表示，long 型数据用 4 B 表示，而 B 计算机系统的 int 和 long 型数据都用 4 B 表示。如果要将 B 系统上的 C 程序正确地移植到 A 系统上，一般需要将程序中所有 int 改为 long。假如，原来的 C 程序有类型定义：

```
typedef  int  INTEGER;
```

且程序中都用 INTEGER 定义整型变量，而没有使用 int，则移植时只需要修改类型 INTEGER 的定义，即改为：

```
typedef  long  INTEGER;
```

　　④ 注意 typedef 与 #define 的区别。typedef 是用于给数据类型命名的机制，是在编译时处理的；而 #define 是在编译预处理时完成的，它只能做简单的字符串替换。例如：

```
typedef  int  ARRAY[100];
```

表示类型名称 ARRAY 为数组类型，它的元素为 int 类型，含 100 个元素，而不是简单地用 ARRAY[100] 来代替 int。

　　⑤ 类型定义主要用于构造复杂的数据类型，通过类型定义由简单到复杂，最后给复杂数据类型一个名称，以后就可用这个类型名定义变量，或声明形参的类型等。

　　通常，在组织复杂的程序时，不同源程序文件中用到的同一数据类型，如数组、结构、联合、指针等，常用 typedef 定义给有关数据类型命名，并将这些类型定义单独放在一个源文件中，凡要用到它们的源文件，就用 #include 预处理命令将它包含进来。

　　C 语言提供的 typedef 类型定义更重要的应用是为了清晰构造各种复杂的数据结构。为适应求解问题的各种复杂情况，C 语言提供了丰富的数据结构构造机制，特别是结构和数组。利用指针，通过反复应用这些构造手段，能构造各种复杂的数据结构，这确实为程序设计带来了很大方便。

7.9　变　量　定　义

　　形式化地描述变量定义或变量说明的句法，有以下形式：

存储类别　类型限定符　类型区分　数据区分

其中，存储类别有：auto、register、extern、static 和默认。详见 5.8 节存储类别和作用域。

类型限定符有 3 种形式：类型名、typedef 和 typedef 类型名。类型区分有简单类型和构造类型之分。简单类型有：char、int、float、double、short、signed、unsigned、long、void；在 int 之前有 short、unsigned 或 long；在 char 之前有 unsigned；在 double 之前有 long 以及用 typedef 定义的简单类型名。

构造类型有：struct 结构类型名、结构类型定义；union 联合类型名、联合类型定义；enum 枚举类型名、枚举类型定义；用 typedef 定义的构造类型名，包括数组类型的类型名。

数据区分由一个或多个"数据说明符=初值符"对组成，其中，"=初值符"可以没有。当有多个"数据说明符=初值符"时，它们之间用逗号分隔。

数据说明符又有多种形式，最简单的是一个标识符，另外还有多种构造形式，它们是：（数据说明符）、*数据说明符、数据说明符()、数据说明符[常量表达式]、数据说明符[]。

假设把类型区分说明的类型记为 Type。如果数据说明符是一个未加任何修饰的标识符，则它说明标识符的类型是 Type。例如：

```
int j;
```

数据说明符为标识符 j，它的类型为 int 型。

数据说明符"（数据说明符）"相当于未加修饰的数据说明符，使用括号只是用来改变复杂数据说明符中有关内容的结合顺序。

数据说明符"*数据说明符"使数据说明符所含标识符的类型是"指向 Type 类型的指针"。如：

```
int *ip
```

使标识符 ip 的类型是指向 int 型的指针。

数据说明符"数据说明符()"使数据说明符所含标识符具有"返回 Type 类型值的函数"的类型。例如：

```
int f()
```

则标识符 f 具有"返回 int 型值的函数"的类型。

数据说明符"数据说明符[常量表达式]"或"数据说明符[]"，则数据说明符所含的标识符具有"元素类型为 Type 的数组"的类型。例如：

```
int a[100]或int a[]
```

则标识符 a 就具有"元素类型为 int 的数组"的类型，或简单地说成 a 是 int 型的数组。

"=初值"用于对定义的变量设置初值，可以默认。对于静态变量或全局变量，如果未指定初值，系统自动置二进制位全是 0 的值。对于自动的或寄存器的局部变量，它们的初值可以是一般的可计算表达式。如果没有给定初值，则变量的初始值是不确定的。

静态变量或全局变量的初值可以有下面多种形式：常量表达式、字符串常量、&变量、&变量+整常量、&变量-整常量、{初值表}。其中，初值表中的初值之间用逗号分隔，初值表中的表达式必须是常量表达式，或者是前面说明过的变量的地址表达式，或是字符串。

对静态变量或全局变量来说，初始化工作只做一次，一般在程序执行之前进行。对于结构或数组，初值是由花括号括起来，用逗号分隔每个成分的初值表。初值表中的初值按数组元素的下标或结构成分的定义顺序给出。初值表中的初值个数比成分个数多是错误的，而比成分个数少时，系统用零填补。字符串初值是用于对字符数组或字符串指针初始化。特别地，当数组定义中的元素个数省略时，编译程序通过计数初值个数确定数组的元素个数。

小　结

结构是描述复杂个体信息的工具，但是程序通常要处理许多这样复杂的个体，所以程序又将这样一组个体组织成结构数组。函数引入结构类型的形参，函数调用时能提供包含信息更多的结构，同样，函数能返回结构值。在目前面向对象的程序语言中，结构被更好的类代替。

线性表是最简单的一种数据结构，线性表的主要实现方法有数组和链表，学习和掌握链表的程序设计方法，对以后学习数据结构会有很大的帮助。

因为特殊应用的需要，C 语言还引入联合、位域、枚举等类型。最后介绍类型定义和变量定义的句法。

本章学习和应该掌握的内容如下：

① 结构变量可以包含多项不同类型的成员变量。定义结构变量的句法，访问结构成员变量的句法。

② 结构指针，通过指向结构的指针访问结构成员变量的句法。

③ 结构数组的元素是结构变量，程序定义结构数组就能处理成组的结构。

④ 函数设置结构形参，函数调用时，对应的实参是结构变量，将结构变量的值传给形参。函数也能返回结构值。

⑤ 链表的表元是一种结构，每个表元有一个指向后继表元的指针。构建链表、链表的查找、链表上插入新表元、从链表删除表元，以及链表的简单应用。

⑥ 联合是一种特殊的数据类型，它的多个成员变量共享同一个存储区域，但是最后保存的哪个成员变量的值才是有意义的。定义联合时也可以初始化，但只能为联合的第一个成员变量初始化。

⑦ 位域的成员变量只占据一个机器字中的若干二进位，它的成员应该是 int 或 unsigned 类型的。

⑧ 枚举是值用标识符来表示，即用一组名字表示一种符号值，以提高程序的可读性。

⑨ 类型定义是定义新的类型名。类型定义、变量声明和定义的句法。

⑩ 经上机实践训练，能编写本章习题要求的程序。

习　题

1. 自己设计一个通信录条目的结构，并分别编写输入和输出一条通信录条目的函数。

2. 试定义一个表示学生信息的结构，要求包含学生的一些常见的固定信息和尽可能完全的学习成绩信息。

3. 试定义地址类型，要求该类型能考虑一般的地址格式。

4. 编写输入学生某门课程成绩的函数，利用该函数输入学生的全部成绩。再编写按某门成绩或总成绩排序的函数。

5. 利用前面的结果，编写一个小型的班级同学信息的管理系统。要求至少设有以下实用功能：录入学生信息，求某一门课程的总分、平均分，按姓名或学号查找学生的信息并显示，顺序浏览学生信息，按指定的若干门课程或按总分由高到低显示学生信息等。

6. 一张扑克牌可用结构类型描述，一副扑克牌的 52 张牌则是一个结构数组，另引入表示牌面值的字符串指针数组和表示牌花色的字符串指针数组。试编写洗牌函数和供 4 人玩牌的发牌函数、两张牌的大小比较函数等。

7. 编写实现将两个已知的有序链表合并成一个有序链表的函数。

8. 编写 3 个链表复制函数。第 1 个是复制出相同链接顺序的链表；第 2 个是复制出链接顺序相反的链表；第 3 个是复制出有序链表。

9. 编写从 3 个有序整数链表中找出第 1 个只有整数的函数。

10. 令整数链表的表元包含两个指针成分，一个用于指出从小到大的链接顺序；另一个用于输入的先后顺序。

11. 编写从无序的整数链表中找出最小表元，并将它从链表中删除的函数。

12. n 级法雷（Forder）序列 F_n 是将分母小于等于 n 的不可约真分数按递增次序排列，并让分数 0/1 作为序列的第 1 个元素，分数 1/1 作为序列的最后一个元素。例如，F_5 为：0/1, 1/5, 1/4, 1/3, 2/5, 1/2, 3/5, 2/3, 3/4, 4/5, 1/1。

要求编写程序，输入正整数 n，输出 n 级法雷（Forder）序列 F_n，另外，要求程序用链表存储法雷序列。

13. 试编写按以下加密规则对指定的加密钥匙 key 和原文字符串的加密函数。设原文字符串有 n 个字符，生成的密文字符串也是 n 个字符。将密文字符串的 n 个字符位置按顺时针连成一个环。加密时，从环的起始位置起顺时针方向计数，每当数到第 key 个字符位置时，从原文字符串的第 1 个字符开始，依次将原文中的当前字符放入该密文字符位置中，已填入字符的密文字符位置以后不再在环上计数。重复上述过程，直至原文的 n 个字符全部放入密文环中。由此产生的密文环上的字符序列即为原文的密文。

14. 用带辅助表元的有序整数链表表示整数集合，分别编写已知两个集合求集合和（$S_1 = S_1 \cup S_2$）、集合差（$S_1 = S_1 - S_2$）、集合交（$S_1 = S_1 \cap S_2$）的函数。运算结果在链表 S_1。

设 $S_1 = \{2,3,5,6\}$，$S_2 = \{3,4,6,8\}$，则有，集合和 $S_1 \cup S_2 = \{2,3,4,5,6,8\}$，集合差 $S_1 - S_2 = \{2,5\}$，集合交 $S_1 \cap S_2 = \{3,6\}$。

15. 用不带辅助表元的有序整数链表示整数集合，分别编写已知两个集合求集合和（$S = S_1 \cup S_2$）、集合差（$S = S_1 - S_2$）、集合交（$S = S_1 \cap S_2$）的函数。运算结果产生一个新链表。

第 8 章 数据文件处理技术

人们在用计算机存储信息时，通常将一组相关的信息组织成文件。例如，一个程序文件、一个图像文件、一个年级的学生基本信息文件、一组产品的信息文件等。操作系统将文件存储在计算机外部存储介质中，例如磁带、磁盘等。为了管理许许多多的文件，操作系统维持一个层次状的目录结构。每个文件都有一个名字，并被登录在某个目录下。用文件在目录结构中的路径和文件名来标识文件。本章只限于讨论存储数据信息的文件，通常称为数据文件。计算机操作系统将数据文件以数据流的形式来组织。为了统一管理数据的输入和输出，系统也将从键盘输入的数据流和向显示屏幕或向打印机输出的数据流当做文件。

学习目标

- 了解数据输入/输出过程；
- 掌握文件类型和文件指针变量的概念和使用方法；
- 掌握常用文件库函数的使用方法；
- 掌握按字符或字节逐一输入、输出的处理程序结构；
- 了解数据成批输入、输出的处理程序结构；
- 能编写简单的文件应用程序。

8.1 文件指针变量

在计算机系统中，有两种不同形式的数据流：以字符形式存储的数据流和以字节形式存储的数据流。以字符形式存储的数据流文件由一个个字符组成，这类数据文件称为正文文件；以字节形式存储的数据流文件由二进制字节代码组成，这类数据文件称为二进制文件。

计算机存储字符是存储字符的编码，有许许多多字符编码方案，ASCII 字符编码方案是应用较为广泛的一种方案。在 C 语言中，字符采用 ASCII 字符编码方案，正文文件将一个个字符的代码存储在文件中。二进制文件是把数据按其在内存中的相同形式，一个个字节信息存储在文件中。但通常是由若干个字节构成一个有意义的数据信息。例如，由 4 B 信息构成 1 个整数。

正文文件与二进制文件的主要区别是存储数值型数据的形式不同。如果每个整型数据在内存占 4 B，在二进制文件中也只占 4 B。要将两个整数 10 000 和 12 345 存于正文文件中，需要将表示这两个整数的两串字符和它们之间的分隔符一起存储，至少需要 11 B。用正文文件存储数值数据除了要占用较多的存储空间外，整数在内存和在外存储器的存储形式也不一致，数据输入/输出时还要进行内外表示形式的转换。用二进制形式存储数值数据可以节省外存空间，并且可以免去数据内外表示形式之间的转换。但正文文件数据流是字符，数据文件中的内容能供人们阅读。人们不能直接理解二进制文件中的信息，二进制文件通常用于程序与程序或程序与设备之间传递数据信息时使用。

让应用程序直接从磁带、磁盘中读取数据文件中的信息是极不合理的。为了便于人们编写应用程序，所有对常规设备的控制、输入/输出等操作都在操作系统的管理和控制下进行。操作系统为了能高效地读/写数据，为正在被程序使用的每个文件分配两个内存块。

一个内存块是输入/输出缓冲区，用于平滑计算机处理速度和输入/输出处理速度的巨大差异，减少启动设备的次数。从文件输入数据时，系统每次输入足够多的数据存于缓冲区中，供程序一部分一部分地使用；输出数据到文件时，也先把数据暂时写到缓冲区中，待缓冲区写满或输出结束时，才把缓冲区中的内容输出到文件中。

另一个内存块用于存储有关对文件进行控制和操作的状态信息，称为控制块。系统利用控制块中的信息对设备进行控制，并完成文件的输入和输出。控制块的主要内容包括：数据文件的目录路径名和文件名、文件输入/输出状态、当前输入/输出位置、文件缓冲区大小和位置等。

程序要输入文件中的数据，首先打开文件，让系统为该文件分配上述两个内存块，填写必要的控制信息，并将控制块的指针返回给程序。

一个文件以读的方式被打开后，程序就能以控制块的指针为实参调用系统提供的文件输入操作库函数，实现在系统控制下输入文件中的数据。文件使用结束后，程序应及时关闭文件，以便让系统能及时回收上述两个内存块。

程序输出数据到文件时，也需要先以写的方式打开文件（可能包括建立一个新文件），程序得到系统返回的控制块指针。然后，程序利用控制块指针调用文件输出库函数，库函数根据控制块中的信息，对文件进行控制和输出数据到文件。输出数据完成后，程序也得及时关闭文件。

文件输入/输出控制块是一种结构。该结构的数据类型被系统预定义，并命名为 FILE，习惯称为文件类型。读者可查阅自己使用的 C 系统的 stdio.h 文件，在该文件中有 FILE 的定义。

文件打开函数返回的是系统分配的控制块的指针，使用文件的应用程序需要定义 FILE*的指针变量，将打开函数的返回值保存于这样的指针变量中。称 FILE*的指针变量为文件指针变量。程序以后用该文件指针变量为实参，调用各种文件操作库函数。系统参照实参提供的文件指针，从对应的控制块中读取文件的控制信息，正确完成文件操作，并将操作后的新的控制信息回填到文件控制块中。程序用以下形式的代码定义文件指针变量：

```
FILE *fp;
```

FILE 类型由系统定义，FILE 类型的结构变量也由系统指定，是系统内部结构数组的一个元素，这个数组的元素个数限制了系统能同时打开的最多文件个数。

在 C 的运行系统中，有几个专用的文件指针变量，它们分别与常规使用的数据流相联系。例如，stdin 对应键盘输入数据流；stdout 对应输出到显示屏幕的输出数据流；stdprn 对应输出到打印机的数据流。

8.2　几个常用的数据文件库函数

本小节介绍程序经常使用的几个数据文件库函数。

1. 函数 fopen()

程序在用文件输入/输出数据之前，先要调用函数 fopen()打开文件。函数 fopen()的模型为：

```
FILE *fopen(char *fname,char *mode)
```

其中，字符串 fname 是文件名（包括目录路径）。字符串 mode 是文件的使用方式，用来指定文件的输入/输出方式（见表 8-1）。调用函数 fopen()，函数就分配一个存放文件控制信息的结构，并返回这个结构的指针。以后，程序以这个指针为实参调用文件输入/输出操作库函数，库函数就能获得与使用文件有关的控制信息存放地址。程序应将 fopen() 返回的指针保存在某个文件指针变量中。例如代码：

```
fp=fopen("\\usr4\\smp.dat","w");
```

以写文件方式打开根目录下的 usr4 子目录中的 smp.dat 文件。

表 8-1 函数 fopen() 的文件使用方式及意义

文件使用方式	意 义	文件使用方式	意 义
"r"	只读，为输入打开正文文件	"r+"	读/写，为输入/输出打开正文文件
"w"	只写，为输出打开正文文件	"w+"	读/写，为输入/输出建立并打开新的正文文件
"a"	追加，输出从正文文件的末尾开始	"a+"	读/写，为输入/输出打开正文文件
"rb"	只读，为输入打开二进制文件	"rb+"	读/写，为输入/输出打开二进制文件
"wb"	只写，为输出打开二进制文件	"wb+"	读/写，为输入/输出建立并打开新的二进制文件
"ab"	追加，输出从二进制文件的末尾开始	"ab+"	读/写，为输入/输出打开二进制文件

可能会因某种原因不能打开文件。例如，在文件输入方式下，打开一个不存在的文件；在文件输出方式下，外部存储介质无剩余自由空间，或外设故障，或超过系统能同时打开的文件数等。文件不能打开时，函数 fopen() 将返回空指针值 NULL。程序应考虑到文件不能正常打开的极端情况，应用以下形式的代码描述打开一个文件的要求：

```
if((fp=fopen(fname,"r"))==NULL)
{ printf("不能打开文件%s.\n",fname);
  return;
}
```

以上代码以文件输入方式打开一个文件，并在 fopen() 返回后立即检查打开是否成功。如果打开不成功，在终端上输出文件不能打开字样，执行 return 返回。

关于函数 fopen() 的文件使用方式参数，说明以下几点：

① 用"r"方式打开的文件只能用于从文件输入数据，不能用于输出，而且要求该文件已经存在，否则，函数 fopen() 返回 NULL 值。

② 用"w"方式打开的文件只能用于输出数据，不能用于输入数据。如果打开时，文件不存在，则新建立一个以指定名字命名的文件；如果文件存在，文件上的数据会全部清除。

③ 如果希望打开的文件用于输出数据，又不要清除文件中现有的数据，要求从文件的末尾开始添加新的数据，应该用"a"方式打开。

④ 用"r+"、"w+"、"a+" 方式打开的文件可以输入数据，也可以输出数据。用"r+"方式只允许打开存在的文件，以便程序能输入数据；用"w+"方式打开，则新建一个文件，先是向文件输出数据，然后可以从该文件输入数据；用"a+"方式打开一个已存在的文件，文件当前位置先移到文件的末尾，准备添加数据，以后也可以从这个文件输入数据。

⑤ 要打开二进制文件，只要在对应打开方式中接上字符 b 即可。例如，"rb"表示以输入方式打开二进制文件。

正文文件与二进制文件在使用时还有一点不同。对于正文文件，输入时，回车符（0xD）和换行符（0xA）合成为一个换行符（0xA）输入；输出时，换行符（'\n'）转换成为回车符和换行符两个字符一起输出。对于二进制文件，不进行上述这种转换，二进制文件中的数据形式与在内存中的数据形式是完全一致的。

系统将常规设备上的输入/输出数据流称为标准文件。程序运行时，系统自动打开这些标准文件，分别是标准输入文件、标准输出文件、标准出错输出文件和标准打印输出文件，这些标准文件的文件指针变量分别是 stdin、stdout、stderr 和 stdprn，程序可使用这些标准文件指针变量调用输入/输出库函数。例如，用 stdin 调用输入库函数，就是指从键盘输入数据；用 stdout 调用输出库函数，就是向显示屏幕输出数据。

2．函数 fclose()

文件使用结束后，程序应该立即关闭它，以防止后继执行的程序语句错误或人为的错误操作破坏打开的文件。程序调用库函数 fclose()来关闭文件。函数 fclose()的模型为：

```
int fclose(FILE *fp)
```

调用函数 fclose()的作用是使文件指针变量终止早先调用函数 fopen()时所建立的与文件的联系。调用函数 fclose()之后，不能再通过该文件指针变量对其早先相连的文件进行输入和输出操作，除非被再次打开。文件被关闭后，文件指针变量又可用来打开文件。如果关闭成功，函数 fclose()返回 0；如果检测到错误，返回 EOF。

对于文件以输出方式打开的情况，及时调用函数 fclose()还有防止数据丢失的重要作用。如前所述，在输出数据到文件时，是先将数据写到缓冲区中，待缓冲区写满后，才真正将缓冲区中的内容输出到文件。如果程序已完成文件的输出工作，而数据还未写满缓冲区，这时如果不及时关闭文件，以后如果程序被突然非正常结束，则暂留在缓冲区内的数据会因未及时输出到文件而丢失。及时调用函数 fclose()关闭文件，可避免这个问题的发生。因函数 fclose()先把暂留在缓冲区中的数据输出到文件中，然后才终止文件指针变量与文件之间的联系。

3．函数 fgetc()

函数 fgetc()的模型为：

```
int fgetc(FILE *fp)
```

该函数的功能是从与 fp 相联系的文件中输入当前位置上的一个字符。在文件的控制信息块中，有一个当前位置，即刻能输入的就是当前位置的那一个字符。每输入一个字符后，在文件还未结束的情况下，这个当前位置就会移向后一个字符位置，从而保证程序反复调用函数 fgetc()，能顺序输入文件中的所有字符。

函数 fgetc()返回值是输入字符的 ASCII 码。如果遇到文件结束，函数返回文件结束标志 EOF（被定义为-1）。例如代码：

```
ch=fgetc(fp);  /*从与 fp 对应的文件输入当前位置上的字符，存于变量 ch*/
```

当对应文件已结束时，变量 ch 的值是-1。为了能正确存储文件结束标志，变量 ch 的类型应是 int 类型，不能是 char 类型。

前面介绍的 getchar() 就是用函数 fgetc() 定义的宏：

```
#define getchar()  fgetc(stdin)
```

4．函数 fputc()

函数 fputc() 的模型为：

```
int fputc(char ch,FILE *fp)
```

该函数的功能是将 ch 中用 ASCII 表示的字符输出到与 fp 文件指针相联系的文件中。如果输出成功，函数 fputc() 返回输出字符的 ASCII 码；如果输出失败，则返回 EOF。

早先介绍的 putchar() 就是用函数 fputc() 定义的宏：

```
#define putchar(c)  fputc(c,stdout)
```

5．函数 fprintf() 和 fscanf()

格式输出函数 fprintf() 和格式输入函数 fscanf() 分别与函数 printf() 和 scanf() 类似，只是函数 fprintf() 和 fscanf() 的输出和输入是针对一般的数据文件，因此调用它们就多了一个文件指针实参。它们的一般调用形式分别为：

```
fprintf(文件指针,输出格式控制字符串,输出项表)
```

和

```
fscanf(文件指针,输入格式控制字符串,输入项地址表)
```

例如：

```
fprintf(wp,"i=%d r=%6.4f\n",i,r);
fscanf(rp,"%d %f",&i,&r);
```

前者表示将整型变量 i 和实型变量 r 的值按格式输出到与 wp 相联系的文件上；后者表示从与 rp 相联系的文件为整型变量 i 和浮点型变量 r 输入数据。

6．函数 fgets() 和 fputs()

函数 fgets() 和 fputs() 分别用于从正文文件输入字符串和向正文文件输出字符串，它们的模型分别为：

```
char *fgets(char *str,int n,FILE *fp)
```

和

```
int fputs(char *str,FILE *fp)
```

函数 fgets() 用于从数据文件输入字符序列，并存于字符指针所指出的存储区域中。当连续输入 n-1 个字符，或遇到换行符，或遇到文件结束时，输入字符过程结束。

函数 fgets() 与函数 gets() 都在输入的字符序列之后自动存储字符串结束标志符 '\0'，使其成为字符串，并返回字符串的首字符指针。但它们有差别，函数 fgets() 除增加整型参数和文件指针参数之外，存储输入的换行符，而函数 gets() 不存储输入的换行符。

函数 fputs() 的作用是将由参数所指的字符串输出到文件。其中，字符串的结束标志符不输出，也不在输出的字符序列之后另外再添加换行符。如果发生输出错误，函数 fputs() 返回 EOF；否则，返回一个非负值。

7．函数 rewind()、fseek() 和 ftell()

在有些应用场合，需要能对数据文件进行随机存取。文件随机存取是指输入或输出完一个字符（或字节）之后，并不一定要在文件当前位置之后再输入或输出字符（或字节），可以改变当前位置去输入/输出文件别的位置上的字符（或字节）。实际上，因为文件是存储在外部存储介质上的数据流，程序即刻能输入的是当前位置上的数据，即刻输出的数据存于文件的当前位置。对于顺序输入或输出情况，每输入或输出一个字符后，当前位置就会自动向后移一个字符位置。允许随机存取文件，就得改变文件的当前位置。改变当前位置可调用库函数 rewind() 和 fseek() 来实现。函数 ftell() 能用于查询文件当前位置。

函数 rewind() 的模型为：

```
void rewind(FILE *fp)
```

函数 rewind() 的作用是使文件当前位置重新回到文件之首。

函数 fseek() 是实现文件随机存取的最主要函数，用它可以将文件的当前位置移到文件的任意位置上。函数 fseek() 的模型为：

```
fseek(FILE *fp,long offset,int ptrname)
```

其中，ptrname 表示定位基准，只允许 0、1 或 2。其中，0 代表以文件首为基准，1 代表以当前位置为基准，2 代表以文件尾为基准。0、1 和 2 分别被定义有名称 SEEK_SET、SEEK_CUR 和 SEEK_END。long 型形参 offset 是位移量，表示以 ptrname 为基准，偏离的字节数。参见下面调用函数 fseek() 的例子：

```
fseek(fp,40L,SEEK_SET);
fseek(fp,20L,SEEK_CUR);
fseek(fp,-30L,SEEK_END);
```

分别表示将文件的当前位置定于离文件头 40 B 处、将文件的当前位置定于往文件尾方向离开当前位置 20 B 处、将文件的当前位置定于文件尾后退 30 B 处。

函数 fseek() 一般用于二进制文件的随机输入或输出，这是因为二进制文件的数据表示形式与数据在内存中的表示形式相同，各种类型的数据表示都有确定的字节数，而正文文件的数据表示形式与数据在内存中的表示形式不同，它们在输入/输出时，经过内外表示形式的转换，同类型的数值数据在文件中表示的字节数可能不同，不能由字节数计算数值的个数。

函数 ftell() 用于得到文件当前位置相对于文件首的偏移字节数。在随机方式存取文件时，由于文件位置频繁的前后移动，调用函数 ftell() 就能非常容易地确定文件的当前位置。函数 ftell() 的模型为：

```
long ftell(FILE *fp)
```

利用函数 ftell() 也能很容易地知道一个文件的长。例如，以下语句序列：

```
fseek(fp,0L,SEEK_END);
len=ftell(fp);
```

首先，将文件的当前位置移到文件的末尾，然后，调用函数 ftell() 获得当前位置相对于文件首的位移，该位移值等于文件所含字节数。

8. 函数 fread() 和 fwrite()

对于使用文件的应用程序来说，直接以流式文件为基础编写程序很不方便。这类程序希望把文件看做结构化数据元素的序列，能以结构为单位输入或输出文件中的数据。例如，人事档案管理应用中，人事档案文件由代表个人信息的记录组成，每个记录是一个结构。程序希望输入/输出数据以表示人的记录为单位，或每次输入/输出一个人的信息，或同时输入/输出多个人的信息。另外，对于大容量文件，以字符（或字节）为单位逐一输入/输出的处理方式因频繁调用库函数，程序执行也会显得太慢，不能适应速度快的要求，也希望能成批输入或输出，即程序每次调用输入/输出库函数能交换更多字符或字节，这能大大地减少程序调用库函数的次数。考虑到上述原因，系统提供成批输入和成批输出的库函数。函数 fread() 和 fwrite() 是最常用的两个成批输入/输出数据的库函数。

成批输入数据函数 fread() 的模型为：

```
int fread(void *ptr,int size,int count,FILE *rfp);
```

成批输出数据函数 fwrite() 的模型为：

```
int fwrite(void *ptr,int size,int count,FILE *wfp);
```

其中，ptr 是数组首元素指针，对 fread() 来说，它是输入数据的存储开始地址；对 fwrite() 来说，它是要输出数据的开始地址。size 是输入/输出的数据块的字节数。count 为要进行输入/输出的数据块的个数。fp 为文件指针。调用上述函数共输入/输出 size*count 个字节或字符。

如果是输入/输出二进制文件，调用函数 fread() 和 fwrite() 可以输入和输出任何类型的数据。例如，有一个如下形式的通信录结构类型：

```
typedef struct
{ char name[21];          /*名字*/
  char phone[15];         /*电话*/
  char  zip[10];          /*邮编*/
  char addr[31];          /*地址*/
}STUTYPE;
```

利用类型 STUTYPE 定义结构数组：

```
STUTYPE stud[30];
```

能存放 30 个通信录数据，则下面的两个函数调用能分别实现 20 个通信录数据从文件输入和输出到文件：

```
fread(stud,sizeof(STUTYPE),20,rfp);
fwrite(stud,sizeof(STUTYPE),20,wfp);
```

如果要逐个输入或输出结构数组的每个元素，也可用循环实现，例如：

```
for(i=0;i<20;i++) fread(&stud[i],sizeof(STUTYPE),1,rfp);
```

和

```
for(i=0;i<20;i++) fwrite(&stud[i],sizeof(STUTYPE),1,wfp);
```

调用函数 fread() 和 fwrite() 也有返回值，它的返回值是实际完成输入或输出的数据块的个数。一般情况下，函数返回函数调用时指定的读/写数据块个数。

8.3　文件处理程序结构

一个完整的文件处理程序，必须包含以下与文件有关的几项内容：

① 在程序的开始处定义文件指针变量和存储文件名的字符数组。例如，下面的代码：

```
#include<stdio.h>
FILE *fp;                 /*定义文件指针变量 fp*/
char fname[40];           /*存储文件目录路径和文件名的字符数组，最多可有 39 个字符*/
```

② 用类似下面的代码输入文件名：

```
printf("请输入文件名(包括文件的目录路径、文件的扩展名)\n");
scanf("%s%*c",fname);     /*输入文件名及其随后的回车符*/
```

③ 使用文件前，按使用要求先打开文件。例如，文件打开为了让程序从正文文件输入数据，用类似以下的代码：

```
if((fp=fopen(fname,"r"))==NULL)    /*以输入方式打开文件*/
{ printf("%s 文件不能打开，结束程序的执行\n",fname);
  return;
}
```

文件打开为了让程序向正文文件输出结果，用类似以下代码：

```
fp=fopen(fname,"w");        /*以输出方式打开文件*/
```

以输入方式打开文件时，要求被打开文件已存在。以输出方式打开文件时，如果被打开文件不存在，则建立一个以 fname 内容命名的新文件；如果被打开文件已存在，则该文件上的数据被清除。

④ 文件使用结束后，要及时关闭。用类似以下的代码：

```
fclose(fp);                 /*以后 fp 又可用于打开文件*/
```

⑤ 调用库函数对数据文件进行输入/输出。经常使用的库函数已在前面的小节中做了简单介绍，这里不再详述。

1. 正文文件输入程序结构

从正文文件逐一输入字符，对输入字符做某种处理的部分程序结构：

```
int c;                      /*不能为 char 类型，因程序对读入的字符要做文件结束检测*/
FILE *fp;
 ...                        /*这里插入说明有关变量和设置初值等的代码*/
if((fp=fopen(fname,"r"))==NULL)
{/*以输入方式打开正文文件*/
    printf("文件%s 不能打开!\n",fname);
    return;
}
while((c=fgetc(fp))!=EOF)
{ ...                       /*这里插入对刚输入的字符信息 c 做某种处理的代码 */
}
fclose(fp);
 ...                        /*这里插入输出处理结果的代码*/
```

由于上述程序结构中，用 EOF 控制循环，而 char 类型的变量不能存储-1。所以，用于存储输入字符的变量必须是 int 类型的，不能是 char 类型的。

2. 二进制文件输入程序结构

从二进制文件逐一输入字节，对输入字节做某种处理的部分程序结构：

```
char c;                     /*也可以是 int 类型*/
FILE *fp;
...                         /*这里插入说明有关变量和设置初值等的代码*/
if((fp=fopen(fname,"rb"))==NULL)
{/*以输入方式打开二进制文件*/
    printf("文件%s 不能打开!\n",fname);
    return;
}
while(!feof(fp))
{ c=fgetc(fp);
  ...                       /*这里插入对刚输入的字节信息 c 做某种处理的代码 */
}
fclose(fp);
 ...                        /*这里插入输出处理结果的代码*/
```

其中，函数 feof()用来判断文件是否结束。函数调用 feof(fp)用来测试与 fp 相联系的文件当前状态是否为“文件结束”状态。如果是文件结束状态，函数 feof(fp)返回非零；否则，返回零。函数 feof() 也可用于测试正文文件。

对于二进制文件，一般不以输入字节的值是否为-1 来判定二进制文件是否结束，而应该用函数 feof()。

3．文件生成程序结构

正文文件生成程序与二进制文件生成程序除文件打开方式不同外，它们的程序结构基本相同。字符（或字节）逐一生成输出，形成新文件的部分程序结构有：

```
int c;                           /*也可以是 char 类型*/
FILE *fp;
...                              /*这里插入说明有关变量和设置初值等的代码*/
fp=fopen(fname,"w");             /*或 fp=fopen(fname,"wb")*/
while(还有字符(或字节))
{ ...                            /*生成字符(或字节)存于变量 c*/
  fputc(c,fp);                   /*将生成的字符(或字节)输出*/
}
fclose(fp);
...                              /*这里插入输出程序正常结束的代码*/
```

【例 8.1】编写从键盘输入整数序列，并按输入顺序输出到指定文件的程序。

【解题思路】程序输入文件名，然后以写方式打开文件。接着是一个循环，逐个从键盘输入整数，将整数输出到指定的文件中。当程序发现不能从键盘输入整数时结束循环。最后关闭文件，并报告程序输入的整数个数。程序在输出整数到文件时，为了便于以后阅读文件，每输出 5 个整数后输出一个换行。详见下面的程序代码：

```
#include<stdio.h>
FILE *fp;
void main()
{ int x,k;
  char fname[40];
  printf("输入文件名!\n");
  scanf("%s%*c",fname);
  fp=fopen(fname,"w");
  k=1;
  while(scanf("%d",&x)==1)  /*能正确输入一个整数时，循环*/
  { fprintf(fp,"%d\t",x);
    if(k++%5==0) fprintf(fp,"\n");
  }
  fclose(fp);
  printf("\n 共输出了 %d 个整数到文件%s.\n",k-1,fname);
}
```

【例 8.2】编写从指定的文件输入整数，并按输入顺序输出到显示屏幕上。

【解题思路】程序输入文件名，然后以文件读方式打开文件，如果不能打开文件，则结束程序。接着是一个循环，从文件中逐个输入整数，将整数输出到显示屏幕上。当程序发现文件结束时，则结束循环。最后，关闭文件，并报告程序从文件输入的整数个数。程序的执行有一个返回值回答操作系统，返回 0，表示程序不能打开文件而结束；返回 1，表示程序正常结束。详见下面的程序代码：

```
#include<stdio.h>
FILE *fp;
int main()
{ int x,k;
  char fname[40];
```

```
      printf("输入文件名!\n");
      scanf("%s%*c",fname);
      if((fp=fopen(fname,"r"))==NULL)
      { /*以输入方式打开正文文件*/
         printf("不能打开文件 %s.\n",fname);
         return 0;
      }
      k=1;
      while(fscanf(fp,"%d",&x)==1)
      { printf("%d\t",x);
         if(k++%5==0) printf("\n");
      }
      fclose(fp);
      printf("\n 从文件%s 输入了%d 个整数.\n",fname,k-1);
      return 1;
}
```

【例 8.3】将键盘输入的字符流复制到指定的文件。要求程序逐行复制从键盘输入字符到指定文件，直至输入空行结束。

【解题思路】直接用某种正文编辑程序能非常方便地生成正文文件，这里仅作为文件生成的例子。程序为了能在输入空行时结束复制，将复制过程用二重循环实现。外循环用于逐行控制输入，当一行的第一个字符是换行符时，说明是一个空行，结束复制循环。内循环用于控制一个字符行的一个个字符的复制，直至遇到换行符结束内循环。复制循环结束后，关闭文件结束程序。详见下面的程序代码：

```
#include<stdio.h>
FILE *fp;
void main()
{ int ch;
  char fname[40];
  printf("输入文件名!\n");
  scanf("%s%*c",fname);
  fp=fopen(fname,"w");
  while((ch=getchar())!='\n')          /*逐行处理，至空行结束*/
  { do fputc(ch,fp);                    /*行内字符逐一复制*/
    while((ch=getchar())!='\n');        /*处理当前行*/
    fputc(ch,fp);                       /*输出换行符*/
  }
  fclose(fp);
  printf("程序复制键盘输入字符结束.\n");
}
```

8.4　文件处理程序实例

本节进一步列举几个使用数据文件的程序例子，说明数据文件的程序处理技术。

【例 8.4】输入一篇英文短文，统计文件中的行数、单词数和字符数的程序。

【解题思路】设全由英文字母组成的一段连续字符序列为一个英文单词。程序为统计单词数，需要识别一个单词的开始和结束，程序引入一个状态变量。如果程序遇到一个非英文字母字符，程序设置状态为不在单词中；如果程序遇到一个英文字母字符，程序的原先状态又不在单词中，表示程序遇到一个新的单词，程序将单词计数器增 1，并设置状态为在单词中。详见下面的程序代码：

```
#include<stdio.h>
#include<ctype.h>
#define  INWORD   1                    /*正在单词中*/
#define  OUTWORD  0                    /*当前不在单词中*/
FILE *fp;
int main()
{ int nl,nw,nc,ch,state;              /*状态变量*/
  char fname[40];                     /*存储文件名*/
  printf("输入文件名!\n");
  scanf("%s%*c",fname);
  if((fp=fopen(fname,"r"))==NULL)      /*以输入方式打开正文文件*/
  { printf("不能打开文件 %s.\n",fname);
    return 0;
  }
  state=OUTWORD;nl=nw=nc=0;
  while((ch=fgetc(fp))!=EOF)
  { /*这里对刚输入的字符信息 ch 做某种处理 */
    ++nc;
    if(ch=='\n')++nl;
    if(!isalpha(ch)) state=OUTWORD;    /*ch 中内容不是英文字母*/
    else if(state==OUTWORD)            /*从原先不在单词中，遇到了英文字母*/
    { state=INWORD;                    /*置状态在单词中*/
      ++nw;                            /*单词计数器增 1*/
    }
  }
  fclose(fp);
  printf("文件%s有%d行、有%d单词和有%d字符.\n",fname,nl,nw,nc);
  return 1;
}
```

【例8.5】逐行复制从键盘读入字符到指定文件，直至输入空行结束。要求复制时，在数字符序列与其他字符序列之间插入一个空格符。在复制过程中，程序还统计输入字符和输出字符个数，并将统计结果输出。

【解题思路】程序为了判断前一个字符和当前字符的属性，是数字符或是其他字符，引入标志变量 preCh 和 cCh，是数字符为 1；不是数字符为 0。

程序用一个二重循环，外循环控制行，内循环控制行内的整行字符。对于每一行，首先由行的第 1 个字符确定前一个字符的属性 preCh。对于行内字符，从第 2 个字符开始，如果当前字符属性 cCh 与前一个字符属性 preCh 不一致，则在复制当前字符之前插入输出空白符，并用 cCh 更新 preCh 等工作。详见下面的程序代码：

```
#include<stdio.h>
#define INT_CH  ' '
FILE *fp;
void main()
{ int incount,outcount,ch,preCh,cCh;
  char fname[40];
  printf("输入文件名!\n");    scanf("%s%*c",fname);
  fp=fopen(fname,"w");                  /*以写方式打开正文文件*/
  incount=outcount=0;
  while((ch=fgetc(stdin))!='\n')        /*逐行处理*/
  { incount++;
    preCh=ch>='0'&&ch<='9';
    fputc(ch,fp);                       /*复制一行的首字符*/
```

```
            outcount++;
            while((ch=fgetc(stdin))!='\n')          /*处理当前行*/
            { incount++;
              cCh=ch>='0'&&ch<='9';
              if(cCh!=preCh)                         /*字符属性有变化*/
              { fputc(INT_CH,fp);                     /*复制间隔符*/
                preCh=cCh;
                outcount++;
              }
              fputc(ch,fp);
              outcount++;
            }
            incount++;
            fputc(ch,fp);                             /*输出换行符*/
            outcount++;
        }
        incount++;
        fclose(fp);
        /*输出处理结果*/
        printf("共输入%d个字符，输出%d个字符.\n",incount,outcount);
    }
```

【例 8.6】逐行复制已知原文件，生成新文件。要求新文件是行定长文件，即新文件的每行字符个数保持一样多。

【解题思路】这是一个参照已知文件，生成新文件的程序。程序需要同时打开两个文件：一个用于读；另一个用于写。程序为了复制出定长文件，必须逐行复制文件，用二重循环实现文件一行行复制，一行内逐个字符复制。在复制过程中记录当前行复制的字符个数，如果文件的一行字符不足定长要求，则用空白符补充至定长；如果文件一行字符太多，在连续复制字符数达到定长要求后就插入换行符，对超长的行截断成定长。详见下面的程序代码：

```
#include<stdio.h>
#define  LEN 30
FILE *rfp,*wfp;
int main()
{ int inlen,ch;
  char rfname[40],wfname[40];
  printf("输入源文件名!\n");  scanf("%s%*c",rfname);
  printf("输入新文件名!\n");  scanf("%s%*c",wfname);
  wfp=fopen(wfname,"w");                    /*以写方式打开正文文件*/
  if((rfp=fopen(rfname,"r"))==NULL)
  { printf("不能打开源文件 %s.\n",rfname);
    return 0;
  }
  while((ch=fgetc(rfp))!=EOF)
  { inlen=0;
    while(ch!='\n')
    { fputc(ch,wfp);
      inlen++;
      if(inlen==LEN)                         /*对太长的行做截制*/
      { fputc('\n',wfp);                      /*换行*/
        inlen=0;
      }
      ch=fgetc(rfp);
    }
```

```
    if(inlen)                              /*可能一行的最后一段不足定长要求*/
    {  while(inlen++<LEN) fputc(' ',wfp);
       fputc('\n',wfp);                    /*换行*/
       inlen=0;
    }
  }
  if(inlen)                                /*可能最后一行不足定长要求*/
  {  while(inlen++<LEN) fputc(' ',wfp);
     fputc('\n',wfp);                      /*换行*/
  }
  fclose(wfp);    fclose(rfp);
  printf("程序结束.\n");
  return 1;
}
```

【例 8.7】 编写将正文文件分页分栏输出的程序。

【解题思路】 正文文件分页分栏输出就是指将正文文件分成页，每页又分成若干栏的形式输出，类似于黄页电话号码簿。程序将正文文件一页页输出，每页头有若干个空行，每页的末尾也有若干个空行，必要时还可加上一些标记等。为了实现分页输出，程序通常将一整页的内容按栏、行填充到数组中，待一整页的字符填满后，再按格式要求进行排版输出。这样，从正文文件中读出的某行某列上的一个字符将先被填写到存储当前页字符的数组中。从正文文件读出的字符对应当前页面的某一栏、某一行和某一列位置。为此，程序引入一个三维数组 buf，将从正文文件中读出的字符 c 填入到 buf[col][row][p]，表示字符 c 填入页的 col 栏、row 行、p 列位置。字符 c 填入后，p 应增 1。当填满栏的一行，或遇到正文文件中的换行符时，row 应增 1。当填满一栏后，col 应增 1，准备填下一栏。当一页填满时，程序就开始对页面进行排版，并输出。规定程序采用逐行排版输出的方式，这就要求程序每次输出前对同一行上的各栏要顺序排版，形成完整的输出行。为了体现程序有一定的排版工作，还要求在正文行之前插入该行在正文文件中的行号。为了区别正文的实际分行，当一栏填满后，程序给予强制分行，程序在强制分行的续行之前不输出正文的行号，对于正文原来的正文行，程序插入正文的行号。程序还假定正文不超过 10 000 行，即行号只占 4 个字符位置。详见下面的程序代码：

```
#include<stdio.h>
#define  LL      80               /*页面一行80列*/
#define  COL     2                /*页面分左右两栏*/
#define  INTV    9                /*两栏之间的间隔和行号*/
#define  CSIZE   (LL/COL-INTV)    /*一栏的实际列数*/
#define  PL      20               /*每页20行*/
#define  MARGIN  3                /*一页前、后各空3行*/
char  buf[COL][PL][CSIZE];        /*存储一页的字符*/
int  ln[COL][PL];                 /*记录对应正文行在正文中的行号*/
int  col,row,p;
void newline();
void printpage();
void fileprint(FILE *fp)          /*对指定的正文分栏输出*/
{  int lin,c;
   lin=col=row=p=0;
   while((c=fgetc(fp))!=EOF)
   {  ln[col][row]=++lin;
      while(c!='\n'&&c!=EOF)
      {  if(p>=CSIZE)
         {  newline();
            ln[col][row]=0;       /*强制分行没有行号*/
```

```
            }
            buf[col][row][p++]=c;
            c=fgetc(fp);
        }
        newline();
        if(c==EOF) break;
    }
    while(col!=0||row!=0||p!=0)          /*用空行填满当前页*/
    { ln[col][row]=0;
        newline();
    }
    fclose(fp);
}
void newline()
{ while(p<CSIZE)
    buf[col][row][p++]=' ';              /*当前行剩余部分填空白符*/
    p=0;
    if(++row>=PL)                        /*换行,并判断一栏是否满*/
    { row=0;
        if(++col>=COL)                   /*换栏,并判断一页是否满*/
        { col=0;
            printpage();                 /*一页满输出*/
        }
    }
}
void printpage()
{ int k,p,lpos,col,d;
    char aline[LL];
    aline[LL-1]='\0';
    for(k=0;k<MARGIN;k++)  putchar('\n');
    for(k=0;k<PL;k++)
    { for(p=0;p<LL-1;p++) aline[p]=' ';
        for(lpos=0,col=0;col<COL;lpos+=CSIZE+INTV,col++)
        { d=ln[col][k];p=lpos+4;
            while(d>0)
            { aline[p--]=d%10+'0';
                d/=10;
            }
            for(p=0;p<CSIZE;p++) aline[lpos+7+p]=buf[col][k][p];
        }
        printf("%s\n",aline);
    }
    for(k=0;k<MARGIN;k++)  putchar('\n');
}
void main()
{ char fname[40];
    FILE *fp;
    printf("Enter file name.\n");
    scanf("%s*c",fname);
    if((fp=fopen(fname,"r"))==NULL)
    { printf("Can't open file %s!\n",fname);
        return;
    }
    fileprint(fp);
}
```

【例 8.8】一个通信录管理程序有以下功能：

- 插入新的通信记录。
- 查找某人的通信记录。
- 删除某人的通信记录。
- 浏览通信录。
- 结束程序运行。

假设每条通信录只有以下 4 项内容：姓名、地址、邮政编码、电话号码。

假设通信录各条目全部以字符行形式存于文件中，每 4 个字符行构成一个通信录记录。

【解题思路】程序启动后，自动从指定的文件中读取通信录信息。程序运行结束后，又自动将内存中修改过的通信录信息保存到文件中。为了查找、插入和删除等操作的方便，程序内部以双向链表形式组织通信录信息。

程序首先要求用户输入通信录文件名，接着显示请求输入操作命令的提示信息：

请输入命令：[i,f,d,s,q]

即要求用户输入一条命令，它可以是 i（插入）、f（寻找）、d（删除）、s（显示）以及 q（结束程序运行）。如果输入的命令不是其中之一，将详细显示命令符及其意义的说明：

```
命令表:
i: 插入一条新的通信记录.
f: 按输入名查找通信录.
d: 按输入名删除一条通信录.
s: 浏览通信录.
q: 退出.
```

然后重新请求输入操作命令的提示信息。接受显示通信录的命令后，首先显示的是第 1 条通信录，由用户按【PageUp】键或【PageDown】键，实现向上或向下选择，显示下一条通信录，按【Esc】键，结束显示命令。上述 3 个按键在显示一条通信录之后，在下面给出提示。按其他键不生效，重新接受用户的选择。其中，【PageUp】键、【PageDown】键和【Esc】键的代码在不同的系统中可能不同，请读者参阅自己使用的系统的有关手册。完整的程序如下：

```
#include<stdio.h>
#include<conio.h>
#include<string.h>
#include<stdlib.h>
#define MAXLEN 120
typedef struct saddr
{ char  *name;
  char  *address;
  char  *zip;
  char  *phone;
  struct saddr *next,*pre;
}ADDR;
char buffer[MAXLEN],fname[40];
void insert( ADDR *ptr);
void make(ADDR *,ADDR *);
void find(ADDR *);
void del(ADDR *);
void display(ADDR *);
void usage();
#define  UP       73
```

```
#define  DOWN    81
#define  Esc     27
void show(ADDR *);
void save(ADDR *,char *);
ADDR *load(char *);
int getstr(FILE *,char **);
int getbuffer(FILE *);
void freeall(ADDR *);
FILE *fp;
int modified=0;
void main()
{ ADDR *head;
  char c;
  printf("请输入通信录文件名.");
  scanf("%s%*c",fname);
  head=load(fname);
  while(1)
  { printf("\n 请输入命令:[i(插入),f(寻找),d(删除),s(浏览),q(退出)]\n");
    c=getch();
    if(c=='q')
    { if(modified)
      { printf("修改后的通信录未保存，要保存吗?(y/n)");
        while(!((((c=getch())>='a'&&c<='z')||(c>='A'&&c<='Z'))));
        if(c=='y'||c=='Y')    save(head,fname);
      }
      freeall(head);
      break;
    }
    switch(c)
    { case 'i':insert(head);       break;
      case 'f':find(head);         break;
      case 'd':del(head);          break;
      case 's':show(head);         break;
      default:usage();            break;
    }
  }
}
void insert( ADDR *ptr)                 /*输入新的通信录*/
{ char *spt;
  ADDR *p;
  while(1)
  { printf("名字?(立即回车表示输入结束)");
    if(getstr(stdin,&spt)==0)   break;
    p=(ADDR *)malloc(sizeof(ADDR));p->name=spt;
    printf("地址?");         getstr(stdin,&p->address);
    printf("邮编?");         getstr(stdin,&p->zip);
    printf("电话号码?");     getstr(stdin,&p->phone);
    p->next=NULL;           p->pre=NULL;
    make(ptr,p);            modified=1;
  }
}
void make(ADDR *ptr,ADDR *p)            /*将*p 插入链表*/
{ ADDR *pre,*suc;
  pre=ptr;suc=pre->next;
  while(suc)
```

```
    { if(strcmp(suc->name,p->name)>=0)   break;
        pre=suc;     suc=pre->next;
    }
    pre->next=p;   p->pre=pre;
    p->next=suc;   if(suc) suc->pre=p;
}
void find(ADDR *ptr)                    /*按名字查找通信录，并显示*/
{ ADDR *p;
    printf("输入寻找的名字: ");
    while(getbuffer(stdin)==0);
    p=ptr->next;
    while(p)
    { if(strcmp(buffer,p->name)==0)   break;
        p=p->next;
    }
    if(p)  display(p);
    else    printf("未找到!\n");
}
void del(ADDR *ptr)                     /*删除指定的通信录*/
{ ADDR *pre, *suc;
    printf("输入要删除的通信录的名字: ");
    while(getbuffer(stdin)==0);         /*跳过空行*/
    pre=ptr;
    suc=pre->next;
    while(suc)
    { if(strcmp(suc->name,buffer)==0)       break;
        pre=suc;        suc=pre->next;
    }
    if(suc)
    { if(suc->next)        suc->next->pre=pre;
        pre->next=suc->next;
        if(suc->name)       free(suc->name);
        if(suc->address)    free(suc->address);
        if(suc->phone)      free(suc->phone);
        if(suc->zip)        free(suc->zip);
        free(suc);          modified=1;
    }
    else printf("Not found !\n");
}
void display(ADDR *ptr)             /*显示一条通信录*/
{ printf("\n\t 名字:%s\n",ptr->name);
    printf("\t 地址:%s\n",ptr->address);
    printf("\t 邮编:%s\n",ptr->zip);
    printf("\t 电话:%s\n",ptr->phone);
}
void usage()                       /*告知命令用法*/
{ printf("\n 命令表:\n");
    printf("i:插入新的通信录.\n");
    printf("f:按输入名字寻找通信录.\n");
    printf("d:按输入名字删除通信录.\n");
    printf("s:浏览通信录.\n");
    printf("q:退出.\n");
}
void show(ADDR *ptr)                    /*浏览通信录*/
{ ADDR *p,*q=NULL;
```

```
      char c;
      p=ptr->next;
      if(p==NULL) return;
      while(1)
      { if(p!=q)                        /*不同的当前通信录才显示*/
        { display(p);
          printf("\n\t\t");
          if(p!=ptr->next) printf("PageUp(向上)    ");
          if(p->next!=NULL) printf("PageDn(向下)    ");
          printf("Esc(退出浏览)\n\n");
          q=p;
        }
        c=getch();
        if(c==27) break;
        if(c==-32)
        { c=getch();
          switch(c)
          { case UP:if(p!=ptr->next) {p=p->pre;}
                    break;
            case DOWN:if(p->next) {p=p->next;}
                      break;
          }
        }
      }
}
void save(ADDR *head,char*fname)      /*保存通信录到文件*/
{  FILE *fp;
   ADDR *p;
   p=head->next;
   if((fp=fopen(fname,"w"))==NULL)
   { fprintf(stderr,"Can't open %s.\n",fname);
     return;
   }
   while(p!=NULL)
   { fprintf(fp,"%s\n%s\n%s\n%s\n",p->name,p->address,p->zip,p->phone);
     p=p->next;
   }
   fclose(fp);
}
ADDR *load(char *fname)                        /*从文件读出通信录，建立双向链表*/
{  ADDR *p,*h;
   h=(ADDR *)malloc(sizeof(ADDR));
   h->pre=NULL;   h->next=NULL;
   if((fp=fopen(fname,"r"))==NULL) return h;
   while(!feof(fp))
   { p=(ADDR *)malloc(sizeof(ADDR));
     if(getstr(fp,&p->name)==0)
     { free(p); break;
     }
     getstr(fp,&p->address); getstr(fp,&p->zip); getstr(fp,&p->phone);
     make(h,p);
   }
   fclose(fp);
   return h;
}
```

```
/*从文件读入一行字符，并删除前导和尾随的空白符，形成字符串保存于堆空间*/
int getstr(FILE *rfp,char **s)
{  int len;
   if((len=getbuffer(rfp))==0)
   {  *s=NULL;
      return 0;
   }
   *s=(char *)malloc(len+1);
   strcpy(*s,buffer);
   return len;
}
/*从文件读入一行字符，并删除前导和尾随的空白符，形成字符串保存于buffer*/
int getbuffer(FILE *rfp)
{  int len;
   char *hp,*tp;
   if(fgets(buffer,MAXLEN,rfp)==NULL)      return 0;
   hp=buffer;
   while(*hp==' '||*hp=='\t') hp++; tp=hp+strlen(hp)-1;
   while(tp>=hp&&(*tp==' '||*tp=='\t'||*tp=='\n')) tp--; *(tp+1)='\0';
   for(tp=buffer;*tp++=*hp++;)
      len=strlen(buffer);
   return len;
}
void freeall(ADDR *head)         /*释放内存空间*/
{  ADDR *p;
   p=head->next;
   free(head);
   while(p!=NULL)
   {  if(p->name!=NULL)  free(p->name);
      if(p->address!=NULL)  free(p->address);
      if(p->phone!=NULL)  free(p->phone);
      if(p->zip!=NULL)  free(p->zip);
      head=p->next;
      free(p);
      p=head;
   }
}
```

小　　结

　　程序把要处理的数据从文件中读入，把处理结果保存在文件中，这是大多数应用程序的处理过程。在 C 语言中，程序要对指定的某个文件进行操作，通过文件指针与这个文件建立联系，以后，以文件指针为实参调用系统提供的文件操作库函数，就能完成对指定文件的读、写和控制等操作。

　　本章学习和应该掌握的内容如下：

　　① 数据流的概念，二进制文件与正文件的区别，文件指针变量的作用。

　　② 文件打开和关闭库函数的用法，文件打开方式的指定方法，文件单字节和单字符的读/写方法，文件格式读/写的方法，实现文件随机读/写的方法，文件成批读/写数据的方法。

　　③ 文件读处理程序结构，文件写处理程序结构。

　　④ 经上机实践训练，能编写本章习题要求的程序。

习　题

1. 输入正文文件，统计文件中英文字母的个数，并输出。

2. 编写从键盘读入正文，复制到指定文件的程序。要求文件名由用户指定，并在文件的字符串之前能按用户要求或插入行号，或不插入行号。

3. 编写复制文件的程序。要求源文件名和目标文件名由用户指定，新文件各行的字符个数也可由用户指定。

4. 编写将两个有序整数文件合并复制一个有序整数文件的程序，假定整数文件中的整数是从小到大排列的。要求新文件中的整数也从小到大排列，并且互不相同。

5. 设有 3 个按词典编辑顺序组织的单词文件，编写从这 3 个文件中找出第 1 个在这 3 个文件中都出现的单词。要求程序采用的算法是最快的。然后修改程序，使程序能找出在这 3 个文件中都出现的全部单词。

6. 编写一个程序，利用随机数产生若干个整数存入文件，然后从文件中读出整数，显示在屏幕上，并统计文件中有多少个整数，找出其中最大的整数和最小的整数。

7. 编写程序检索指定的整数文件，统计文件中各个不同整数在文件中的出现次数。

8. 试按以下要求编写程序：

从整数文件中读入整数，构造一个由小到大顺序链接的整数链表，并统计各整数在文件中出现的次数，然后按由小到大的顺序输出各整数及其出现次数。

为实现问题的要求，链表的表元类型应包含 3 个元素：值、计数器和后继表元指针。主函数读入文件的名字，打开文件；循环从文件读入整数，调用函数 insert()；最后调用函数 write()，输出链表各表元中的值和次数。函数 insert() 首先在链表中检查新读入的整数是否已在链表中，如已在链表中，则增加其计数即可，否则要为它建立一个新表元，并插入。函数 write() 输出链表各表元的值和次数。

9. 设有一个整数文件，每行有若干个整数，要求编写程序，求文件中各行整数之和并输出到另一个文件。假定整数文件中每行的整数个数不定，每行最后一个整数之后可以有多余的空格符，也可能直接以换行符结束。

10. 编写对一系列考生进行考试成绩评定与统计的程序。假设试卷共有 10 道试题，每个考生选答其中 5 道。规定每道试题满分 20 分，试卷满分 100 分。规定每个考生的考号及依次选择的 10 道试题的得分组成一行信息。其中，未解答的试题以得分为负数标识；选答试题多于 5 道的，只按前 5 道得分评定成绩；有不合理得分或其他错误，该行信息作废。要求程序对实考人数、各等级得分人数及各道试题解答人数与平均得分进行统计和输出。

第 9 章 算法设计技术基础

要用计算机解决新问题，必须先为问题找一个求解的算法，然后才能根据算法编写程序。为问题寻找求解算法是一件非常困难的工作。但是，计算机科学家在解决大量的问题中，研究总结出了一些算法设计的规律，经常使用的算法设计方法有迭代法、穷举法、递推法、回溯法、贪婪法、分治法、动态规划法等。本章主要介绍迭代法、递推法、回溯法、贪婪法和动态规划法等算法设计的基本特点，并用一些例子说明这些特点。

学习目标

- 了解迭代算法，了解迭代法实际应用时的要求；
- 掌握递推法的思想，能按递推规律写出算法和程序；
- 掌握回溯法的思想，能熟练应用回溯算法解决实际问题；
- 了解贪婪算法的思想，能按问题的贪婪规则编写求解程序；
- 了解动态规划法的思想，能简单应用动态规划法解决实际问题。

9.1 迭 代 法

迭代算法包含对一组变量的循环计算，让一组变量从初值开始，通过反复计算，让这组变量的值不断改变，直到变量在一轮循环前后变化达到指定的误差要求，或循环达到指定的次数。

【例 9.1】求方程

$$x^3-x-1=0$$

在 x=1.5 附近的一个实根。

【解题思路】迭代法最典型的应用是求方程的近似根。假设有方程 f(x)=0，用某种数学方法导出等价形式的迭代方程 x=g(x)。然后按以下步骤执行：

① 选择方程近似根的初值，赋给变量 x。

② 将 x 的值保存于变量 y。

③ 计算 g(y)，并将计算结果存于变量 x。

④ 当 x 与 y 的差的绝对值还不小于指定的精度要求时，回到步骤②继续计算。

上述求方程根的计算步骤可用循环控制结构描述如下：

```
{  x=方程的初始近似根；
   do
   {  y=x；
      x=g(y);                /*按特定的方程计算新的近似根*/
   }while(fabs(x-y)>=Epsilon);
   printf("方程的近似根是 %f\n",x);
}
```

　　若方程有根，并且用上述方法计算出来的近似根序列收敛，则按上述方法求得的 x 就认为是方程 f(x)=0 的近似根。

　　若将迭代方程改写成下列形式：$x=\sqrt[3]{x+1}$。以下程序给出精度达到 0.000 005 条件下的迭代算法的执行过程。程序输出迭代过程中 x 的值，达到精度要求算法执行的迭代次数。

```c
#include<stdio.h>
#include<math.h>
typedef double (*fpt)(double);
int rootfx(fpt g,double initRoot,double Epsilon,double *root)
{ double x1,x0=initRoot;int n=0;
  do
  { printf("x%d=%.5f\n",n,x0);
    x1=x0;
    x0=(*g)(x1);          /*按指定的公式计算*/
    n++;                  /*迭代次数增1*/
  }while(fabs(x0-x1)>=Epsilon);
  *root=x0;
  printf("x%d=%.5f\n",n,x0);
  return n;
}
double f(double x)
{ return pow(x+1,1.0/3.0);
}
void main()
{ double x;
  int m=rootfx(f,1.5,0.000005,&x);
  printf("迭代 %d 次，根为 %0.5f\n",m,x);
}
```

上述程序输出以下内容：
```
x0=1.50000
x1=1.35721
x2=1.33086
x3=1.32588
x4=1.32494
x5=1.32476
x6=1.32473
x7=1.32472
x8=1.32472
迭代 8 次，根为 1.32472
```

　　具体使用迭代法求根时应注意迭代方程式 x=g(x) 的选择，要求函数 g(x) 的导数的绝对值在根的附近小于 1，迭代才能收敛，否则迭代不收敛，找不到方程的解。因此，编程前应先考查迭代方程是否能保证迭代收敛，并在程序中增加对迭代次数给予检测和限制的代码。还有，初始近似根选择不合理，也可能会导致迭代失败。

　　若将迭代方程改写成 $x=x^3-1$，迭代初值依旧取 1.5，则因等式右边函数在 1.5 附近的导数绝对值不小于 1，迭代将是一个发散的过程，不能获得方程的根。

　　【例 9.2】有一种生物有 A 和 B 两种类型，它们每年生育一次，生育的规律也很特别。一个 A 生育一个 B，一个 B 能生育一个 A 和一个 B。这类生物中，除有一个神奇的 A 外，其余的 A 和 B 生育后都会立即死去，而这个神奇的 A 不会死，并还能保持每年生育一次。求这种生物从只有一个神奇的 A 开始，n（n<40）年后，这种生物的数量。

【解题思路】程序引入变量 a 表示 A 型生物的数量，变量 b 表示 B 型生物的数量。用一个迭代算法模拟这种生物每年的生育过程，这样就能方便地计算出 n 年后这种生物的总数量。

a 的初值为 1，b 的初值为 0。循环变量 i 对应年，i 从 1 开始至 n，i 年后 A 型生物数为上一年的 B 型生物数加 1（b+1），B 型生物数为上一年的这种生物的总数（a+b）。n 年后这种生物的总数是 A 型生物数与 B 型生物数之和（a+b）。要注意迭代过程中 a 和 b 的变化，需要引入工作变量计算出下一年的 a。程序代码如下：

```c
#include<stdio.h>
long  nextBee(int n)
{ int i;
  long a=1,b=0;
  for(i=1;i<=n;i++)
  { long c=b+1;
    b=a+b;a=c;
    printf("%d 年后:\ta=%ld\tb=%ld\n",i,a,b);
  }
  return a+b;
}
void main()
{ int n;
  printf("Enter year number n:");
  scanf("%d",&n);
  printf("%d 年后，生物总数:\t%ld\n",n,nextBee(n));
}
```

9.2 递 推 法

有这样一类与规模大小有关的问题，相继大小规模的解有着一种递推关系，利用这种递推关系构造问题的求解算法，称为递推法。假设要求问题规模为 N 的解，当 N=1 时，能方便地得到解。当得到问题规模为 i-1 的解后，由问题的递推性质能构造出问题规模为 i 的解。这样，寻找问题解的过程可从规模为 0 或规模为 1 出发，由规模 i-1 的解，利用递推关系，得到规模为 i 的解。依此类推，直至得到规模为 N 的解。下面的例子说明递推法的应用。

【例 9.3】编写程序，对给定的 n（n<=100），计算并输出 k!（k=1, 2, …, n）的全部有效数字。

【解题思路】由于 k!可能是一个大整数，会超出计算机能直接表示的整数的位数，程序用一维数组存储大整数。假设数组的每个元素存储大整数的一位数字，并规定从低位到高位依次从下标为 1 的元素开始顺序存放，并规定下标为 0 的元素存储大整数的位数。例如，5!=120，是一个 3 位数，在数组中的存储形式为：

3	0	2	1				

计算 k!可采用对已求得的(k-1)!乘以 k 后求出。例如，已知 4!=24，计算 5!可用 5 乘 24 得到。首先是 5 乘 4!的个位数 4（20 = 4 × 5），得到个位值 0 和进位 2；接着是 5 乘 4!的十位数 2 加上个位相乘的进位（12 = 2 × 5 + 2），得到十位值 2 和进位 1；最后，将进位（可能不止 1 位）逐位分

拆到高位，并修正大整数的位数。详见下面的程序代码：

```c
#include<stdio.h>
#define   MAXN  1000
void pnext(int a[],int k)                /*已知a[]中的(k-1)!，求k!存于a[]*/
{ int c=a[0],i,r,carry;
  for(carry=0,i=1;i<=c;i++)
    { r=k*a[i]+carry;
      a[i]=r%10;carry=r/10;
    }
  while(carry)                           /*将最后的进位逐位分拆存储*/
    { a[++c]=carry%10;                   /*每分拆出一位，长整数位数增1*/
      carry/=10;
    }
  a[0]=c;                                /*修正长整数新的有效位数*/
}
void write(int *a,int k)                 /*输出大整数*/
{ int i;
  printf("%4d!=",k);
  for(i=a[0];i>0;i--)  printf("%d",a[i]);
  printf("\n\n");
}
void main()
{ int a[MAXN],n,k;
  printf("Enter the number n:"); scanf("%d",&n);
  a[0]=a[1]=1;write(a,1);
  for(k=2;k<=n;k++)
    { pnext(a,k); write(a,k);
      getchar();                         /*等待输入回车，继续执行*/
    }
}
```

【例9.4】编写函数，对给定的整数序列，找出序列中和最大的部分子序列。

子序列是指序列中从某个元素开始的连续若干个元素。由于序列的元素可能有负数，找出其中子序列元素和最大的子序列就变得是一件相对有一些困难的工作。

【解题思路】算法采用穷举法，对所有可能的子序列的开始位置和结束位置，穷举所有可能的子序列。为找最大和，得先预设一个值作为临时最大和的初值，对每个子序列的和与临时最大和比较，若比临时最大和更大，则用当前子序列的和更新临时最大和。

对应开始位置，所有结束位置逐一递增变化，求子序列的和又可采用递推法，由前一个子序列和加上新的结束位置上的元素来实现。函数中的参数 sp 和 mp 用于返回最大和子序列的开始下标和子序列的元素个数。详见下面的程序代码：

```c
long maxSubSeq1(int *a,int n,int *sp,int *mp)
  { int i,j;
    long maxSum,thisSum;
    maxSum=a[0];*sp=0;*mp=1;
    for(i=0;i<n;i++)                     /*子序列的所有可能开始位置*/
      {  thisSum=0;
        for(j=i;j<n;j++)                 /*子序列的所有可能结束位置*/
          {  thisSum+=a[j];              /*用递推法求部分子序列的和*/
```

```
        if(thisSum>maxSum)        /*找到一个和更大的子序列*/
        {   maxSum=thisSum;
            *sp=i;*mp=j-i+1;
        }
    }
  }
  return maxSum;
}
```

对本问题，还可采用贪婪法求解，参见例 9.6。

9.3 回 溯 法

回溯法也称试探法，是一种反复扩展、检验，或回溯、检验找问题解的方法。一般的，为寻找满足指定条件，并且规模大小为 N 的解，首先暂时放弃关于问题规模大小的限制，从最小规模开始，将问题的候选解按某种顺序逐一枚举和检验。当发现当前候选解不可能是解时，如果当前规模还有其他候选解，就选择下一个候选解；倘若当前候选解除了不满足规模要求之外，满足其他所有要求时，扩大当前候选解的规模，继续试探。如果当前候选解满足包括问题规模在内的所有条件时，该候选解就是问题的一个解。如果当前规模不再有其他选择解，就要回溯，退回到更小规模，选择更小规模的下一个候选解。若规模不能再缩小时，则表明问题无解，或已经求得了全部解（如果找全部解）。

在回溯法中，放弃当前候选解，选择下一个候选解的过程称为回溯调整。扩大当前候选解规模的过程称为扩展。

采用回溯法寻找解答时，为了确保算法能够终止，回溯调整步骤必须保证曾被放弃的候选解不会被再次选择。

抽象地，回溯法找一个解的算法可描述如下：

```
/*回溯法找一个解算法*/
{  置候选解为空，并置候选解满足初始状态条件；
   do              /*重复执行以下操作*/
   { if(候选解条件满足) 扩展；
     else 回溯调整；
     检查并设置候选解条件是否满足状态；
   }while((候选解条件不满足||候选解规模未达到最终规模)&&(候选解规模不是空));
   if(候选解的规模不是空) 输出解；      /*找到了解*/
   else   输出无解报告；
}
```

如果要查找全部解，则在找到解之后，应继续回溯调整，试图去找下一个解。相应的找全部解的回溯法算法可描述如下：

```
/*回溯法找全部解算法*/
{   置候选解为空，并置候选解满足初始状态条件；
    do                /*重复执行以下操作*/
    {  if(候选解条件满足)
          if(候选解规模达到最终规模)
          {  输出解；
             回溯调整；
```

```
        }
        else 扩展；
    else 回溯调整；
    检查并设置候选解条件是否满足状态；
  }while(候选解规模不是空)；
}
```

下面的例子说明回溯法找问题解的应用。

【例 9.5】 求在一个 8×8 的棋盘上，放置 8 个不能互相捕捉的国际象棋"皇后"的所有布局。

【解题思路】 这是来源于国际象棋的一个问题。皇后可以沿着纵横和两条斜线 4 个方向相互捕捉。如图 9-1 所示，一个皇后放在棋盘第 4 行第 3 列位置上，则棋盘上凡是有星号'*'位置上的皇后就能与第 4 行第 3 列位置上的皇后相互捕捉。

从图 9-1 得到启示：一个合适的解应是在每列、每行上确实有一个皇后，且在每一条斜线上也最多只有一个皇后。

采用回溯法，求解过程从空配置开始，在第 1 列～第 m 列为合理配置的基础上，再配置第 m+1 列，直至第 8 列配置也是合理时，就找到了一个解，接着改变第 8 列的配置，希望获得下一个解。

在任意一列上，可能有 8 种配置。开始时，配置在第 1 行，以后改变时，依次选择第 2 行、第 3 行、…、

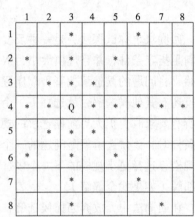

图 9-1　皇后相互捕捉位置示意图

第 8 行。当直至第 8 行配置也找不到一个合理的配置时，就要回溯，去改变前一列的配置。

在编写程序之前，先要确定表示棋盘的数据结构。比较直观的方法是采用一个二维数组，但仔细考虑后，就会发现，这种表示方法给调整选择下一个合理的候选解会带来困难，更好的方法是尽可能直接表示需要的信息。对于本例来说，需要的是皇后放置的具体位置，某一列的皇后在哪一行上。因在每一列上恰好放一个皇后，引入一维数组 col[]，元素 col[j] 表示在棋盘第 j 列、col[j] 行位置有一个皇后。例如，col[3] 的值为 4，就表示在棋盘的第 3 列、第 4 行位置有一个皇后。另外，为了使程序在查找了全部解后能回溯到最初位置，设置 col[0] 的初值为 0。当回溯到第 0 列时，说明程序已求得全部解。

为使程序方便检查皇后配置的合理性，还引入 3 个工作数组，分别表示是否已经在某行和某条斜线上有皇后，以作为合理性检查的依据。

① 数组，a[k] 为 1 表示第 k 行上还没有皇后。

② 数组，b[k] 为 1 表示第 k 条右边高左边低斜线上没有皇后。

③ 数组，c[k] 为 1 表示第 k 条左边高右边低斜线上没有皇后。

棋盘中同一右边高左边低斜线（/）上的方格，它们的行号与列号之和相同；同一左边高右边低斜线（\）上的方格，它们的行号与列号之差相同。

在第 m 列 col[m] 行上放置了一个合理的皇后之后，要在数组 a[]、b[]、c[] 中，为第 m 列，col[m] 行的位置设置有皇后标志，并准备试探第 m+1 列；反之，当从第 m 列回溯到第 m-1 列时，原先在第 m-1 列上设置的皇后必须撤销，清除在数组 a[]、b[]、c[] 中设置的关于第 m-1 列，col[m-1]

行有皇后的标志。一个皇后在 m 列，col[m]行方格内配置是合理的，可由数组 a[]、b[]、c[]对应值是否没有皇后来确定。初始时，所有行和斜线上均没有皇后，在第 1 列的第 1 行上配置第 1 个皇后。详见下面的程序代码：

```c
#include<stdio.h>
#include<stdlib.h>
#define MAXN  20
int col[MAXN+1],a[MAXN+1],b[2*MAXN+1],c[2*MAXN+1];
void putOut(int *r,int n)
{  int j;
   char ans;                        /*ans 存储继续找解的回答*/
   printf("列\t 行\n");
   for(j=1;j<=n;j++) printf("%3d\t%d\n",j,r[j]);
   printf("继续找下一个解吗?(y/q:quit)\n");
   scanf("%c",&ans);
   if(ans=='Q'||ans=='q') exit(1);   /*立即结束程序运行，并以 1 返回到系统*/
}
int selectRow(int m,int n,int s)
{  for(int r=s;r<=n;r++)
      if(a[r]&&b[m+r]&&c[n+m-r]) return r;
   return 0;
}
int change(int m,int n)
{  int j;
   while(m>0&&(j=selectRow(m,n,col[m]+1))==0)
   {/*当前列没有可选的行，回退一列，并清除关于第 m-1 列，col[m-1]行有皇后的标志*/
      m--;a[col[m]]=b[m+col[m]]=c[n+m-col[m]]=1;
   }
   if(m==0) return 0; col[m]=j;              /*m 列的皇后配置在 j 行上*/
   a[col[m]]=b[m+col[m]]=c[n+m-col[m]]=0;    /*设置 m 列 col[m]行有皇后的标志*/
   return m;
}
void main()
{  int j,n=8,m;
   /*棋盘空：所有位置，斜线都无皇后*/
   for(j=0;j<=n;j++)  a[j]=1;
   for(j=0;j<=2*n;j++)  b[j]=c[j]=1;
   m=1;
   col[1]=1;
   col[0]=0;
   a[col[m]]=b[m+col[m]]=c[n+m-col[m]]=0; /*设置 m 列 col[m]行有皇后的标志*/
   do
   {    if(m==n)                           /*找到了一个解*/
        { putOut(col,n);
          a[col[m]]=b[m+col[m]]=c[n+m-col[m]]=1;/*最后位置上的解取消*/
          m=change(m,n);
        }
        else
        {/*扩展进入下一列，并从第一行开始选择一个合理的最小行上*/
          m++;                              /*进入第 m+1 列*/
```

```
        if((j=selectRow(m,n,1))==0)          /*为当前列选择行号，并判可行否*/
            m=change(m,n);                    /*若没有合理的行，就回溯调整*/
        else
        { col[m]=j;                           /*m列选择j行*/
            a[col[m]]=b[m+col[m]]=c[n+m-col[m]]=0;
        }
    }
}while(m!=0);
}
```

9.4 贪 婪 法

将问题的求解过程分成若干个阶段，如果每个阶段直接根据当前状态，确定下一阶段的工作，而不顾及未来的整体情况，这类求解方法统称贪婪法。以局部优良为选择的依据是该算法名称的由来。由于贪婪法不考虑各种可能的整体情况，这可省去为查找最优解要穷尽所有可能而必须耗费的大量计算时间。

在实际生活中，也有应用贪婪法的实例。例如，平时购物找零钱时，为使找回的零钱硬币数最少，从最大面值的硬币币种开始，按递减的顺序考虑各种硬币，先尽量用大面值的硬币，当不够大面值硬币的金额时才去考虑下一种较小面值的硬币，这就是贪婪法的应用。这种方法之所以总是得到最优解，是因为银行在发行硬币时，对硬币面值的巧妙安排。如果只有面值为 1、5 和 11 单位的 3 种硬币，而希望找回总额为 15 单位的硬币，按贪婪算法，找回 1 个 11 单位面值的硬币和 4 个 1 单位面值的硬币，共 5 个硬币，但最优的解答是 3 个 5 单位面值的硬币。

【例 9.6】对给定的整数序列，用贪婪法找出和最大的部分子序列。

【解题思路】参见例 9.4 的求解方法，在顺序考察序列元素的过程中，算法保存一个临时的最大和子序列，与一个当前正在形成的子序列。完成当前刚形成的子序列与临时最大和子序列比较与更新后，要考虑下一个当前子序列时，将后继的元素累加上去是希望得到和更大的子序列。由于序列的元素有正有负，新的当前子序列是否一定有必要包括前面的子序列的全部元素呢？部分和为负的子序列不可能是某个最大和子序列的前缀。当前面子序列的元素和小于等于 0 时，新的当前子序列不应该包括这些元素，而是应该从新元素重新开始形成子序列。仅当前面的子序列的元素和大于 0，这些元素将会给以后的子序列的和会有更大作用，需要把下一个元素接在已经考虑过的子序列之后，作为新的正在形成的子序列。

综上所述，算法可以顺序考察序列的元素，形成当前子序列，即将当前元素累计到当前子序列的和中。接着用当前子序列和与临时最大和子序列的和做比较和更新。在接着考虑下一个子序列前，若发现当前子序列的和小于等于 0，当前子序列将不再包括在新的子序列中，下一个当前子序列从下一个元素开始；否则，当前子序列的全部元素将继续包括在下一个当前子序列中。

```
long maxSubSeq2(int a[],int n,int *sp,int *mp)
{ int start,m,k,thisStart;
  long maxSum,thisSum;
  maxSum=a[0];start=0;m=1;  /*用首元素作为最大和子序列的初值*/
  thisSum=0;thisStart=0;
  for(k=0;k<n;k++)          //子序列的开始位置
```

```
    { thisSum+=a[k];
        if(thisSum>maxSum)        //当前子序列的和更大
        { maxSum=thisSum;start=thisStart;m=k-thisStart+1;
        }
        if(thisSum<=0)
        { thisSum=0;thisStart=k+1;
        }
    }
    *sp=start; *mp=m;
    return maxSum;
}
```

读者可以配上相应的主函数，并用以下函数为数组赋初值，在数组元素个数多达 20 000 时，分别调用例 9.4 和例 9.6 的函数找解，会发现两个算法找解所需要的计算时间还有很大差异。

```
void initArray(int a[],int n,int r)
{   int k,f;long now;
    srand(time(&now));          /*用时间初始化随机数发生函数的初态，使初态总不相同*/
    for(k=0;k<n;k++)            /*产生 n 个 0..r-1 以内的随机数*/
    { f=rand()%100;
        a[k]=rand()%r;          /*调用随机函数*/
        if(f<50)a[k]=-a[k];     /*让数据有正有负*/
    }
}
```

【例 9.7】 马的遍历问题。在 8×8 大小的国际象棋的棋盘上，从任意指定的方格出发，为马寻找一条走遍棋盘每一个方格，并且每个方格只经过一次的一条遍历路径。

【解题思路】 马在某个方格，可以在一步内到达的不同位置最多有 8 个，如图 9-2 所示。如果用二维数组 board[][]表示棋盘，其元素记录马经过该位置时的步骤号。另外，对马的 8 种可能走法（称为着法）设置一个顺序。如果当前位置在棋盘的(i,j)方格，下一个可能位置依次为(i+2,j+1)、(i+1,j+2)、(i-1,j+2)、(i-2,j+1)、(i-2,j-1)、(i-1,j-2)、(i+1,j-2)、(i+2,j-1)。实际可以走的位置仅限于还未走过的，不越出棋盘边界的那些位置。为了便于获得每个位置的可直接到达位置，引入两个数组，分别存储各种可能着法对当前位置的纵横增量。

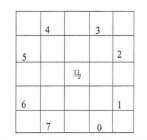

图 9-2　马走一步着法示意图

对于本例，也可采用回溯算法寻找解答，由于试探深度达 64，计算的时间是无法承受的。这里采用 Warnsdoff 提出的贪婪法策略求解。假设马在棋盘位置(i,j)，Warnsdoff 提出的选择下一步着法的规则是：在那些允许走一步的位置中，选择其中着法个数最少的那个位置。如果马在(i,j)位置，只有 3 个可能着法，它们是位置 A(i+2, j+1)、B(i-2, j+1)和 C(i-1, j-2)。如果走到这些位置，这 3 个位置又分别会有不同的着法，假定这 3 个位置的着法个数分别为：A 位置有着法个数 4，B 位置有着法个数 2，C 位置有着法个数 3，则 Warnsdoff 算法选择让马走只有 2 个着法的 B 位置，即选择有最少着法的那一种着法。

但是，Warnsdoff 算法有一个补充，对于 2 行 4 列为开始位置情况，着法选择顺序需要从图 9-2 所示的 1 号着法开始，其余开始位置，着法选择顺序都从 0 号着法开始。改变着法的选择顺序，就是改变有相同最少着法个数的选择标准。

由于程序采用的是一种贪婪法，寻找解答的过程是一直向前，没有回溯，所以能非常快地找到解答。详见下面的程序代码：

```c
#include<stdio.h>
int deltai[]={2,1,-1,-2,-2,-1,1,2};
int deltaj[]={1,2,2,1,-1,-2,-2,-1};
int board[8][8];
int exitn(int i,int j,int s,int a[])
{ /*求(i,j)的着法数，着法的序号存于a[]，s是顺序选择着法的开始序号*/
  int i1,j1,k,count;
  for(count=k=0;k<8;k++)
  { i1=i+deltai[(s+k)%8];  j1=j+deltaj[(s+k)%8];
    if(i1>=0&&i1<8&&j1>=0&&j1<8&&board[i1][j1]==0)a[count++]=(s+k)%8;
  }
  return count;
}
int next(int i,int j,int s)         /*选下一步着法，s是顺序选择着法的开始序号*/
{ int m,k,kk,min,a[8],b[8],temp;
  m=exitn(i,j,s,a);                 /*确定(i,j)的着法个数*/
  if(m==0) return -1;               /*没有出口*/
    for(min=9,k=0;k<m;k++)          /*逐一考察各个着法*/
    {   temp=exitn(i+deltai[a[k]],j+deltaj[a[k]],s,b);
        if(temp<min)               /*找出有最少着法个数的着法*/
        { min=temp;kk=a[k];
        }
    }
   return kk;                       /*返回选中的着法*/
}
void main()
{ int sx,sy,i,j,step,no,start;
  for(sx=0;sx<8;sx++)
    for(sy=0;sy<8;sy++)             /*所有可能的开始位置*/
    { if(sx==2&&sy==4) start=1;     /*该位置着法顺序从1开始*/
      else     start=0;            /*其他位置着法顺序从0开始*/
      for(i=0;i<8;i++)
        for(j=0;j<8;j++)board[i][j]=0; /*清棋盘*/
      i=sx;j=sy;board[i][j]=1;      /*第1步是开始位置*/
      for(step=2;step<=64;step++)   /*找从第2步至第64步的着法*/
      { if((no=next(i,j,start))==-1)break;
        i+=deltai[no];j+=deltaj[no]; /*前进一步*/
        board[i][j]=step;
      }
      for(i=0;i<8;i++)              /*输出解*/
      { for(j=0;j<8;j++) printf("%4d",board[i][j]);
        printf("\n\n");
      }
      scanf("%*c");                 /*输入回车，找下一个开始位置的解*/
    }
}
```

9.5　动态规划法

在从复杂问题分解出子问题的过程中，某些子问题会被多次引用。为了避免重复求相同子问题，引入一个数组，把子问题的解答存于数组中，待以后遇到引用同样子问题的解时，就直接从数组中取出子问题的解答，这就是动态规划法所采用的基本思想。动态规划法的关键是得到大问题表示成小问题的方程式，主要有以下步骤组成：

① 规划最优解的结构，定义最优解的值，得到大问题表示成小问题的方程式。

② 按自底向上顺序计算最优解的值。

③ 由最优解的值的得到过程，构造最优解。

以下用实例说明动态规划法的应用。

【例 9.8】求两字符序列的最长公共子序列。

【解题思路】这里所说的字符序列的子序列与平时的理解稍有不同。从字符序列的某些位置去掉几个字符（可能一个也不去掉），未去掉的字符不改变前后相对位置依次排紧，如此形成的字符序列称为字符序列的子序列。令给定的字符序列 $X = "x_0, x_1, \cdots, x_{m-1}"$，序列 $Y = "y_0, y_1, \cdots, y_{k-1}"$。如果 Y 是 X 的子序列，则要求 X 存在一个严格的递增下标序列 $<i_0, i_1, \cdots, i_{k-1}>$，使得对所有的 $j = 0, 1, \cdots, k-1$，有 $x_{i_j} = y_j$。例如，X="ABCBDAB"，Y="BCDB"是 X 的一个子序列。

给定两个序列 A 和 B，称序列 Z 是 A 和 B 的公共子序列，是指 Z 是 A 的子序列，也是 B 的子序列。现在的问题是求已知两序列 A 和 B 的最长公共子序列。

如果采用列举 A 的所有子序列，一一检查其是否又是 B 的子序列，并随时记录所发现的公共子序列，最终求出最长公共子序列，这种方法因耗时太多而不可取。

考虑最长公共子序列问题如何分解成子问题，假设 $A = "a_0, a_1, \cdots, a_{m-1}"$，$B = "b_0, b_1, \cdots, b_{n-1}"$，并设 $Z = "z_0, z_1, \cdots, z_{k-1}"$ 为它们的最长公共子序列。有以下性质：

① 如果 $a_{m-1} = b_{n-1}$，则 $z_{k-1} = a_{m-1} = b_{n-1}$，且 $"z_0, z_1, \cdots, z_{k-2}"$ 是 $"a_0, a_1, \cdots, a_{m-2}"$ 和 $"b_0, b_1, \cdots, b_{n-2}"$ 的一个最长公共子序列。

② 如果 $a_{m-1} \,!= b_{n-1}$，假如 $z_{k-1} \,!= a_{m-1}$，这蕴含着 $"z_0, z_1, \cdots, z_{k-1}"$ 是 $"a_0, a_1, \cdots, a_{m-2}"$ 和 $"b_0, b_1, \cdots, b_{n-1}"$ 的一个最长公共子序列。

③ 如果 $a_{m-1} \,!= b_{n-1}$，假如 $z_{k-1} \,!= b_{n-1}$，这蕴含着 $"z_0, z_1, \cdots, z_{k-1}"$ 是 $"a_0, a_1, \cdots, a_{m-1}"$ 和 $"b_0, b_1, \cdots, b_{n-2}"$ 的一个最长公共子序列。

这样，在找 A 和 B 的公共子序列时，如果有 $a_{m-1} = b_{n-1}$，则要解决一个子问题：找 $"a_0, a_1, \cdots, a_{m-2}"$ 和 $"b_0, b_1, \cdots, b_{n-2}"$ 的一个最长公共子序列；如果 $a_{m-1} != b_{n-1}$，则要解决两个子问题：找出 $"a_0, a_1, \cdots, a_{m-2}"$ 和 $"b_0, b_1, \cdots, b_{n-1}"$ 的一个最长公共子序列，找出 $"a_0, a_1, \cdots, a_{m-1}"$ 和 $"b_0, b_1, \cdots, b_{n-2}"$ 的一个最长公共子序列；取两者中的较长者作为 A 和 B 的最长公共子序列。

定义 c[i][j]为序列 $"a_0, a_1, \cdots, a_{i-1}"$ 和 $"b_0, b_1, \cdots, b_{j-1}"$ 的最长公共子序列长度。计算 c[i][j]的方法可表述如下：

① c[i][j]=0，如果 i=0，或 j=0。

② c[i][j]=c[i-1][j-1] + 1，如果 i, j > 0，且 a[i-1]==b[j-1]。

③ c[i][j]=max(c[i][j-1], c[i-1][j])，如果 i, j > 0，且 a[i-1] !=b[j-1]。

以上工作完成上述的应用动态规划法的第一步骤，得到大问题表示成小问题的方程式。以下是要完成第二步骤，按自底向上顺序计算最优解的值。根据以上算式写出计算两个序列最长公共子序列的长度的函数如下：

```
#define N 100
int c[N][N];
int lcsLen(char *a,char *b)
{ int m=strlen(a),n=strlen(b),i,j;
  for(i=0;i<=m;i++) c[i][0]=0;
  for(j=1;j<=n;j++) c[0][j]=0;
  for(i=1;i<=m;i++)
    for(j=1;j<=n;j++)
      if(a[i-1]==b[j-1]) c[i][j]=c[i-1][j-1]+1;
      else if(c[i-1][j]>=c[i][j-1]) c[i][j]=c[i-1][j];
      else  c[i][j]=c[i][j-1];
  return c[m][n];   /*获得最优解的值*/
}
```

由上述函数可知，c[i][j]的产生仅依赖于 c[i-1][j-1]、c[i-1][j]和 c[i][j-1]，利用函数 lcsLen()所得到的数组 c[][]，可以从 c[m][n]开始，跟踪 c[i][j]的产生过程，逆向构造出最长公共子序列。

接着要完成动态规划法的最后一个步骤，由得到的最优解的值构造最优值。设存储最长公共子序列的字符数组为 s[]。由已知 s 的长度，根据数组 c[][]，按以下规则逆向构造字符串 s：

先预置 k 为字符串 s 的长，i 为字符串 a 的长，j 为字符串 b 的长。

① 若 c[i][j]==c[i-1][j]，则 i 减 1。

② 若 c[i][j]==c[i][j-1]，则 j 减 1。

③ 若 c[i][j]==c[i-1][j-1]+1，则先让 k 减 1，然后将字符串 a 的第 i 字符，或字符串 b 的第 j 字符复制到字符串 s 的第 k+1 字符位置，最后 i 和 j 都减 1。

按上述算法，得到已知数组 c，求最长公共子序列的函数如下：

```
char *build_lcs(char s[],char *a,int blen,int clen)
{ int k=clen,i,j,alen=strlen(a);
  s[k]='\0';
  i=alen;j=blen;
  while(k>0)
    if(c[i][j]==c[i-1][j]) i--;
    else if(c[i][j]==c[i][j-1]) j--;
    else
    {  s[--k]=a[i-1];i--;j--;
    }
  return s;
}
```

以下主函数可以作为上述两函数的测试函数：

```
void main()
{ char str1[120],str2[120],str3[120];
  printf("输入字符串1\n");   scanf("%s",str1);
  printf("输入字符串2\n");   scanf("%s",str2);
  int len=lcsLen(str1,str2);
  build_lcs(str3,str1,strlen(str2),len);
  printf("最长公共子串长为%d  最长公共子串为%s\n",len,str3);
}
```

以下用实例说明有些问题可能有多种求解方法，采用何种算法完全依赖于设计者的思想。

【例 9.9】某场球赛的售票点有 2n 人排队购票，其中有 n 人持 50 元，另外 n 人持 100 元。售票点因准备匆忙，忘了准备小面额的零钱。假定每张球票 50 元，问这 2n 个人有多少种排队顺序，能使售票点不会发生没有零钱可兑的情况。

（1）递归穷举搜索找解

假设统计排队顺序总数的函数模型为：

```
int dps(int i,int k,int m,int n)
```

以上参数的意义是：正准备考虑第 i 人购票，当前售票处有 k 张 50 元钱币，前面已经有 m 人手持 50 元购票，共有 2n 个人，n 个人持 50 元，n 个人持 100 元。

主函数将以 dps(1, 0, 0, n)对该函数发出调用，求得有 2n 个人不同的排队顺序总数。

函数分以下几种情况分别做不同的处理：

① 已经有 n 个人持 50 元购票，则随后的人都持 100 元购票，这是一个正确的排队顺序。

② 第 i 人持 50 元购票，继续通过递归调用求得排队顺序数。

③ 在售票处还有 50 元钱币的条件下，允许第 i 人持 100 元购票，继续通过递归调用求得排队顺序数。

按上述思想，编写函数如下：

```
int dps(int i,int k,int m,int n)
{ int t=0;
  if(m==n) return 1;        /*前面已经有 n 人手持 50 元购票，找到一个正确的排队顺序*/
  t=dps(i+1,k+1,m+1,n); /*第 i 人持 50 元购票，求可能的排队顺序数*/
  if(k>0)                    /*若售票处还有 50 元的钱币，求第 i 人持 100 元购票的排队顺序*/
    t+=dps(i+1,k-1,m,n);
  return t;
}
```

如果进一步要求输出所有的排队顺序，可引入数组，记录第 i 人排队时，他所持的钱币额保存，在找到正确的排队顺序后，将该数组内容顺序输出即可，细节见以下程序：

```
#include<stdio.h>
#define N  100
int p[N];
int dps(int i,int k,int m,int n)
{  int j,t=0;
   /*若第 i 人手持 50 元，并且他是最后一个持 50 元的人(是第 n 人持 50 元)*/
   if(m==n)
   { /*若前面已经有 n 个人持 50 元的人购票，则找到了一个正确排队顺序*/
     for(j=i;j<=2*n;j++)              //后面的人都持 100 元购票
       p[j]=100;
     for(j=1;j<=2*n;j++)             //输出找到的解
       printf("%4d",p[j]);
     printf("\n");
     return 1;
   }
   /*以下处理第 i 人持 50 元购票的情况*/
   p[i]=50;
   t=dps(i+1,k+1,m+1,n);
   if(k>0)               /*售票点还有零钱，允许第 i 人持 100 元购票*/
   { p[i]=100;
     t+=dps(i+1,k-1,m,n);
   }
   return t;               /*返回找到的排队顺序数*/
}
```

（2）动态规划法求解

令 f(x,y)表示有 x 个人持 50 元购票，y 个人持 100 元购票时，共有的排队顺序总数。有以下几种情况：

① y = 0。排队购票者都持 50 元钞票，这 x 个人排队是一个正确的排队顺序，即 f(x, 0) = 1。

② x < y。因有人不能得到零钱，不是合理的排队顺序，即 f(x, y) = 0。

③ 其他情况

有 x+y 人排队购票，第 x+y 个人站在第 x+y−1 个人的后面，则第 x+y 个人的正确的排队顺序可由下列两种情况获得：

第 x+y 个人持 100 元购票，则在他之前的 x+y−1 个人中有 x 个人持 50 元购票，有 y−1 个人持 100 元购票，此种情况共有 f(x, y−1)。

第 x+y 个人持 50 元的钞票，则在他之前的 x+y−1 个人中有 x−1 个人持 50 元购票，有 y 个人持 100 元购票，此种情况共有 f(x−1, y)。

x+y 个人的正确的排队顺序总数应是上述两种情况之和，即 f(x,y) = f(x−1, y) + f(x, y−1)。

于是得到 f(x, y)的计算公式：

$$f(x, y) = \begin{cases} 0, & x < y \\ 1, & y = 0 \\ f(x-1, y) + f(x, y-1) & \text{其他情况} \end{cases}$$

细节见以下程序：

```c
#include<stdio.h>
#define X 50
#define Y 50
int f[X+1][Y+1];
int arithmetic(int x,int y)
{ int i,j;
  if(y>x) return 0;
  for(i=1;i<=x;i++) f[i][0]=1;
  for(j=0;j<x;j++) f[j][j+1]=0;
  for(i=1;i<=x;i++)
    for(j=1;j<=i;j++) f[i][j]=f[i-1][j]+f[i][j-1];
  return f[x][y];
}
void main()
{ int x,y;
  printf("Enter x & y!\n");
  scanf("%d %d",&x,&y);
  printf("Total=%d\n",arithmetic(x,y));
}
```

待读者学了栈、队列等数据结构内容后，本题也可采用栈和队列模拟购票情况，求得所有可能的购票排队顺序。

小　结

要具有一定的算法设计能力，除需要掌握计算机软件理论方面的知识外，大量的程序设计实践也是必须的。通过学习计算机理论和程序设计实践，积累经验就能达到共同独立设计算法能力的目标。

本章学习和应该掌握的内容如下：

① 为采用迭代法，找出存在的迭代过程和迭代目标，迭代过程要正确描述变量值的更新规律，或让目标越来越接近，或完成指定的迭代次数，迭代过程结束。

② 为采用递推法，找出问题存在的递推规律。

③ 为采用回溯法，找出问题包含的前进一步，调整和回溯，合理性检验的方法，就能应用回溯算法解决该问题。

④ 贪婪算法也许是求解效率最高的算法，但对一特定问题找出它的贪婪规则是最困难的。

⑤ 动态规划法的核心：找出最优解的结构，求最优解值的递推方程，得到大问题表示成小问题的规划。按自底向上顺序计算最优解的值。由最优解的得到过程，构造最优解。

⑥ 经上机实践训练，能编写本章习题要求的程序。

习　题

1. 二分法也是方程求根的常用方法之一，其基本原理是假定连续方程 $f(x)=0$ 在区间 (a, b) 上因 $f(a)$ 和 $f(b)$ 异号，则在区间 (a,b) 上有根。具体方法是取区间的中点 $x_0=(a+b)/2$ 将区间分成两半，然后检查 $f(x_0)$ 与 $f(a)$ 是否同号，如果同号，则根位于 x_0 的右侧；否则，根位于 x_0 的左侧，由此得到新的有根的区间。如此重复，直至有根的区间达到精度要求时，得到方程根的近似解。试写出二分法算法的结构，并用二分法求方程 $x^2-x-1=0$ 的正根，要求精确到小数点后第5位。

2. 为求方程 $x^3-x^2-1=0$ 在 1.5 附近的一个根，假定将方程写成下列等价形式，并按等价形式建立相应的迭代公式：

（1）$x=1+1/x^2$；（2）$x^3=1+x^2$；（3）$x^2=1/(x-1)$。

试分析每种格式的收敛性，并选取一种等式求出有4位有效数字的近似根。

3. 试用回溯算法产生由 0 和 1 组成 2^m 个二进制位的串，使该串满足以下要求：视串为首尾相连的环，则由 m 位二进制数字组成的 2^m 个子序列，每个可能的子序列都互不相同。例如，m=3，在串 11101000 首尾相连构成的环中，每 3 位二进制数字组成的每个可能的子序列都在环中出现一次，它们依次是 111、110、101、010、100、000、001、011。

4. 编写将一个整数 n（n<100）分解成不多于 m（m<10）个整数之和的程序。设和数取于数组 d[]，d[] 中的整数互不相等，且自大至小存储，d[] 中共有 c 个整数。例如，设数组中存储以下整数：d[]={100, 81, 64, 49, 36, 25, 16, 9, 4, 1}。则：

$$100=100$$
$$13=9+4$$
$$14=9+4+1$$
$$56=36+16+4$$
$$71=49+9+9+4$$

5. 找出从自然数 1，2，…，n 中任意取 r 个数的所有组合。例如 n=5，r=3，所有组合为：

1 2 3	1 3 4	2 3 4	3 4 5
1 2 4	1 3 5	2 3 5	
1 2 5	1 4 5	2 4 5	

提示：采用回溯法找问题的解，将找到的组合按从小到大顺序存于 a[0]，a[1]，…，a[r-1]中，组合的元素满足以下性质：

（1）a[i+1] > a[i]，后一个数字比前一个大。

（2）a[i]-i <=n-r+1。

按回溯算法思想，寻找解的过程可以叙述如下：首先放弃组合数个数为 r 的条件，候选组合从只有一个数字 1 开始。因该候选解满足除问题规模之外的全部条件，扩大其规模，并使其满足上述条件（1）。继续这一过程，直至得到候选解满足包括问题规模在内的全部要求，因而是一个解，在该解的基础上，进行回溯调整寻找下一个解。

6. 按以下算法编写生成奇数阶魔方阵的函数。奇数 n 阶魔方阵是指将从 m 开始的连续 n^2 个整数 m、m+1、…、n^2+m-1 填入到方阵中，使方阵每行、每列以及主、副对角线上各 n 个元素之和都相等。生成奇数阶魔方阵的过程是：从 m 开始，依次插入各整数，直至填满方阵为止。填数位置的选择方法如下：

（1）第一个位置在最右列的正中。

（2）新位置应当处于最近填数位置的右下方，但如果右下方位置已超出方阵的右边界，则新位置应选的最左列位置；如果右下方位置已超出方阵的下边界，则新位置应选列的最上一行位置。

（3）另外，在采用以上方法每连续填入 n 个整数后，则新位置是同一行的前一列位置。

图 9-3 是 m=1，n=3 情况下的一个示例。

4	3	8
9	5	1
2	7	5

图 9-3　习题 6

7. 按以下给定的算法编写生成单偶数阶魔方阵。整数 n 是单偶数是指 n 是偶数，而 n/2 是奇数。生成单偶阶魔方阵的算法如下：

（1）将单偶阶 n×n 的魔方阵分为 4 个奇数阶的(n/2)×(n/2)小方阵，并令这 4 个小方阵按图 9-4 所示编号。

（2）按小方阵的编号的顺序将自然数 1、2、3、……、n^2 填入这 4 个奇数阶方阵中；

(0)	(3)
(2)	(1)

图 9-4　习题 7

（3）对这 4 个小方阵中的部分元素进行互相交换（令 k=(n/2-1)/2）：

① 块（0）中的前 k 行元素与块（3）中的对应元素互换，但其中块（0）与块（3）中的第一行的中间元素不交换。

② 块（0）与块（3）的中心元素互换。

③ 块（2）中最下面的 n/2-k-2 行元素与块（1）中对应元素互换。

8. 有一个工程承包人需要确定每月的工人人数，工程承包人知道工程需要工作的月数，每个月需要的最少工人数以及每一个工人的雇用手续费、解雇手续费和每月工资。试为工程承包人确定工程的最低费用和每月实际雇用的工人数。

9. 一场激烈的足球比赛之后，场地中被一群足球流氓丢了许多杂物。假定南北向的足球场如一个二维数组，被分成若干个行和列，每个行列位置有多少不等的杂物。现在准备用一个清除杂物的机器人清扫足球场。机器人从足球场的 0 行 0 列位置出发，只能按列或按行增加的方向前进，不能后退，机器人经过位置的杂物将被机器人清除。试编写程序，在杂物分布给定的情况下，为机器人确定一个行进路线，使机器人清除的杂物最多。

附录 A 运算符的优先级与结合性

运算符的优先级与结合性（见表 A-1）。

表 A-1　运算符的优先级与结合性

运　算　符	结　合　性	运　算　符	结　合　性
() [] -> .	从左到右	^	从左到右
++ -- + - ! ~ (类型) * & sizeof	从右到左	|	从左到右
* / %	从左到右	&&	从左到右
+ -	从左到右	||	从左到右
<< >>	从左到右	?:	从右到左
< <= > >=	从左到右	= += -= *= /= %= &= ^= |=<<= >>=	从右到左
== !=	从左到右	,	从左到右
&	从左到右		

* 此表按运算符从上到下，优先级从高到低的顺序排列。

附录 B ASCII 字符集

1. ASCII 字符的二进制代码（见表 B-1）

表 B-1　ASCII 字符的二进制代码

b₃b₂b₁b₀ / b₆b₅b₄	0000	0001	0010	0011	0100	0101	0110	0111	1000	1001	1010	1011	1100	1101	1110	1111
000	nul	soh	stx	etx	eot	enq	ack	bel	bs	ht	lf	vt	ff	cr	so	si
001	dle	dc1	dc2	dc3	dc4	nak	syn	etb	can	em	sub	esc	fs	gs	rs	us
010	sp	!	"	#	$	%	&	'	(	)	*	+	,	-	.	/
011	0	1	2	3	4	5	6	7	8	9	:	;	<	=	>	?
100	@	A	B	C	D	E	F	G	H	I	J	K	L	M	N	O
101	P	Q	R	S	T	U	V	W	X	Y	Z	[	\	]	^	_
110	`	a	b	c	d	e	f	g	h	i	j	k	l	m	n	o
111	p	q	r	s	t	u	v	w	x	y	z	{			}	~	Del

表左边的代码是字符 7 位二进制代码（0000000～1111111）的高 3 位（000～111），表上边的代码是字符二进制代码的低 4 位（0000～1111）。例如，字符'A'的二进制代码是 1000001。

2. ASCII 字符的十进制代码（见表 B-2）

表 B-2　ASCII 字符的十进制代码

高位 / 个位	0	1	2	3	4	5	6	7	8	9
0	nul	soh	stx	etx	eot	enq	ack	bel	bs	ht
1	lf	vt	ff	cr	so	si	dle	dc1	dc2	dc3
2	dc4	nak	syn	etb	can	em	sub	esc	fs	gs
3	rs	us	sp	!	"	#	$	%	&	'
4	(	)	*	+	,	-	.	/	0	1
5	2	3	4	5	6	7	8	9	:	;
6	<	=	>	?	@	A	B	C	D	E
7	F	G	H	I	J	K	L	M	N	O
8	P	Q	R	S	T	U	V	W	X	Y
9	Z	[	\	]	^	_	`	a	b	c
10	d	e	f	g	h	i	j	k	l	m
11	n	o	p	q	r	s	t	u	v	w
12	x	y	z	{			}	~	Del		

表左边的数是字符代码十进制值（0～127）的高位，表上边的数是字符代码十进制值的个位。例如，字符'A'的十进制代码是 65。

附录 C | Visual C++使用方法简介

1. Developer Studio 开发环境界面

Developer Studio 开发环境界面如图 C-1 所示。Developer Studio 有 4 个窗口，它们是 Workspace（工作空间）窗口、Output（输出）窗口、编辑窗口和调试窗口。

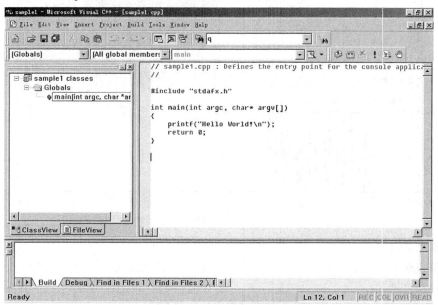

图 C-1　Developer Studio 开发环境的窗口

（1）Workspace 工作空间窗口

Workspace 窗口显示项目各个方面的信息。在窗口底端有选项卡，选择相应的选项卡用于按不同视图显示项目的列表，选项卡有以下 3 种：

① ClassView：列出项目中的类和成员函数。双击列表中的类或函数，即可在 Visual C++文本编辑器中打开该类的源文件。

② ResourceView：列出项目的资源数据，双击列表中的数据项会打开编辑器并加载资源。

③ FileView：列出项目的源文件，头文件。

（2）Workspace 工作空间

工作空间中存放的是一个包含用户的所有相关项目，以及配置的信息体。项目（project）定义为一个配置和一组文件，用以生成最终的程序或二进制文件。一个工作空间可以包含多个项目，这些项目既可以是同一类型的项目，也可以是由不同类型的项目（如 Visual C++和 Visual J++项目）。

（3）编辑窗口

编辑窗口用于编辑程序的资源。资源包括菜单、对话框、图标、字体、快捷键等。开发者可以通过编辑资源来定义 Windows 程序的界面部分。资源的定义是以文本的形式存放在资源定义文件中，并由编译器编译为二进制代码。在 Visual C++中，提供了一个资源编辑器，使开发者能在图形方式下对各种资源进行编辑。资源编辑器如图 C-2 所示。

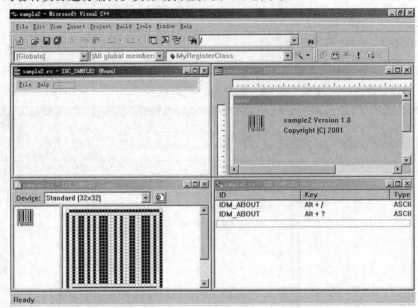

图 C-2　资源编辑器窗口

（4）输出窗口

输出窗口输出一些用户操作后的反馈信息，它由一些页面组成，每个页面输出一种信息，输出的信息种类主要有：

① 编译信息：在编译时输出，主要是编译时的错误和警告。

② 调试信息：在对程序进行调试时输出，主要是程序当前的运行状况。

③ 查找结果：在用户从多个文件中查找某个字符串时产生，显示查找结果的位置。

（5）调试窗口

调试窗口包括一组窗口，在调试程序时分别显示各种信息，这些窗口主要包括：

① 变量查看窗口（Watch）。

② 过程调用查看窗口（Call Stack）。

③ 内存查看窗口（Memory）。

④ 寄存器查看窗口（Register）。

2. Visual C++菜单栏

Visual C++开发环境中的首行列出的是系统的菜单栏，菜单分成 9 大类：File 文件、Edit 编辑、View 视图、Insert 插入、Project 工程、Build 构建、Tools 工具、Window 窗口、Help 帮助。

在程序运行时，上述部分菜单栏目还可能按需要改变。例如，Layout 和 Debug 菜单栏，在调试状态下，Build 变成了 Debug。

（1）File 文件菜单

File 菜单共有 14 个选项，分成 6 组：

① New 新建一个一般文件、工程、工作区、其他文档，Open 打开、Close 关闭。

② Workspace 工作区操作，打开、保存和关闭工作区。

③ 有 3 个菜单项，用于文件保存。

④ 有 2 个菜单项，用于文件打印。

⑤ 用于打开以前打开过的文件或工作区。

⑥ 一个菜单项 Exit，用于退出 Visual C++ 6.0。

（2）Edit 编辑菜单

Edit 菜单分成 7 组：

① 撤销编辑结果，或重复前次编辑过程。

② 提供常见的编辑功能。

③ 字符串查找和替换。

④ Go to 和 Bookmark 编辑行定位和书签定位。

⑤ Advanced，一些其他编辑手段。

⑥ Breakpoints，与调试有关，主要用于设置断点。

⑦ 成员列表、函数参数信息、类型信息及自动完成功能。

（3）View 视图菜单

View 菜单共有 9 个选项，分成 6 组（初始时没有 1 和 7）：

① ClassWizard（或【Ctrl+W】组合键）激活 MFC ClassWizard 类向导工具，用来管理类、消息映射等。

② Resource Symbols 对工程所定义的所有资源标号，进行浏览和管理。

③ Resource Includes 用于设置资源 ID 的包含头文件。

④ Full Screen 全屏显示，按【Esc】键退出全屏显示。

⑤ Workspace 显示工作区窗口。

⑥ Output 显示输出窗口。

⑦ Debug Windows 在调试状态下控制一些调试窗口。

⑧ Refresh 刷新当前显示窗口。

⑨ Properties 查看和修改当前窗口所显示的对象的属性。

（4）Insert 插入菜单

Insert 菜单共有 6 个选项：

① New Class 添加新类（MFC、Generic、Form 3 种不同类型的类）。

② New Form 添加 Form Class。

③ Resource 添加资源。

④ Resource Copy 添加资源复制件。

⑤ File As Text 插入选定的文本文件。

⑥ New ATL Object 添加 ATL 对象。

（5）Project 工程菜单

Project 菜单共有 6 个选项：

① Set Active Project 在多个工程中选定当前活动工程。

② Add to Project 向当前工程添加文件、文件夹、数据连接、Visual C 组件以及 ActiveX 控件。

③ Source Control 源代码控制工具。

④ Dependencies 设置工程间的依赖关系。

⑤ Settings 设置工程属性（调试版本、发布版本和共同部分）。

⑥ Export Makefile 导出应用程序的 Make(*.mak)文件。

（6）Build 构建菜单

Build 菜单共有 13 个选项：

① Compile 编译当前文件。

② Build 创建工程的可执行文件，但不运行。

③ Rebuild All 重新编译所有文件，并连接生成可执行文件。

④ Batch Build 成批编译、连接工程的不同设置。

⑤ Clean 把编译、连接生成的中间文件和最终可执行文件删除。

⑥ Start Debug->Go 开始调试，到断点处暂停。

⑦ Start Debug->Step Into 单步调试，遇函数进入函数体。

⑧ Start Debug ->Run to Cursor 开始调试，到光标处停止。

⑨ Debugger Remote Connection 用于远程连接调试。

⑩ Execute 运行可执行目标文件。

⑪ Set Active Configuration 选择 Build 配置方式（Debug、Release）。

⑫ Configuration 增加或删除工程配置方式。

⑬ Profile 工程构建过程的描述文件。

（7）Tools 工具菜单

Tools 菜单中是 Visual C++附带的各种工具。其中，常用的工具有：ActiveX Control Test Container（测试一个 ActiveX 控件的容器）、Spy++（用于程序运行时以图形化方式查看系统进程、线程、窗口、窗口信息等）以及 MFC Tracer（用于程序跟踪）等，还有一些常用的设置：Customize、Options。

（8）Windows 窗口菜单

Windows 菜单主要功能如下：

① New Window 新建一个窗口，内容与当前窗口相同。

② Split 将当前窗口分隔成 4 个，内容全相同。

③ Docking View 控制当前窗口是否成为浮动视图。

④ Cascade 编辑窗口层叠放置。

⑤ Tile Horizontally 编辑窗口横向平铺显示。

⑥ Tile Vertically 编辑窗口纵向平铺显示。

⑦ Windows 对已经打开的窗口进行集中管理。

（9）Help 窗口菜单

Help 菜单中的 4 个选项 Contents、Search、Index 和 Technical Support 都会弹出帮助窗口，称

为 MSDN Library Visual Studio 6.0。MSDN 库提供的帮助工能很丰富，可以以目录、索引和搜索 3 种方式提供帮助。浏览方式多样，甚至可以连接到 Web 网站查找信息。另有两个选项：Keyboard Map 选项打开快捷键列表；Tip of the Day 选项打开 Tip of the Day 对话框，介绍 Visual C++ 6.0 的使用知识和技巧。

3．工具栏

为了便于工具的使用，特设工具栏，将常用的或使用者习惯使用的工具（或工具组）以按钮图标形式排列显示在工具栏中，每个按钮与某个或某些菜单项对应。常用的工具如下：

① Standard 提供最基本的功能：文件操作、编辑、查找等。
② Build 工程的编译、连接、修改活动配置、运行调试程序。
③ Build MiniBar 由部分按钮组成的工具栏。
④ Resource 添加各种类型的资源。
⑤ Edit 剪切、复制和粘贴等功能。
⑥ Debug 用于调试状态的若干操作。
⑦ Browse 源程序浏览操作。
⑧ Database 跟数据库有关的操作。

4．Visual C++组件

Visual C++组件主要有以下 7 个：Developer Studio 开发环境、编辑器、编译器、链接器、Wizard 实用程序、调试器、其他实用工具。

5．用 Visual C++开发程序的过程

（1）在 Visual C++环境下运行一个新程序的上机操作步骤

① 打开 Visual C++窗口，在菜单栏中选择 File→New 命令。

② 在打开的窗口中选择 Project 选项卡，选中 Win32 Console Application 选项，并在 Project name 文本框中输入工程名，在 Location 文本框中输入保存源程序的路径名，单击 OK 按钮。

③ 在打开的窗口中选择 An Empty Project，单击 Finish 按钮，在打开的下一窗口中单击 OK 按钮。

④ 再在 Visual C++菜单栏中选择 File→New 命令。

⑤ 在打开的窗口中选择 File 选项卡，选中 C++ Source File 选项，并在 File 文本框中输入文件名。此时，Add to project 文本框中应该是刚输入的工程名，Add to project 之前选择框为选中状态"√"，Location 文本框中应该是步骤②中输入的路径名。

⑥ 在编辑窗口输入源程序。输入后，在菜单栏中选择 File→Save 命令，存盘，单击"编辑文件存盘"按钮。

⑦ 再在 Visual C++菜单栏中选择 Build→Compile 命令，或单击"编译"按钮，如果编译时没有编辑错误，则选择 Build→Build 命令，或单击"生成执行文件"按钮，如果无连接错误，执行文件正确生成，接着选择 Build→Execute 命令，或单击"执行"按钮执行程序，运行结束，按任意键退回 Visual C++窗口。

（2）继续新建一个 C++程序

① 在菜单栏中选择 File→Close→Close Workspace 命令关闭工作空间。

② 重复新建一个 C/C++ 程序的全部工作。

（3）打开已存在的 C++ .CPP 源程序，可按以下步骤：

① 打开 Visual C++ 窗口，在菜单栏中选择 File→Open 命令。

② 在弹出的对话框中找文件所在文件夹，选中文件，单击"打开"按钮，把文件调入 Visual C++ 编辑窗口。其余步骤从前述情况的步骤⑦开始。

（4）用 App Wizard 新建一个工程

App Wizard（应用程序生成器）是 Visual C++ 自带的一个工具，通过它可以方便地生成各种类型的程序框架。

在菜单栏中选择 File→New 命令，即可使用 App Wizard 新建程序。

可以新建的内容包括 File、Project、Workspaces、Other Documents 4 个页面，每个页面下有各种类型的工程或文件。选定类型之后，即进入 Wizard（向导），让用户选择一些可选项，完成之后，程序的框架即生成。例如，用 App Wizard 新建一个工程的步骤是：

① 在菜单栏中选择 File→New 命令，选择 Projects 选项卡。

② 从列表中选择项目类型。

③ 选中 Create New Workspace（新建工作区）单选按钮或 Add to Current Workspace（加入到当前工作区中）单选按钮。

④ 要使新工程为子工程，可以选中 Dependency of 复选框，并从下拉列表框中选择一个工程。

⑤ 在 Project Name 文本框中输入新工程名，确保该名字必须与工作区中的别的工程名字不重名。

⑥ 在 Location 文本框中指定工程存放的目录：可以直接输入路径名，也可以按旁边的 Browse 按钮，浏览选择一个路径。

⑦ 选中 Platform 列表框中的相应复选框，指定工程的开发平台。

⑧ 输入完以上内容并单击 OK 按钮后，根据所选的工程类型，会出现相应的 Wizard（向导）。通过一系列的对话框输入，快速生成工程的框架。

6. 开始实践——第一个 Visual C++ 程序

① 新建一个新工程，在项目类型中选中 Win32 Console Application 选项。

② 在 Project Name 文本框中输入 test1，选中 Create New Workspace 单选按钮。

③ 单击 OK 按钮。

④ 在弹出的 Wizard 对话框中选择 A Simple Application，然后单击 Finish 按钮。

⑤ 在接下来弹出的对话框中单击 OK 按钮。

⑥ 编译运行程序，在菜单栏中选择 Build→Build test1.exe 命令，在输出窗口中出现 "test1.exe – 0 error(s), 0 warning(s)"，说明编译通过。

⑦ 在菜单栏中选择 Build→Execute test1.exe 命令，运行结果如图 C-3 所示。

⑧ 在工作空间窗口中选择 ClassView 页面。

⑨ 双击 Global 下的 main 方法，右边的编辑窗口显示了 main 方法所在源文件的内容。在编辑窗口中的 return 0 的前面插入一行 "printf("this is my firstprogram!\n");"。在 #include "stdafx.h" 之

后插入一行#include "stdio.h"。

　　⑩ 保存文件。

　　⑪ 重新编译并运行，在菜单栏中选择 Build→Build test1.exe 命令，如果在输出窗口中出现 "test1.exe – 0 error(s), 0 warning(s)"，说明编译通过，如果显示有错误，则需要修改源文件直到编译通过。

　　⑫ 在菜单栏中选择 Build→Execute test1.exe 命令，运行结果如图 C-4 所示。

图 C-3　C++程序的运行窗口　　　　　　　　　图 C-4　修改过的程序运行结果

7. 语法错误的修正

　　通过编译程序检查，能比较方便地发现程序中的语法错误。例如，程序代码不符合 C++语法、单词拼写错误、函数调用参数使用不当等。编译程序发现程序语法错误后，就在输出窗口中输出错误信息。由于程序代码上下文相关性，一个简单的错误会引发许多错误，所以改正编译程序发现的第 1 个错误是最重要的。双击编译程序输出的错误显示行，光标自动定位于发现错误的程序正文行。需要注意，虽然大多数错误就在这一行代码中，但也有特殊情况。例如，简单语句在一行的末尾少了分号，但编译系统为了读取应有的分号，直到后一行才能发现该语句确实少了一个分号，因而报错。通常，逐一改正程序中的语句错误，通过反复改正错误、重新编译等方法，直至程序不再有语法错误。

8. 调试程序

　　如果程序运行结果与预期结果不同，则需要用调试程序来找到程序中错误的地方，并排除所有错误。这个步骤可在程序中适当植入输出中间变量的代码，或直接利用系统提供的调试程序。使用调试程序的方法如下：在菜单栏中选择 Build→Start Debug 命令，启用调试器。调试器有 4 个子菜单：Go、Step Into、Run to cursor、Attach to process。

　　① Go：从当前语句开始执行，直至遇到断点，或程序执行结束。用 Go 启动调试器，从头开始执行程序。

　　② Step Into：逐行执行程序行，遇到函数调用进入函数体内继续单步执行。

　　③ Run to cursor：运行程序，直至当前光标位置。

　　④ Attach to process：将调试器与当前运行的某个进程联系起来，可跟踪进入进程内部，调试运行中的进程。

　　调试命令如表 C-1 所示。

表 C-1　调 试 命 令

菜　单　项	快　捷　键	作　　用
Go	F5	运行程序至断点，或程序结束
Restart	Ctrl+Shift+F5	重新载入程序，并启动执行
Stop Deb	Shift+F5	关闭调试会话
Break		从当前位置退出，终止程序执行

续表

菜　单　项	快　捷　键	作　　用
Step Into	F11	单步执行，并进入调用函数
Step Over	F10	单步执行，但不进入函数
Step Out	Shift+F11	跳出当前函数，回到调用处
Run to Cursor	Ctrl+F10	运行止当前光标处
Exceptions		设置异常，可以选择遇到异常处停止，或遇到未处理的异常处停止
Threads		线程调试，可以挂起、恢复、切换线程
Step Into Specific Function		直接进入函数，用于调试多层嵌套的函数

在 View 菜单中还提供一个 Debug Windows 菜单的几个子菜单，用于隐藏或显示与调试工作相关的一些窗口。Debug Windows 菜单如表 C-2 所示。

表 C-2　Debug Windows 菜单

菜单项	快捷键	作　　用	菜单项	快捷键	作　　用
Watch	Alt+3	显示窗口，用于观察和设置变量值	Memory	Alt+6	观察未使用的内存块
Variables	Alt+4	观察与当前函数相关的变量	Call Stack	Alt+7	显示调用栈，观察调用的函数
Registers	Alt+5	观察微处理器的寄存器	Disassembly	Alt+8	打开窗口显示汇编程序代码

断点是程序调试过程中暂时停止执行的地方。在断点处，可以观察、设置变量的值，检查程序是否按所期望的逻辑执行。有关断点的操作命令如下：

① 插入断点。在源程序窗口内任一程序行上右击，在弹出的快捷菜单中选择 Insert→Remove Breakpoint 命令，即可将当前语句行作为一个断点。在该语句行左边，有一个红色实心圆指示该行是一个断点。

② 删除断点。在有断点的语句行上右击，在弹出的快捷菜单中选择 Remove Breakpoint 命令，即可删除该断点。

③ 禁止断点。在断点处右击，在弹出的快捷菜单中选择 Disable Breakpoint 命令，暂时禁止该断点，该断点可能以后再用。该位置将变为用空心圆标记。

④ 恢复断点。在禁止断点处右击，在弹出的快捷菜单中选择 Enable Breakpoint 命令，恢复起用曾被禁止的断点。

附录 D C 语言常用语法提要

本附录仅为了备忘、参考，以提要形式列出 C 语言语法中最常用的部分。

1. 标识符

由英文字母、数字和下画线字组成，并要求由英文字母或下画线为首字符。通常，以下画线开头的标识符用于标识系统定义的程序对象。在这里，同一英文字母的大写字母和小写字母是不同的字符。另外，用于区别不同标识符的最多字符个数由实现的系统规定。

2. 常量

常量按其类型来分，有整型常量、字符型常量、浮点型常量、字符串常量和指针常量等。常量可直接以其面值形式出现在程序中，也可通过宏定义给常量命名，以常量名出现在程序中。

（1）整型常量

整型常量直接以其面值形式书写有 3 种：十进制常数、八进制常数（以数字 0 开头，由 0~7 数字组成的序列）、十六进制常数（以 0x 或 0X 开头，数字 0~9 与字母 A~F 或 a~f 组成的序列）。

整型有 short、int、long 之分，在整型面值字符串之后接上字符 l 或 L 表示长整型常量。整型通常看做带符号的整型，但也可看做无符号整型。在整型面值字符串之后接上字符 u 或 U，表示就表示是无符号的整型。

（2）字符型常量

用单引号括起来的单个字符或用单引号括起来的转义字符形式表示的一个字符。注意，字符在计算机内用字符的 ASCII 码存储，因此字符值也可当做一个小整数。

（3）浮点型常量

浮点型常量表示一个十进制的浮点数。浮点数的面值书写形式按顺序有以下几部分：数符、整数部分、小数点、小数部分、指数部分。某些部分可以不出现，但约定整数部分和小数部分不可以同时都省略，小数点和指数部分不可以同时都省略。其中，指数部分是字符 e（或 E），接上正负号（正号可有可无）和十进数字符序列，表示 10 的幂次。

浮点型有 3 种：单精度的 float 型、双精度的 double 型和长双精度的 long double 型。在浮点数面值常量之后接上字符 f 表示是 float 型的，接上字符 L 表示是 long double 型的，否则为 double 型的。

（4）字符串常量

用双引号括起来的字符序列，其中可以包含转义字符。字符串常量在程序中有两种用法：

① 字符数组初始化时的初值。这时，字符串中字符的 ASCII 码依次存于数组中，并在数组足够大时，最后加上字符串结束标志符。

② 字符串作为一个独立的单位，或给指针变量置值，或作为函数调用时的实参。对于这种情况，字符串本身被存储于常量区，并用该字符串存储在常量区中的开始位置代替字符串在程序中的出现，或将字符串首字符的指针赋给字符指针变量，或用该字符指针作为实参赋给对应的形参。

（5）指针常量

为了明确指明一个指针不再指向任何对象，用指针值 0 来表示。为了与整数 0 相区别，程序常将它写成在标准文件中定义的 0 值名 NULL。

3．表达式

表达式是描述计算值的规则，按构成表达式的复杂层次区分，它的表现形式有以下几种：初等表达式、单目表达式、双目表达式、赋值表达式、条件表达式。

（1）初等表达式

初等表达式有以下几种：变量、常量、（表达式）、函数调用。其中，变量有：以单个标识符形式出现的变量、结构的成分变量（结构变量.成分名，结构指针->成分名）、数组[下标表达式]。

（2）单目表达式

单目表达式是指由单目运算符和一个运算分量组成的表达式。具体有：*表达式、&变量、-表达式、+表达式、! 表达式、~表达式、--变量、++变量、变量--、变量++、（类型名）表达式、sizeof(类型名)、sizeof 变量。

（3）双目表达式

双目表达式由两个运算分量和一个双目运算符组成，双目运算符出现在中间，其中，双目运算符有：*、/、%、+、-、>>、<<、<、>、<=、>=、==、!=、=、|、||、&、&&、^、,。

（4）赋值表达式

赋值表达式的一般形式如下：

变量 赋值运算符 表达式

其中，赋值运算符有：=、+=、-=、*=、/=、%=、>>=、<<=、&=、^=、|=。

（5）条件表达式

条件表达式的一般形式如下：

表达式? 表达式: 表达式

4．类型说明和变量定义

类型说明和变量定义也称数据说明，其一般形式如下：

存储类 类型限定符 类型区分 数据区分

① 存储类有：auto、register、extern、static 和默认。

对于函数形参只允许 register 和默认；全局存储类只允许 extern、static 和默认；在函数内可用上述任一种形式，或指明数据是外部的，或说明数据类型和定义局部变量。

② 类型限定符有 3 种形式：类型名、typedef 和 typedef 类型名。

③ 类型区分有简单类型和构造类型之分。

- 简单类型有：char、int、float、double、short、unsigned、long、void；在 int 之前有 short、unsigned 或 long；在 char 之前有 unsigned；在 double 之前有 long 以及用 typedef 定义的简单类型名。
- 构造类型有：struct 结构类型名、结构类型定义；union 联合类型名、联合类型定义；enum 枚举类型名、枚举类型定义。用 typedef 定义的构造类型名包括数组类型的类型名。

④ 数据区分由一个或多个"数据说明符=初值"组成，其中，初值符可以没有。当有多个"数据说明符=初值"时，它们之间用逗号分隔。

数据说明符又有多种形式，最简单的是一个标识符；另有多种构造形式，它们是：（数据说明符）、*数据说明符、数据说明符()、数据说明符[常量表达式]、数据说明符[]。

"=初值"用于对定义的变量置初值，可以省缺。对于静态变量或全局变量如未指定初值，系统自动置二进制位全是 0 的值。对于自动的变量或寄存器类的变量，它们的初值可以是一般的可计算表达式。若未给定初值，则它初始时的值是不确定的。静态变量或全局变量的初值可以有多种形式：常量表达式、字符串常量、&变量、&变量+整常量、&变量−整常量、{初值表}。其中，初值表中的初值之间用逗号分隔，初值中的表达式必须是常量表达式，或者是前面说明过的变量的地址表达式，或是字符串。

5. 函数定义和函数说明

函数定义的一般形式如下：

外部存储类 函数类型头 形参说明 函数体

其中，外部存储类可以是 static、extern 或默认。函数类型头有简单类型头、指针类型头、复合类型头 3 种：

① 简单类型头的一般形式是：

简单类型 函数名(形参表)

② 指针类型头的一般形式是：

类型区分 * 函数名(形参表)

③ 复合类型头的一般形式是：

类型区分 复合头 复合后缀

复合头的形式有：

(*函数名(形参表))

或

(*复合头 复合后缀)

复合后缀有 3 种形式：()、[]、[常量表达式]。

上述形参说明可以与形表结合，在形参表中直接给出各形参的存储类与类型区分。

函数说明的一般形式如下：

extern 函数类型头;

函数类型头;

6. 语句

语句主要有：

- 表达式语句：表达式;
- 空语句： ;
- break 语句：break;
- continue 语句：continue;
- return 语句：return;或 return 表达式;
- goto 语句：goto 语句标号;

任何语句都可以带语句标号：

标识符: 语句;

其中，标识符称为语句标号。

- 复合语句：{语句序列}
- 条件语句：

```
if(表达式) 语句；
else   语句；
```

或

```
if(表达式)   语句；
```

- switch 语句：

```
switch(表达式)
{  case 常量表达式：语句序列；
   case 常量表达式：语句序列；
   . . .
   case 常量表达式：语句序列；
   default：语句序列；
}
```

- while 语句：

```
while(表达式) 语句；
```

- do 语句：

```
do
   语句；
while(表达式)；
```

- for 语句：

```
for(表达式;表达式;表达式) 语句；
```

附录 E | 常用库函数

C 系统提供了非常丰富的库函数，这里给出其中常用的一小部分。

1. 输入/输出库函数（见表 E-1）

使用输入/输出库函数应包含 stdio.h 文件。

表 E-1　输入输出库函数

函 数 模 型	功　　　能
int fclose(FILE*fp)	清空并关闭文件。有错返回非 0，正常返回 0
int feof(FILE*fp)	若当前文件读写位置在文件尾，返回非 0 值
int ferror(FILE*fp)	读写有错时，返回非 0 值
void fflush(FILE*fp)	清空指定文件的文件缓冲区。例如，"fflush(stdin);"表示清空输入缓冲区
int fgetc(FILE*fp)	读取文件下一个字符，返回读入字符。若文件结束或出错，返回 EOF
char *fgets(char *buf,int n,FILE*fp)	读取多至 n-1 个字符，或遇换行符（保存换行符）结束，并以字符串形式存储于 buf 数组中。返回 buf；若出错或文件尾，返回 NULL
FILE *fopen(char *fname, char* mode)	以 mode 方式打开 fname 文件，成功返回文件指针，否则返回 NULL
int fprintf(FILE*fp, char *fmt[, args,...])	对 args 的值按 fmt 所指的格式进行转换，并输出到指定文件。返回实际输出的字符数。若出错，返回 EOF
int fputc(int ch, FILE*fp)	输出 ch 中的字符到文件，成功返回输出的字符，否则返回 EOF
int fputs(char *str, FILE*fp)	输出字符串到文件。成功，返回最后输出的字符；否则，返回 EOF
int fread(void * ptr, unsigned size, unsigned n, FILE*fp)	从文件读取长为 size 字节的 n 个数据块到 ptr 所指数组。返回实际输入的数据块数；若文件结束或出错，返回值不足块数，可能为 0
int fscanf(FILE*fp, char *fmt [,sometype *args,...])	从文件读入数据，按 fmt 中的格式进行字符匹配和数据转换,并将转换结果存入 args 所指对象中。函数返回输入数据的个数。若企图在文件尾输入，则返回 EOF。如未存储数据，返回 0
int fseek(FILE*fp, long offset, int base)	以 base 为基准，offset 为偏移字节数，移动文件读写位置。成功移动返回 0，否则非 0
long ftell(FILE*fp)	返回文件当前读写位置。出错情况返回−1L
int fwrite(void *ptr, unsigned size, unsigned n, FILE*fp)	将从 ptr 所指内容，每块长为 size 字节，共 n 块内容输出到文件。返回实际输出的数据块数；若出错，返回值不足块数
int getchar(void)	是由 fgetc(stdin)定义的宏
char *gets(char *str)	从 stdin 读入字符串，遇换行结束，并将换行符用字符串结束符代替存储。成功返回 str；出错或文件结束，返回 NULL
int printf(char *fmt[, args,...])	除输出到标准输出文件外，作用与 fprintf()相同
int putchar(int ch)	是定义为 fputc(ch, stdio)的宏
int puts(char *str)	输出字符串 str 到 stdout，并附上换行。成功返回最后输出的字符；否则返回 EOF
int remove(char *fname)	删除文件。成功，返回 0；出错返回非 0 值
int rename(char *old, char *new)	将原名为 old 的文件改为新名 new。成功则返回 0；出错则返回非 0 值
int rewind(FILE*fp)	与 fseek(fp, 0L, SEEK_SET)相同。成功移动返回 0，否则非 0
int scanf(char *fmt[,sometype *args, ...])	从 stdin 输入数据，作用与 fscanf()相同
int sprintf(char *buf, char *fmt[, args,...])	除输出到 buf 数组外，作用与 fprintf()相同

函 数 模 型	功　　　能
int sscanf (char *buf, char *fmt[, sometype *args,…])	除从 buf 中的字符串提取数据外，作用与 fscanf() 相同
int ungetc(int c, FILE*fp)	将 c 中字符推回到文件。返回推回的字符

2．数学库函数（见表 E-2）

使用数学库函数的程序应包含 math.h。

表 E-2　数学库函数

函 数 模 型	功　　　能
int abs(int i)	i 的绝对值 |i|
double acos(double x)	$\arccos x$, $\|x\| \leqslant 1$
double asin(double x)	$\arcsin x$, $\|x\| \leqslant 1$
double atan(double x)	$\arctan x$
double atan2(double x, double y)	$\arctan x/y$
double atof(char *str)	从浮点数字符列字符串译出浮点数
int atoi(char *str)	从整数字符列字符串译出整数
long atol(char *str)	从整数字符列字符串译出长整数
double cos(double x)	$\cos x$
double cosh(double x)	$\cosh x$
double exp(double x)	e^x
double fabs(double x)	$\|x\|$
double floor(double x)	求不大于 x 最大整值，返回该整值的 double 值
double fmod(double x, double y)	x 整除 y 后的余数
double frexp(double v, int *npt)	当 v 不等于 0.0 时，记 $v = x \times 2n, 0.5 \leqslant \|x\| < 1$。将 n 存于 npt 所指变量，返回 x
double log(double x)	$\ln x$
double log10(double x)	$\lg x$
double modf(double v,double *dpt)	将 v 的值分成整数部分和小数部分，整数部分存于 dpt 所指变量。返回 v 的小数部分
double pow(double x,double y)	xy
int rand(void)	返回伪随机数
double sin(double x)	$\sin x$
double sinh(double x)	$\sinh x$
double sqrt(double x)	x 的平方根
void srand(unsigned seed)	伪随机数发生器按 seed 值初始化
double tan(double x)	$\tan x$
double tanh(double x)	$\tanh x$

3．字符库函数（见表 E-3）

使用字符库函数的程序应包含 ctype.h 文件。

表 E-3　字符库函数

函　数　模　型	功　　　　　能
int isalnum(int ch)	检查 ch 是否是字母或数字符，是返回非 0
int isalpha(int ch)	检查 ch 是否是字母，是返回非 0
int iscntrl(int ch)	检查 ch 是否是 delete 字符或通常的控制字符（0x7F，或 0x00 至 0x1F），是返回非 0
int isdigit(int ch)	检查 ch 是否是数字符，是返回非 0
int isgraph(int ch)	检查 ch 是否为可打印字符（除空格符外，0x21 至 0x7E），是返回非 0
int islower(int ch)	检查 ch 是否是小写英文字母，是返回非 0
int isprint(int ch)	检查 ch 是否为可打印字符（0x20 至 0x7E），是返回非 0
int ispunct(int ch)	iscntrl(ch)或 isspace(ch)
int isspace(int ch)	检查 ch 是否是空格、制表符、回车符、换行符、垂直制表符等（0x09 至 0x0D、0x20），是返回非 0
int isupper(int ch)	检查 ch 是否是大写英文字母，是返回非 0
int isxdigit(int ch)	检查 ch 是否是十六进制数字符，是返回非 0
int tolower(int ch)	若 ch 是大写字母返回对应的小写字母，否则与 ch 同
int toupper(int ch)	若 ch 是小写字母返回对应的大写字母，否则与 ch 同

4．字符串库函数（见表 E-4）

使用字符串库函数应包含 string.h 文件。

表 E-4　字符串库函数

函　数　模　型	功　　　　　能
char *strcat(char *s1, char *s2)	将 s2 复制接在 s1 字符串之后，返回 s1
char *strchr(char *s, int ch)	在 s 中找 ch 第一次出现，返回找到的字符指针，未找到返回 NULL
char *strcmp(char *s1, char *s2)	比较 s1 与 s2，s1 小于 s2 返回负数，s1 等于 s2，返回 0，s1 大于 s2 返回正数
char *strcpy(char *s1, char *s2)	将 s2 复制到 s1，返回 s1
char *strncpy(char *s1, char *s2, int n)	将 s2 多至 n 个字符复制到 s1，返回 s1
unsigned int strlen(char *s)	返回 s 有效字符个数
char *strstr(char *s1, char *s2)	在 s1 中找 s2 第 1 次出现，返回找到处的字符指针，未找到返回 NULL

5．存储动态分配库函数（见表 E-5）

使用动态分库配函数应包含 malloc.h 文件或 stdlib.h 文件。

表 E-5　存储动态分配库函数

函　数　模　型	功　　　　　能
void *calloc(unsigned n,unsigned size)	分配每块 size 字节，共 n 块的一个连续内存空间，并清 0。成功，返回分配空间的开始位置指针；否则，返回 NULL
void free(void *p)	释放 p 所指内存块。要求 p 值是调用动态分配函数的返回值
void *malloc(unsigned size)	分配 size 个字节的一个连续内存空间。成功，返回分配空间的开始位置指针；否则，返回 NULL
void *realloc(void *p,unsigned size)	对 p 所指原先分配的内存空间重新分配，改为 size 个字节。成功，返回重新分配空间的开始位置指针；否则，返回 NULL

参 考 文 献

[1]   BRIAN W，DENNIS K，RITCHIE M．C 程序设计语言[M]．北京：清华大学出版社，1997.

[2]   [美] DEITEL H M，DEITEL P J. 程序设计大全[M]. 薛万鹏，译. 北京：机械工业出版社，1997.

[3]   钱能. C++程序设计教程[M]. 北京：清华大学出版社，1999.